金山官方认证技能

U0156705

WPS
Office 高效办公

办公实战与技巧大全（8合1）

凤凰高新教育◎编著

北京大学出版社
PEKING UNIVERSITY PRESS

内 容 提 要

随着WPS Office不断融合多种常用办公组件，并在云服务等方面不断完善移动办公实际需求，其逐渐成为职场人士的首选办公软件。因此，本书通过多个职场案例，详细并系统地讲解了WPS Office中最常用的WPS文字、WPS表格、WPS演示三个办公组件的应用，同时对PDF、流程图、脑图、金山海报、表单也分别列举了一个实用的案例，对WPS云文档和协同办公也进行了简单讲解。在内容安排上，本书最大的特点就是不仅指导读者"会用"WPS Office软件，还重在教读者如何"用好"WPS Office进行高效办公，同时避开一些操作误区。

全书共分为14章，结合现代商务职场应用需求，列举了30个职场中最常用、最有借鉴参考的办公案例，详细并系统地讲解WPS文字处理与文档编排、WPS表格编辑与数据处理分析、WPS演示文稿制作与放映等内容。此外，本书还安排了42个"高手支招"经验技巧，教读者如何使用WPS Office进行高效办公。

本书既适合零基础又想快速掌握WPS Office商务办公的读者学习，也可以作为广大职业院校教材用书，还可以作为企事业单位员工学习及参考用书。对于经常使用WPS Office进行办公，但又缺乏实战应用和经验技巧的读者特别有帮助。

图书在版编目(CIP)数据

WPS Office高效办公：办公实战与技巧大全：8合1 / 凤凰高新教育编著. — 北京：北京大学出版社，2022.7

ISBN 978-7-301-33166-8

Ⅰ. ①W… Ⅱ. ①凤… Ⅲ. ①办公自动化－应用软件 Ⅳ. ①TP317.1

中国版本图书馆CIP数据核字(2022)第120689号

书　　　名	WPS Office高效办公：办公实战与技巧大全（8合1）
	WPS Office GAOXIAO BANGONG: BANGONG SHIZHAN YU JIQIAO DAQUAN (8 HE 1)
著作责任者	凤凰高新教育　编著
责 任 编 辑	王继伟　刘　倩
标 准 书 号	ISBN 978-7-301-33166-8
出 版 发 行	北京大学出版社
地　　　址	北京市海淀区成府路205号　100871
网　　　址	http://www.pup.cn　　新浪微博：@北京大学出版社
电 子 信 箱	编辑部 pup7@pup.cn　总编室 zpup@pup.cn
电　　　话	邮购部 010-62752015　发行部 010-62750672　编辑部 010-62570390
印 刷 者	天津中印联印务有限公司
经 销 者	新华书店
	720毫米×1020毫米　16开本　27.5印张　502千字
	2022年7月第1版　2024年12月第3次印刷
印　　　数	6001-8000册
定　　　价	89.00元

序 WPS

Foreword

WPS Office 是一款历经 30 多年研发、具有完全自主知识产权的国产办公软件。它具有强大的办公功能，包含文字、表格、演示文稿、PDF、流程图、脑图、海报、表单等多个办公组件，被广泛应用于日常办公。

近几年来，随着全社会的数字化转型持续深化，WPS Office 作为国内办公软件的龙头之一，持续优化各项功能体验，实现了用户数持续稳健增长，截至 2022 年 6 月，WPS Office 主产品的月活跃设备数量为 5.72 亿。

从工具到服务，从单机到协作，现在的 WPS Office 不仅仅是一款传统的办公软件，它还致力于提供以"云服务为基础，多屏、内容为辅助，AI 赋能所有产品"为代表的未来办公新方式，不仅针对不同的办公场景做了多屏适配，还针对不同的操作系统（包括 Windows、Android、iOS、Linux、MacOS 等主流操作系统）实现了全覆盖。无论是手机端，还是 PC 端，WPS 都可以帮助我们实现办公场景的无缝链接，从而享受不受场所和设备限制的办公新体验。

简单来说，WPS Office 已经成为现代化数字办公的首要生产力工具，无论是政府机构、企业用户，还是校园师生，各类场景的办公需求都可以通过 WPS Office 系列办公套件去管理和解决。在这个高速的信息化时代，WPS Office 系列办公套件已经成为职场人士的必备必会软件之一。

为了让更多的初学用户和专业领域人士快速掌握 WPS Office 办公软件的使用，金山办公协同国内优秀的办公领域专家——KVP（金山办公最有价值专家），共同策划并编写了这套"WPS Office 高效办公"图书，以服务于不同办公需求的人群。

经验技巧、职场案例，都在这套书中有所体现和讲解。本套书最大的特点是不仅仅教你如何学会和掌握 WPS Office 软件的基础与进阶使用，更重要的是教你如何在职场中

更高效地运用 WPS Office 解决实际问题。无论你是一线的普通白领、高级管理的金领，还是从事数据分析、行政文秘、人力资源、财务会计、市场销售、教育培训等行业的人士，相信都将从此套书中获益。

本套书内容均由获得 KVP 认证的老师们贡献，他们具有丰富的办公软件实战应用经验和 WPS 应用知识教学授课经验。每本书均经过金山办公官方编委会的审读与修改。这几本书从选题策划到内容创作，从官方审读到编校出版，历经一年多时间，凝聚了参与编撰的专家、老师们的辛勤付出和智慧结晶。在此，对参与内容创作的 KVP、金山办公内部专家道一声"感谢"！

一部实用的 WPS 技巧指导书，能够帮助你轻松实现从零基础到职场高手的蜕变，你值得拥有！

金山办公生态合作高级总监
苟薇华

前言 WPS

为什么编写并出版这本书

WPS Office是由北京金山办公软件股份有限公司自主研发的一款办公软件套装，具有强大的办公功能，包含文字、表格、演示、金山海报、流程图、脑图、PDF、表单等多个办公组件，被广泛应用于日常办公中。欢迎来到WPS Office办公家庭，感谢您支持国产软件！目前，WPS Office已拥有数亿用户。

随着近年来WPS Office对文字文档、电子表格、演示文稿、PDF文件处理、海报、表单、流程图、脑图等多种办公文档处理的功能提升，以及金山公司所打造的集成了一系列云服务提升办公效率的一站式融合办公平台，WPS Office再次获得了绝大多数用户的喜爱，成为办公人士必备的软件之一。

为此，我们编写了这本《WPS Office高效办公：办公实战与技巧大全（8合1）》，从基础到实战、从专项功能应用到综合融汇运用，系统、全面又循序渐进地介绍WPS Office软件中8个办公组件的相关知识和实战应用，旨在帮助职场人士快速掌握WPS Office的应用技能。

经验、技巧、职场案例，都在这本书中。所以，无论你是一线的普通白领、高级管理的金领，还是从事行政文秘、人力资源、财务会计、市场销售、教育培训等行业人士，都将从本书中受益。

本书的特色有哪些

◆ 案例翔实，引导学习

本书通过大量的日常工作实例来系统讲解 WPS Office 在现代职场办公中的应用。书中所有案例都是我们通过调研后精心挑选的办公实例，具有很强的实用性和参考价值，涵盖范围包括行政文秘、人力资源、市场营销、财务会计、统计管理、教育培训等工作领域。

◆ 实战技巧，专家点拨

本书精心安排了 42 个"高手支招"，让读者快速掌握 WPS 文字、WPS 表格、WPS 演示中高效处理文秘与行政工作的技巧与经验。同时，安排了 68 个"教您一招"和 111 个"温馨提示"，让读者在实际操作中少走弯路。

◆ 双栏排版，内容充实

本书在讲解中，采用"N"字形阅读的双栏排版方式进行编写，其图书信息容量是传统单栏图书的两倍，力争将内容讲全、讲透。

◆ 同步视频，易学易会

本书提供所有案例的同步学习文件和教学视频，并赠送相关学习资源，帮助读者学习和掌握更多的相关技能，让您在职场中快速提升自己的核心竞争力！

配套资源及下载说明

本书配套并赠送丰富的学习资源，读者可以参考说明进行下载。

一、同步学习文件

（1）素材文件：指本书中所有章节实例的素材文件。读者在学习时，可以参考图书讲解内容，打开对应的素材文件进行同步操作练习。

（2）结果文件：指本书中所有章节实例的最终效果文件。读者在学习时，可以打开结果文件，查看其实例效果，为自己在学习中的练习操作提供帮助。

二、同步教学视频

本书为读者提供了长达 14 小时与书同步的视频教程。读者可以通过相关的视频播放软件打开每章中的视频文件进行学习，并且每个视频都有语音讲解，非常适合无基础的读者学习。

三、PPT 课件

本书为教师们提供了非常方便的 PPT 教学课件，方便教师教学使用。

四、赠送职场高效办公相关资源

（1）赠送高效办公电子书：《微信高手技巧手册随身查》《QQ高手技巧手册随身查》《手机办公 10 招就够》，教会读者移动办公诀窍。

（2）赠送《10 招精通超级时间整理术》和《5 分钟学会番茄工作法》讲解视频。专家教你如何整理时间、管理时间，如何有效利用时间。

> **温馨提示●**
>
> 以上资源，请读者用手机微信扫描左下方或封底二维码，关注"博雅读书社"微信公众号，找到资源下载栏目，输入本书 77 页的资源下载码，根据提示获取；或扫描右下方二维码，关注"新精英充电站"公众号，输入代码 8Hy831，获取下载地址及密码。

"博雅读书社"
微信公众号

"新精英充电站"
微信公众号

创作者说

本书由凤凰高新教育策划并组织编写。参与编写的老师都是金山 WPS Office KVP 专家，他们对 WPS Office 软件的应用具有丰富的经验。在本书的编写过程中，得到了金山官方相关老师的协助和指正，在此表示由衷的感谢！我们竭尽所能地为您呈现最好、最

全面的实用功能，但仍难免有疏漏和不妥之处，敬请广大读者不吝指正。若您在学习过程中产生疑问或有任何建议，可以通过E-mail或QQ群与我们联系。

　　读者信箱：2751801073@qq.com

　　读者交流群：218192911（办公之家）、725510346（新精英充电站-7群）

目录

CONTENTS

第1篇　新手入门篇

第1章　新手如何学好与用好 WPS Office

第2篇 文字处理篇

第2章 文档的输入、编辑与排版

第3章 制作图文混排的办公文档

第4章 在文档中添加表格、图示和图表

第5章 文档的引用与审阅

第3篇　数据表格篇

第6章　数据表格的创建与编辑

第7章　数据的计算：公式与函数应用

第4篇　演示文稿篇

第10章　演示文稿的创建与编辑

第11章　演示文稿的内容设计

第12章 演示文稿的动画与放映设置

第 5 篇　其他组件篇

第13章 WPS Office 其他组件的应用

第6篇　组件协同办公篇

第14章　WPS Office 组件的协同办公应用

第 1 篇

新手入门篇

WPS Office是由北京金山办公软件股份有限公司自主研发的一款办公软件套装，具有强大的办公功能。WPS Office包含文字、表格、演示、金山海报、流程图、脑图、PDF、表单等多个办公组件，被广泛应用于日常办公中。本篇将带领读者走进WPS Office世界，了解WPS Office的基本使用方法。

WPS

第1章

新手如何学好
与用好 WPS Office

本章导读

　　WPS Office是一款具有 30 多年研发历史、具有完全自主知识产权的国产办公软件。随着近年来它对文字文档、电子表格、演示文稿、PDF文件等多种办公文档处理的功能提升，以及金山公司所打造的集成了一系列云服务提升办公效率的一站式融合办公平台，WPS Office再次获得了绝大多数用户的喜爱，成为办公人士必备的软件之一。对于初次接触WPS Office的用户来说，要想在有效的时间内学好该软件，需要掌握一些正确的学习方法。下面本章将对新手学习WPS Office的方法和技巧进行介绍。

知识要点

- 使用WPS Office办公的常见误区
- WPS Office云办公操作
- 使用WPS Office高效办公的相关技巧

1.1 新手使用 WPS Office 办公的常见误区

对于初级用户来说，在使用 WPS Office 的过程中，经常会因为一些不良习惯进入误区，降低了编辑办公文档的效率，所以，要想用好 WPS Office，必须要有良好的使用习惯，这样才会避免在使用 WPS Office 时出现误区。下面对学习 WPS Office 过程中经常遇到的误区进行介绍。

1.1.1 误区一：不会合理选择文档的编辑视图

WPS 文字中自带全屏显示、阅读版式、写作模式、页面视图、大纲视图和 Web 版式视图 6 种文档编辑视图模式，但很多用户都不知道在编辑文档的过程中，这些视图有什么作用，在不同场景、不同文档审阅需求下应该怎么用。

◆ 全屏显示：当文档需要展示时，可以使用"全屏显示"模式。单击【视图】选项卡下的【全屏显示】按钮即可。在该模式下，整个文档会全屏显示，并会自动隐藏 WPS 文字的功能按钮，从而确保在查阅文档时视觉不受干扰，能更好地聚焦于文档内容本身。

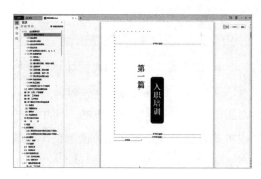

◆ 阅读版式：是阅读文档的最佳方式，在该视图模式下，会将原来的文档编辑区缩小，而且不会显示页眉和页脚信息，如果文档字数较多，会自动分成多屏，并可通过导航窗格查找文本内容。但进入该模式后，文档将自动锁定限制输入，用户不能直接对文档内容进行编辑，只可在文档中做复制、标注以及突出显示设置等，如下图所示。

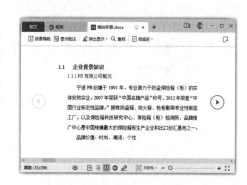

◆ 写作模式：在使用 WPS 写作文档时，可以进入写作模式帮助我们输入内容。在该视图模式下，只提供了简单的格式编辑功能按钮，可以帮助用户全身心投入创作的内容上，避免被各种格式设置、样式应用带偏创作灵感，有助于提高自身的写作能力，如下图所示。其中的统计功能还可以快速统计全文字数和稿费，单击【统计】按钮，选择【稿费设置】命令，就可以自定义稿费规格了。

● 页面视图：是WPS文字默认的视图模式，用于编辑文档的整体效果，WPS文字几乎所有的操作都能在该视图模式中实现，如下图所示。

● 大纲视图：在该视图模式中，文档将自动以大纲目录的形式展示出来，如下图所示。所以，该视图常用于查看文档的结构、设置段落级别，还可以通过拖动标题来移动、复制和重新组织文本，因此特别适合编辑长文档，对文档中的结构和内容进行管理。

● Web版式视图：可以快速预览当前文本在浏览器中的显示效果，如下图所示。在这种视图模式下，你会发现重新排列后的文档段落根据当前窗口的大小自动进行调整。原来换行显示两行的文本，现在可能在一行中就能全部显示出来。当文档需要在网页上展示时，可以利用该视图模式查看和调整展示效果。当需要退出时，直接按【Esc】键即可。

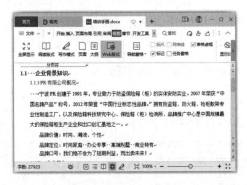

● 护眼模式：长时间对着计算机屏幕查阅文档，不仅容易造成视觉疲劳，而且对眼睛视力有一定损害。WPS文字中的护眼模式通过自动设置文档页面颜色（该颜色并不是文档本身的底纹颜色），调节文档页面的亮度，从而达到缓解眼疲劳，保

护视力的效果，如下图所示。

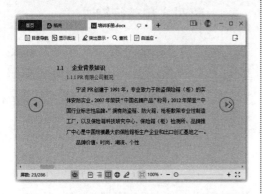

1.1.2 误区二：增加空行来调整段落间距和分页

在编排文档时，为了让文档的段落结构更清晰，很多时候需要对各段落之间的间距进行设置，大部分初学者都是通过按【Enter】键添加空行来设置段落间距的，甚至在对文档内容进行分页时，也会选择增加多个空行来进行分页，但这种方式明显是不合理的，而且对于增加内容也是不方便的。若要合理地设置段落间距和分页，则需要通过 WPS 文字提供的段落间距和分页功能进行设置。

1. 合理调整段落间距

段落间距是指每两个相邻段落之间的距离，它分为段前间距和段后间距。WPS文字默认的段落间距单位为"行"，在设置文档段落间距时，用户可以通过输入不同的值进行调试，以使设置的段落间距能满足阅读需求，如下图所示。

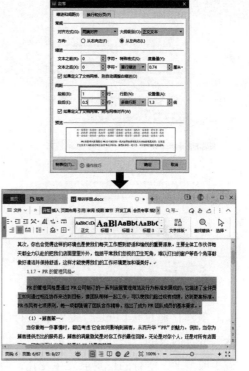

如果段落间距设置为【0.5】行觉得太小，设置为【1】行又太大，这时可以使用段落间距单位"磅""英寸""厘米"等。在设置时，可直接单击【段前】和【段后】数值框右侧的"行"后面的下拉按钮，然后设置需要的单位即可。

WPS 文字中还提供了便捷的"段落布局"按钮，将文本插入点定位在需要设置段落格式的段落中，在该段落的左侧便可以看到【段落布局】按钮，单击该按钮进入段落布局模式后，可直观地通过鼠标拖动段落上的控点来调整段落的行间距、缩进等，如下图所示。

2. 科学分页

虽然，通过按【Enter】键添加空行能达到分页的目的，但随着空行前面文本的减少或增加，空行的位置会发生变化，会出现下一页文本移到前一页或下一页页首出现大量空行的情况。为了避免这样的情况发生，可以通过单击【插入】选项卡中的【分页】按钮🔖或按【Ctrl+Enter】组合键来插入分页符，如下图所示。这样，分页符之前的文本增加或删减都不会影响另一页的内容。

1.1.3 误区三：滥用空格键设置段落对齐和首行缩进

在编排文档的过程中，很多人根本不知道空格键的作用就滥用空格键添加空格。其实，在WPS文字中，空格键的主要作用是对文档中的某些内容进行区分或空出位置、供人填写内容等，如下图所示。

1. 滥用空格键设置段落对齐

在对齐段落时，往往会出现这样的问题：按一下空格键嫌少，多按几次空格键又嫌多。其实，出现这种问题只能说明你滥用了空格键。在WPS文字中提供了一组专门用于设置段落对齐的按钮，包括左对齐▤、居中对齐▤、右对齐▤、两端对齐▤、分散对齐▤等，选择需要设置对齐的段落，在【开始】选项卡中单击相应的对齐按钮即可，如下图所示。

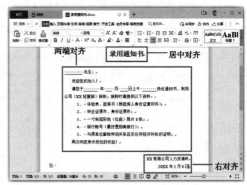

2. 滥用空格键设置首行缩进

对于规范的文档，正文段落每段段首都需要空两个字符，也就是首行缩进两个字符，而在使用WPS文字进行编辑的过程中，很多新手都选择通过按空格键的方式来达到目的。但由于空格分为全角和半角，在全角状态下时，需要按两次空格；而在半角状态下时，则需要按 4 次空格，才能达到空两个字符的目的，非常不方便，而且容易造成混乱。所以，在设置段落首行缩进时，可直接通过在【段落】对话框中的【缩进】栏下的【特殊格式】下拉列表框中选择【首行缩进】选项，在其后的【度量值】数值框中输入【2】字符，再单击【确定】按钮即可，如下图所示。

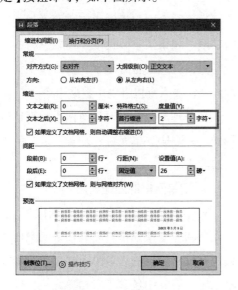

1.1.4 误区四：使用格式刷设置长文档格式

格式刷通常被称为"神奇的格式刷"，之所以神奇，是因为通过格式刷可以将指定的文本、段落或图形的格式复制到目标文本、段落或图形上，从而大大提高工作效率。

然而，这里把使用格式刷设置成长文档的格式看成一个误区，那是因为长文档中包含的段落较多，需要反复地对文档字体格式（字体、字号、颜色等）、段落格式（对齐方式、段落间距、行距、首行缩进、项目符号、编号等）等进行设置。如果使用格式刷来设置格式，不仅会降低长文档的编辑速度，而且对某一个段落格式进行修改后，还得继续使用格式刷对更改的段落格式进行复制、应用，非常麻烦。

所以，在编排长文档的过程中，一般采用样式进行格式设置。样式是字体格式和段落格式的集合，在【开始】选项卡的列表框中可以看到系统内置的一些样式，如正文样式、标题样式等，如下图所示。当需要为文档中的段落应用样式时，可将文本插入点定位到段落中，或者选择段落，然后在【样式】列表框中选择需要的样式即可。

掌握样式的设置与使用，是提高工作效率的重要手段之一。使用样式不仅可以快速统一同类型内容的格式，对样式进行更改后，所有应用该样式的格式还将自动进行更改，无须再使用格式刷一次次地进

行重复操作。下图所示为应用样式和修改样式前后的对比效果。

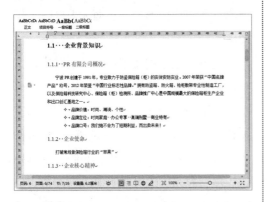

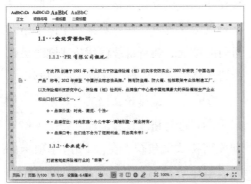

此外，为段落应用样式后，还可以在WPS文字中按样式级别自动生成目录。自动生成目录后，如果文档中提取的目录标题或目录所在的页码发生变化，那么可以对目录进行更新，目录中的标题或页码将自动发生变化，不需要手动进行修改。

1.1.5 误区五：拿着原始数据就开始分析

新手在使用WPS表格分析数据时，最常犯的错误就是直接对数据进行分析。但从外部导入或收集的多渠道数据通常是不规范的，如有不完整的数据项，有重复的、错误的数据，数字是文本格式、数字后面有空格、有不可见的字符等。有些数据一看就是不能进行分析的，有些数据虽然不影响我们查看，但作为基础数据进行分析时就是没有价值的。所以，拿到原始数据后，首先需要将重复的、错误的数据清洗出去，留下有价值的数据，并补充缺失的数据。

1. 补齐分析必需的字段

在设计表格时，数据属性的完整性是第一考虑要素。这是一张什么表？要记录些什么？而且，在制作初期我们还应该尽量想得多一点，将该表格将来可能涉及的分析范畴都考虑到，然后查看对应的关键字段是否缺少，如果缺少就需要添加相应的字段。如果某条数据缺少需要分析的相应字段，就该进行处理了，要么添加该字段内容，要么直接将整条数据删除。

在整理原始数据时，有两类数据比较特殊：一类是空单元格；另一类是系统填充的默认值。

♦ 空单元格的处理技巧

WPS表格将单元格划分为两大类：空单元格和非空单元格。尤其很多函数的参数是有明确规定的。若是要求参数为非空单元格，而其中包含了空白单元格，则会影响数据分析结果。

因此，用于分析的基础表中的明细数据必须有一条记录一条，所有单元格中都应该记录有数据，每行数据都必须完整且结构整齐。即使记录的数据为空，也需要填写。例如，在数据区域数值部分的空白单元格中输入 0，在文本部分的空白单元格中输入相应的文本数据或"＝"（英文输入法下的半角双引号，在 WPS 表格中输入空文本时，我们看到的单元格依然是空白的，只是在编辑栏中可以看到其中的内容为"＝"，不过，WPS 表格会认为该单元格中有数据，并将它理解为空文本）。

◆ **默认值的处理技巧**

在大多数情况下，默认数据会以空白单元格显示，也有显示为"NULL"等具体数据。"NULL"等默认值一般与该字段的数据类型不同，不能进行数据分析。处理的方法主要有 3 种，如下图所示。

替换默认值　**删除默认值**　**忽略默认值**

在这 3 种方法中，替换默认值是最常用的方法。替换默认值可以用平均数替换，如一组销量数据有默认值或者显示为默认值时，可以用平均销量来进行替换；替换默认值也可以用回归分析后的数据模型来替换，如连续时间段内的销量数据有默认值或显示为默认值时，通过数据预测回归分析法计算出默认值进行替换；替换默认值还可以先检查为什么这里是默认值，然后找到正确的数据进行替换，如员工的工龄数据默认时，就可以通过查询企业人事资料将正确的值补上。

删除默认值是指删除包含默认值的一组数据，样本数据充足时可以这样做。如果样本数据量很大，也可以选择忽略默认值。

当表格中记录的数据量很大时，一个一个处理空单元格和默认值是比较难的。可以利用查找和定位功能进行快速定位，如果是要寻找确定的默认值，就直接使用查找功能即可。如果是要找出缺失数据，就用定位功能快速定位到空白单元格。

例如，要用平均值替换空白单元格，可以先计算出表格数据的平均值，然后按【Ctrl+G】组合键打开【定位】对话框，选中【空值】单选按钮，单击【定位】按钮，如下图所示，这样，表格中所有是空值的单元格都会被查找出来。保持空值选中状态，输入平均值，如左下图所示。按【Ctrl+Enter】组合键，即可在所有选中的空值单元格中批量填充平均值，效果如右下图所示。

2. 合并单元格处理技巧

我们平时制作的一些展示性表格，为了美观，或者减少数据输入的工作量，会对一些连续的多个具有相同内容的单元格进行合并，但是用于分析的数据却不能随便合并单元格，否则排序、透视表等功能将无法顺利使用，如下图所示。

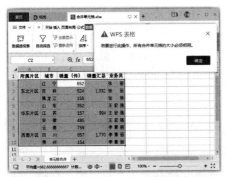

面对存在单元格合并的表格，需要取消单元格合并。WPS表格中提供了多种单元格合并和拆分功能，可以先看看能不能智能拆分，如果不能就结合定位、填充等功能进行调整。

例如，上个案例中第一列的合并单元格可以用"拆分并填充内容"的方式进行拆分，如下图所示。

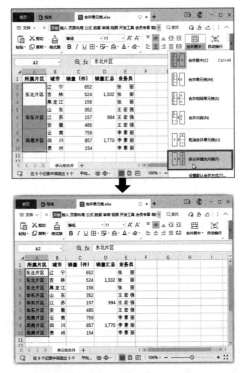

D列中的合并单元格因为是用公式进行的计算，所以只能将计算结果转换为数值，然后用"拆分并填充内容"的方式进行拆分；或者先用"取消合并单元格"，如下图所示，然后定位所有空值，根据第一个空值要输入的数据规律，输入公式"=D2"，如左下图所示，最后按【Ctrl+Enter】组合键，就能让所有选中的空白单元格都填充上相应的内容，效果如右下图所示。不过，这里对不同城市的销量汇总完全可以不要，后期可以通过WPS表格的"分类汇总"或"透视表"功能来实现，因此这列数据可以删除。

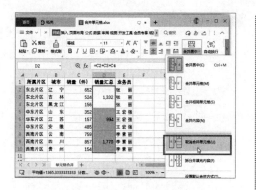

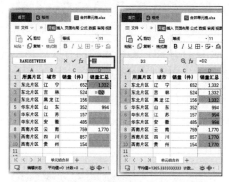

3. 数据格式的整理技巧

用于分析的基础数据表中的字段必须保证数据格式的正确性，才不至于分析出错。下面针对几种常见的数据格式整理分别进行介绍。

♦ 不规范数字的整理技巧

数字数据一般使用常规或数值型格式，不能使用文本型格式，否则在进行数据统计时将得不到正确的计算结果。如果某些数据使用了文本型格式，那么在使用 SUM 函数求和时，WPS 表格就会将这些文本型格式的数据视为字符串，不对其进行求和统计，如下图所示。

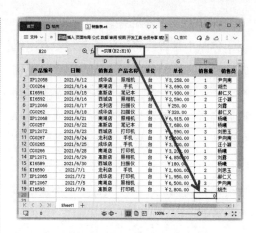

使用外部数据的时候，经常会产生一些不能计算的"假数字"，导致统计出错。此时必须将文本转换为数值，在 WPS 表格中可以实现一键操作，把假数字变成可以计算的真数字。

当表格中存在文本型的数字时，WPS表格会在文本型数字所在单元格左上角显示一个绿色的小三角形。我们选择这些单元格或单元格区域，单击【开始】选项卡下的【表格工具】按钮，在弹出的下拉菜单中选择【文本型数字转为数字】命令，即可将其转换为数值型数据，如下图所示。

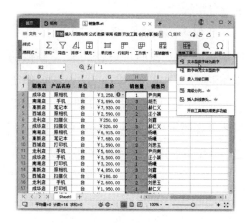

● 不规范文本的整理技巧

你是不是曾经将表格姓名列中双字组成的姓名中间添加空格来对齐三字组成的姓名。文本中含有空格、不可见字符、强行分行符，这些都属于不规范的文本处理技巧。当我们对这样的文本数据进行字符统计时，那些空格、不可见字符、强行分行符都会被统计在内，而且非常不便于后期的数据分析。

处理的方法就是使用WPS表格强大的查找替换功能将不规范文本中的空格、不可见字符、强行分行符批量删除。

● 不规范日期的整理技巧

在WPS表格中必须按指定的格式输入日期数据，日期型数据不能输入为"20220102""2022.1.2""22.1.2"等不规范的格式，否则在将日期型单元格进行运算时，会影响数据的加工处理。例如，输入类似"2022.1.2"的日期数据，就无法使用函数统计日期间隔的天数，在使用数据透视表时也无法对日期按月、季度、年进行分组统计。

类似于"2022.1.2"和"2022\1\2"等不规范日期，我们可以使用查找替换功能直接将"."或"\"替换为"-"。类似于"20220102"这样的不规范日期，可以先选择要处理的不规范日期，然后单击【数据】选项卡下的【分列】按钮，如下图所示。

在打开的【文本分列向导】对话框中前两步保持默认设置即可，进行到第三步时，选中【日期】单选按钮，并在后面的下拉列表框中选择【YMD】选项即可，如下图所示。

● 不规范时间的整理技巧

在WPS表格中时间型数据的格式如"20:39:02"，时间的小时、分钟和秒数之间用英文状态下的冒号分隔开。但在日常工作中我们常常需要用时间来表示长度，如用"1.5"来描述1小时30分钟。

如果要将不规范时间数据"1.5"转换

为 1 小时 30 分钟时，输入公式 " =TEXT (A2/24, "h：mm：ss")"，转换为 " 01：30"；或者输入公式 "=LEFT (A2，1) &"小时 " &--RIGHT(A2)*6&"分钟 ""，转换为 "1 小时 30 分钟"。

4. 重复项处理技巧

在统计数据过程中，同一份数据可能由于获取渠道的不同而进行了多次统计，在输入数据时，也可能因为操作失误重复输入了数据……种种原因造成数据表中的数据存在重复现象。删除重复数据是数据分析前必须做的一项任务，WPS 表格中针对重复项提供了多种处理功能。

◆ 拒绝录入重复项

在 WPS 表格中录入数据之前，制作表格框架时，就可以为那些具有唯一性的字段设置不能录入重复数据。例如，花名册、物料清单等表格中的名称、编码就是唯一的。使用 "拒绝录入重复项" 功能就可以在录入环节将因为输入错误而导致数据相同的情况排除在外。例如，要保证输入的员工编号为唯一值，防止重复输入，可以选择 A 列单元格，单击【数据】选项卡下的【重复项】按钮，在弹出的下拉菜单中选择【拒绝录入重复项】命令，如下图所示。然后在打开的对话框中设置要求输入唯一值的单元格区域，这里直接单击【确定】按钮，如下图所示。以后，如果在 A 列输入了重复数据，就会出现错误提示的警告。

◆ 高亮重复值

在实际工作中，更多时候需要检查多个字段是否完全重复，才判定是否为重复数据记录。对于这种还需要人为进行判断的情况，可以先使用 WPS 表格中提供的高亮显示重复数据的功能，一键为区域中的重复内容填充单元格颜色，凸显出来后再进行后续操作。

例如，在客户合同登记表中，如果签订合同的客户姓名和签订日期完全相同，就说明是重复的数据记录。可以单击【数据】选项卡下的【重复项】按钮，在弹出的下拉菜单中选择【设置高亮重复项】命令，如下图所示。然后在打开的对话框中选择需要检查重复项的数据区域，这里选择 A 列和 B 列，单击【确定】按钮，即可对这两列中的重复数据填充橙色，效果如下图所示。

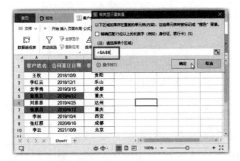

◆ 删除重复项

如果要快速删除工作表中的重复数据，可以让WPS表格自动进行查找和删除。单击【数据】选项卡下的【重复项】按钮，在弹出的下拉菜单中选择【删除重复项】命令，如下图所示。然后在打开的对话框中选择需要进行重复项检查的列，如左下图所示。默认所有字段都重复才算重复数据，也可以根据需要选择有重复数据出现，且重复数据没有意义的列作为删除字段。单击【删除重复项】按钮后，WPS表格将对选中的列进行重复项检查并删除重复项，检查完成后会弹出提示对话框告知检查结果，如右下图所示。

1.1.6 误区六：函数是表格的精华，统统要掌握

WPS表格中最精华的部分就是函数，它是WPS表格中一个非常强大的功能，能完成很多看似不能完成的工作。但是WPS表格中的函数很多，还有一些行业性的函数，如财务函数，并不是所有函数对于读者来说都是需要学习的，读者可根据实际情况来选择需要的函数进行学习。函数学习需要经历以下三个步骤。

1. 查看函数完整说明

学习函数首先要找到金山公司官方对该函数的详细、全面、具体的说明。我们可以在窗口中选项卡右侧的【查找】文本框中输入具体的函数名称或"函数"进行搜索查看，尽可能地吃透这个函数，不要仅仅停留在函数最简单、最表面的表象学习，要深挖函数的内涵，这样才能发现该函数的很多特殊用法。

吃透一个函数需要从下面这些方面着手。

（1）学习函数完整的含义、使用的注意事项。

（2）了解每个参数的要求，包括对数据类型的要求、边界、特殊情况的使用等。

（3）探索参数超出边界时，处理参数的方法，如为参数添加负号、参数中嵌套函数、参数进行逻辑运算、参数缺失、多一个参数等。

（4）探索函数对参数处理的机理，主要是绝对引用，还是相对引用。当参数出现缺失、被删除/插入新行、列等意外情况后，计算的结果又会如何变化。

（5）除探索函数的基本用法之外，还需了解其他更加巧妙、灵活，超出官方文档的技巧。

在学习函数的过程中只需要了解每个函数参数的大致规范要求即可，具体使用过程中完全不用担心忘记某些细节，因为 WPS 表格会动态地给出函数参数提示。例如，根据前后参数的相关性，提示参数的输入范围/含义，如下图所示，可以帮助你更快地输入正确的参数、减少公式出错的机会。

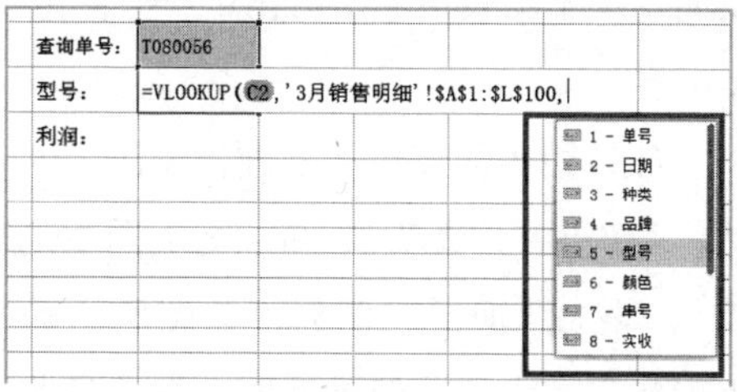

2. 搜集学习 WPS 表格函数大量的案例

学习函数，需要搜集大量的案例，包括别人使用这个函数的方法、技巧、教程、经验，以及别人在使用这个函数时遇到的问题、犯的错误、总结的教训、积累的注意事项。

目前，要搜集这些案例很容易，通过搜索引擎、知乎、WPS 表格相关网站等就可以快速搜到。

搜集案例的目的是练习，我们需要打开 WPS 表格，将这些案例操作一遍，并学习总结出自己的经验。

3. 结合练习和变化式练习

能学以致用，是对所学知识技巧的最好报答。学习函数通常是为了更好地运用在日常工作和生活中，能将学到的函数组合运用于解决实际的问题。在大量的实操练习中，因需要结合各种情况变化来选择更合适的用法，这样不仅可以巩固你对函数的掌握，还可能发现更多的函数用法。

1.1.7 误区七：图表很直观，要大量用

数据分析常常是 WPS 表格应用的主要目的，一个完整的、有说服力的数据分析报告，一般包括两个部分：汇总分析报表和分析图表，如下图所示。汇总分析报表主要由函数、透视表、排序、筛选等数据分析工具汇总出来，然后还需要以图来代表数据说话，更直观地展示数据的汇总结果。

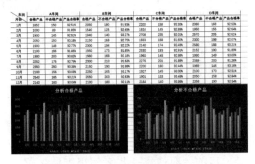

图表设计诚然是非常好的数据可视化方式，可是使用图表也存在以下几个误区。

1. 是否真的需要使用图表

随着"用图表说话"的要求和口号在数据信息领域中被传播和强调，数据分析人员渐渐形成了"图表思维"，但这并非完全是好事。当下流行的"没有图表就不能称为数据分析""字数不够图表来凑"等思维模式，容易让人错误地理解成"图表是万能的，凡数据必用图表，缺少图表就感觉没有分析数据"，这样的想法让他们看见表格就不顺眼，非要整出个图来。

下面举一个在非必须情况下使用图表的例子。下图所示为各年龄段的男孩和女孩正常身高参照表，从图中可以准确地参考精确到0.1cm的身高数据。

年龄（岁）	男孩正常身高（cm）	女孩正常身高（cm）
3	96.8	95.6
4	104.1	103.1
5	111.3	110.2
6	117.7	116.6
7	124	122.5
8	130	128.5
9	135.4	134.1
10	140.2	140.1
11	145.3	146.6
12	151.9	152.4
13	159.5	156.3
14	165.9	158.6
15	169.8	159.8

如果将表格数据转换成图表，如下图所示，就弱化了具体的数据，失去了参照表的作用。

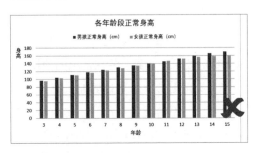

图表也是有其局限性的，并不是所有的数据都适合做成图表，要避免制作那些无意义的图表。除了这种差异极小的数据尽量别用图表展示外，数据过多时也需要考虑是否应使用图表来展现，还有的数据属于单组数据，而且数据之间没有可比性，如下图所示。这种类型的数据即使制作成图表也没有任何意义，只需在表格中将要查看的对象重点标注出来即可。

20级大学生体测数据记录							
身高/cm	体重/kg	肺活量/ml	50米跑/s	体前屈/cm	立定跳远/cm	仰卧起坐/个	800米跑
165	56	2638	8.8	13.6	169	35	4'25"

2. 明确图表主题

随着信息可视化的提倡，越来越多的图表追求标新立异，有些人甚至沉迷于设计各种各样花哨的、所谓"高级"的图表，反而忽视了图表最原始的作用——传达数据信息。

如果图表的设计不合理，无法让人看懂，就缺少了"灵魂"，再漂亮的图表也仅仅是"花瓶"而已。例如，下图所示的图表确实很艺术化，但是读取数据信息非常困难，表意不明确，不是一个合格的图表。

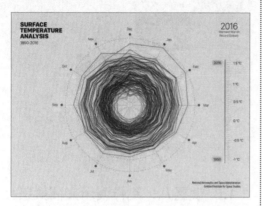

所以，目的明确是图表必须具备的基本条件。图表设计的过程就是将数据进行可视化表达的过程，主要是对数据信息梳理整合后图形化的显示，让数据的内在联系和其意义更清晰、高效地得到表达。作为与他人沟通的有效工具，它应该是不需要解释的，它本身就是对文字的集中概括、自我解释。

事实上，制作一张图表很容易，但是想要制作出一张包含高效信息，能解决实际问题的数据图表却并非一件易事，很多时候制作的图表并没有很好地反映要表达的想法或客观数据，甚至会误导看图者对问题的认识。

例如，同样的数据：某公司四个季度不同产品的销售数据，如下表所示，可以画出多张不同的图表。

	产品A	产品B	产品C	产品D	产品E
第一季度	6500	2040	5200	8600	3250
第二季度	4800	6020	3800	5500	2200
第三季度	1050	1290	5088	2270	8600
第四季度	4050	5500	3650	3700	3400

下图所示的图表中展示了各季度每种产品的销售数据，但总销售额是无法直观看到的。

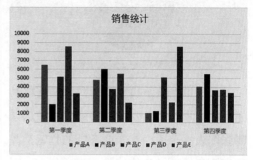

下图所示的图表中能清楚地看到每种产品的总销售额。

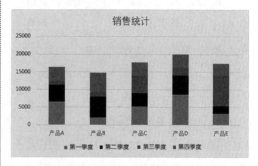

下图所示的图表中展示了第一季度每种产品的销售占比。

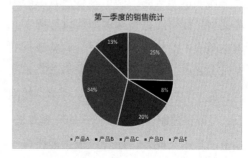

下图所示的图表中展示了产品A四个季度的销售占比。

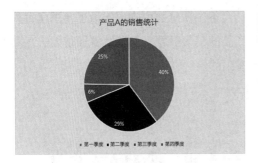

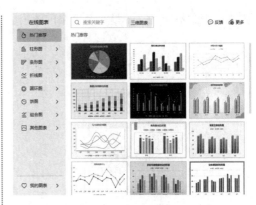

单从数据展示角度看，我们如何评判上面的4张图表，或者在实际应用中选择哪张图表更合适。首先要考虑的肯定是我们实际想通过图表传达的信息是什么，图表信息是否与其一致，一致则是好图表。

所以，请记住以下事实：图表呈现的数据或图表形式不在于数据本身，而在于数据要传达的含义。以终为始，倒推回来，就是说"设计图表的展示，必须从需求和目标出发，数据以实用性为主"。

3. 图表需要适当美化

很多人认为WPS表格制作的图表没有专业的图表软件制作的图表专业，其实不然，WPS表格同样可以制作出专业图表，只要你能根据要展示的信息选择合适的图表类型，懂得配色，知道如何设计图表元素在图表中的样式、结构，会调整数据的显示方式等，那么你制作的图表就会很出色。加上WPS表格中还提供了许多在线图表，可以快速制作出更多样式的图表效果，如下图所示。此外，还可以根据需要将一些图表制作成动态图表，让图表随着数据的变化而变化。

1.1.8 误区八：制作演示文稿就是下载模板改内容

使用WPS演示制作演示文稿的目的是更生动、形象地展示出幻灯片中的内容，那么如何才能让制作的演示文稿像讲故事一样生动、有趣呢？首先要改掉下载模板改内容的演示文稿制作习惯，然后在设计演示文稿之前，明确制作演示文稿的目的，规划好演示文稿的内容逻辑和框架。

1. 明确演示文稿制作的目的

每个故事都有一个存在的意义，也有一个讲述的目的，那就是为什么我要讲这个故事，讲这个故事能给我们或听众带来什么启发？制作演示文稿也一样，要想使制作的演示文稿像讲故事一样生动，就必须要明确我们制作这个演示文稿的目的，如下图所示。例如，拿产品介绍演示文稿来说，不管是为了让客户了解产品，达成合作，还是为了向上司或公司员工展示公司的产品，其最终目的是说服观众同意你的观点，让观众更直观、方便、明了地了解你要讲解的内容。所以，制作演示文稿的目的是在演讲者和观众之间架起桥梁，是辅助两者之间更好地相互传递所需要的信息，真正实现有效沟通。

明确演示文稿的制作目的之后，还要进一步明确演示文稿的主题。无论演示文稿的内容多么丰富，最终的目标都是体现演示文稿的主题思想。所以，在制作之初就要确定好演示文稿的主题。一个演示文稿只允许拥有一个主题，如果在一个演示文稿中说了两个重点，就很难确定演示文稿的中心思想。如果想将一份演示文稿应用于多个场合，为多个人群服务，那么肯定需要添加不同主题的内容。这必然导致演示文稿没有重心，无法将所有主题讲透，观众自然也不可能完全了解演示文稿的内容。所以，制作演示文稿时一定要坚守"一份演示文稿，一个目标"的原则，这样才能制作出主题鲜明的演示文稿。

主题确定后，在演示文稿的制作过程中还需要注意以下 3 个方面，才能保证表达的是一个精准无误、鲜明、突出的主题。

（1）明确中心，切实有料。

在填充演示文稿内容时，一定要围绕已经确定好的中心思想进行。内容一定要

客观事实，能有效说明问题，引人深思，切忌让演示文稿变得空洞。

（2）合理选材，材中显旨。

在选择演示文稿素材时，一定要考虑所选素材对说明演示文稿主题是否有帮助，尽量选择本身就能体现演示文稿主题的素材，切记"宁少毋滥"。

（3）精准表达，凸显中心。

这一点主要体现在对素材的加工方面，无论是对文字的描述，还是对图片的修饰，或者是动画的使用都要符合主题需要，否则变得华而不实就完全没有必要了。

2. 逻辑清晰

一个好的演示文稿必定有一个非常清晰的逻辑。只有逻辑清晰、严密，才能让制作出的演示文稿的内容更具吸引力，让观众明白并认可你的演示文稿。所以，在制作演示文稿时，要想使制作的演示文稿逻辑清晰，首先围绕确定的主题展开多个节点；其次仔细推敲每个节点内容是否符合主题，再将符合主题的节点按照演示文稿构思过程中所列的大纲或思维导图罗列为大纲；再次从多个方面思考节点之间的排布顺序、深浅程度、主次关系等；最后从这些方面进行反复检查、确认，以保证每一部分的内容逻辑无误。如下图所示，先将内容分为三大点，再将每大点分为多个小点进行讲解。

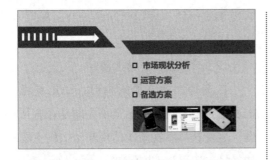

3. 结构完整

每个故事都有一个完整的故事情节，演示文稿也一样，不仅要求演示文稿整体的外在形式结构完整，更重要的还包括内容结构的完整。

一个完整的演示文稿，一般由封面页、序言页、目录页、过渡页、内容页、封底页6个部分组成，如下图所示。其中，封面页、内容页、封底页是一份演示文稿必不可少的部分；序言页、目录页、过渡页主要用于内容较多的演示文稿，所以可以根据演示文稿内容的多少来决定。

1.1.9 误区九：内容整理完成，演示文稿就制作好了

虽然演示文稿的内容才是它的灵魂所在，但美的皮囊也可以添光添彩。很多人在制作演示文稿时，以为内容整理完成了，整个演示文稿也就制作好了。可是，在看到他人制作的演示文稿时，瞬间就觉得自己做的演示文稿看起来没什么特色，一点也不高大上。殊不知，你看到的高大上的演示文稿都进行了很多的细节处理。

1. 文字要提纲挈领，精简再精简

文字虽然是演示文稿传递信息的主要手段，但看到满屏的文字，密密麻麻的图表，如下图所示。试问：谁还有阅读的欲望，更不要说通过幻灯片传递信息了。下图所示的幻灯片犯了一个致命的错误，就是把大量的信息汇总到了一起，没有考虑听众接收信息的难易度，要想在短时间内有效地传递信息，就只需要在说明问题的情况下，对文本内容进行精简和梳理，尽量只阐述重点，这样不但能有效传递信息，

而且能提升演示文稿的整体效果。

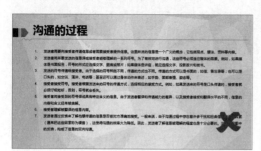

下图所示为精简文本后的幻灯片效果。

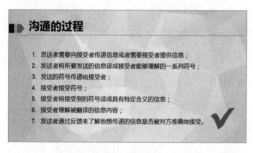

2. 重点内容要突出醒目，才会被人关注

要想使制作的演示文稿吸引人，不仅需要精简和梳理文字内容，而且幻灯片中的重点内容必须突出，让人一眼就能抓住重点。例如，下图所示幻灯片中的内容虽然简单，条目也很清晰，但还是让人抓不住重点。这是为什么呢？主要的问题在于没有突出关键字，观点不明确。

突出关键字的方法有很多，如用不同的字体、字号、颜色等将关键字区分开来，这样所要表述的观点就能一目了然，快速帮助听众抓住要点，如下图所示。

3. 雕琢素材，才可能有个好效果

在制作演示文稿时，会用到很多素材，如模板、文本、图片、图表等，有些素材并不能直接使用，需要对其编辑加工，这样制作的演示文稿才会更出彩，更具吸引力。

● 模板素材

WPS演示中提供了成百上千种模板，而且进行了分类，用起来非常方便。演示文稿模板中包含了很多内容，如版式、背景、主题、动画等，有一些模板中还提供了文本内容，这样一来可以节省制作演示文稿的时间，提升演示文稿的效果。不过部分模板中带有制作者、LOGO等水印，如下图所示。所以，下载的模板并不能直接使用，需要将不要的水印删除，或者对模板中的部分对象进行简单的编辑，将其变成自己的，这样制作的演示文稿才显得更加专业，如下图所示，否则，会降低演示文稿的整体效果。

在选择模板时，不能盲目进行，还需要根据演示文稿的主题进行选择，如商务类主题的演示文稿应该选择贴近主题的简洁、大气的模板，而培训教学类演示文稿应选择严肃、结构层次分明的模板。除此之外，还要选择版式布局多样的模板，因为版式布局单一，容易引起观众的视觉疲劳，也缺乏吸引力。

● 文本素材

在制作演示文稿时，并不是所有的文本内容都是手动输入的，有些是从网上下载的，有些是从其他演示文稿或文字文档中复制而来的。对于这些文本，不去管语句是否通顺、内容要不要精简、标点符号对不对等。这种做法是不可取的，不管从哪种途径获取的文本素材，都应该对其进行加工处理，特别是对网上复制或下载的文本。因为网上有些文字有版权问题，而且演示文稿中能承载的文字内容有限。所以，需要对网上的文本内容进行编辑、融合，将其变成自己的语句，使文字内容更具魅力。

● 图片素材

相对于文字，图片的视觉冲击力更强，所以，在制作演示文稿时，经常会添加一些图片。WPS演示中提供了一些图片，可以直接使用。如果不符合要求，也可以从网上下载一些图片用到演示文稿中。网上的图片虽然多，但基本都有水印，有些还有文字，如下图所示。

因此下载后并不能直接使用，需要将图片中的水印和多余的内容删除，如下图所示，这样制作的演示文稿才显得更专业。

除了需要删除图片水印外，在网上选择图片进行下载时，还需要注意以下几点。

（1）选择的图片必须与当前演示文稿的主题相同，而且所要表达的意思与幻灯片中的内容有联系。例如，下图所示的两张幻灯片中同样是椅子图片，但第一张图片中的椅子与幻灯片内容更搭配。

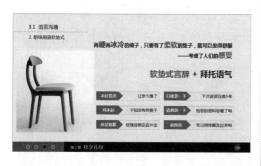

（2）在选用图片时尽可能地使用真实图片，而不是剪贴画。例如，下面两张图

片中，第二张图片的效果显然不如第一张图片的效果好，因为第一张图片更真实，更能让浏览者产生想吃的念头，或者是猜想它的味道。

（3）图片的质量必须高清，不能使用模糊的图片，否则会降低演示文稿的整体质量。例如，下图所示的相同的两张图片中，第二张图片比第一张图片更加清晰。

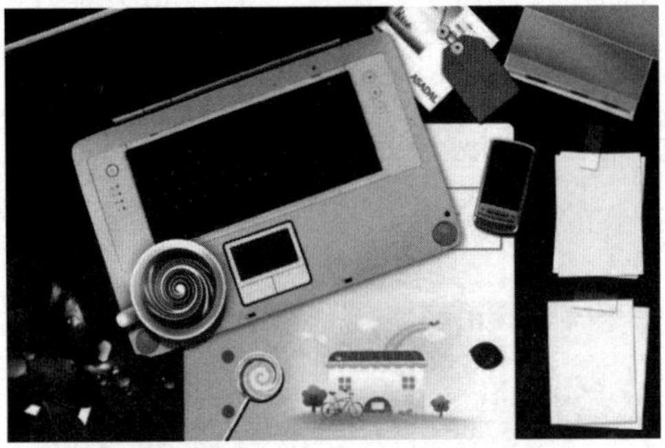

◆ 演示文稿图表

WPS演示中提供了各种类型的演示文稿图表，相对于自己制作来说，直接使用这些图表会更加专业，而且样式也比较多，用起来非常方便，如下面两张图所示。但在使用过程中，所选图表类型必须符合幻灯片内容中的层次结构，否则会显得突兀。而且后期图表的颜色还需要根据当前演示文稿主题的颜色进行相应的修改，使其与幻灯片背景或主题更好地融合在一起。

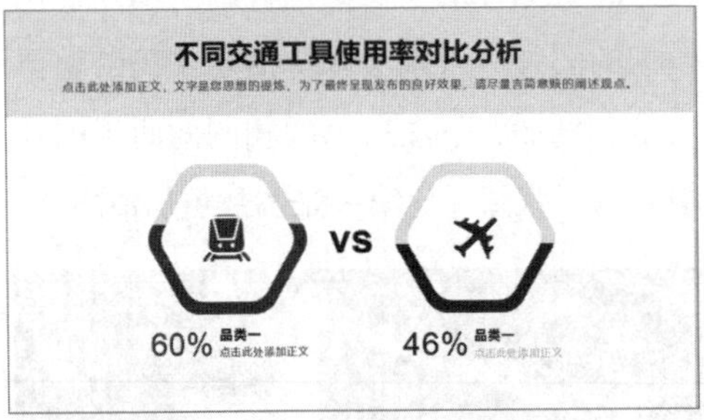

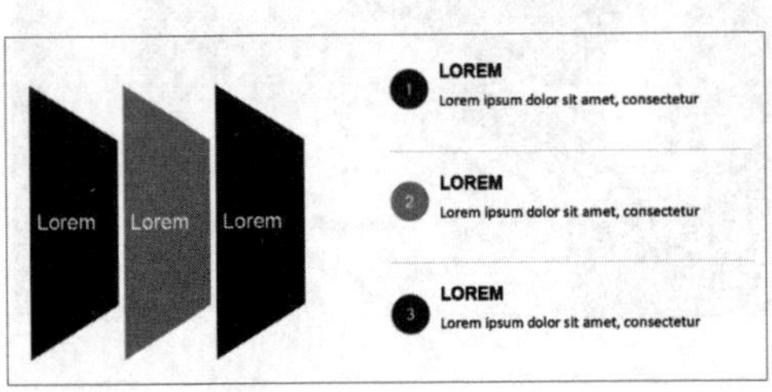

4. 疏于设计，那就是你自甘平庸

演示文稿不同于一般的办公文档，它不仅要求内容丰富，还需要具有非常高的视觉效果。所以，精彩的演示文稿是需要设计的。下面将对演示文稿设计的一些知识进行讲解。

◆ 好的配色让演示文稿脱颖而出

色彩对人的视觉冲击力是最强烈的，不同色彩会传递不同的视觉效果，所以，对于演示文稿来说，合理的配色是非常重要的。一个优秀的配色方案能提升演示文稿的整体效果，让你的演示文稿脱颖而出。对于没有配色基础的人来说，要想搭配出合理的配色方案，可以使用WPS演示中提供的“智能配色”功能，如下图所示，切换各种配色效果，直到获得满意的效果为止。

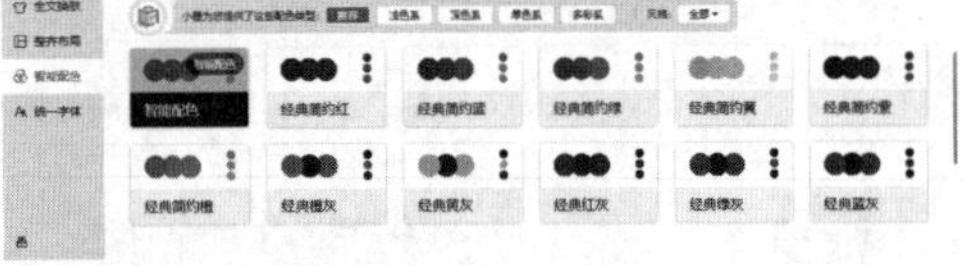

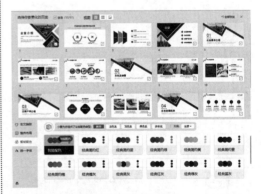

◆ 版式布局多样化

版式布局是演示文稿中不可忽略的要点，在制作演示文稿时，版式布局并不是一成不变的，不同的内容需要采用不同的排版方式，用户可以根据实际情况来选择幻灯片的版式布局方式。

点、线、面是构成视觉空间的基本元素，是表现视觉形象的基本设计语言。演示文稿设计实际上就是如何经营好三者的关系，因为不管是任何视觉形象或版式构成，归结到底，都可以归纳为点、线和面。下面对点、线、面的构成进行介绍。

在演示文稿中，点是相对线和面而存在的视觉元素，一个单独而细小的形象就可以称为点，而当页面中拥有不同的点时，则会给人带来不同的视觉效果。所以，利用点的大小、形状与距离的变化，便可以设计出富有节奏韵律的页面。如下图所示，便将水滴作为点的应用发挥得很好，使左侧的矢量图和右侧的文字得到更好地融合。

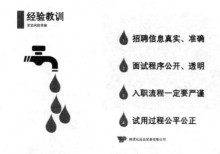

如下图所示，则是利用点组成各种各样的具象的和抽象的图形。

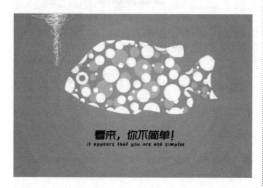

点的连续排列构成线，点与点之间的距离越近，线的特性就越显著。线的构成方式众多，不同的构成方式可以带给人不同的视觉效果。线在平面构成中起着非常重要的作用，是设计版面时经常使用的设计元素。如下图所示，幻灯片中的线起着引导作用，通过页面中的横向直线，会引导我们从左到右查看内容。

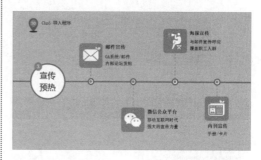

如下图所示，幻灯片中的线起着连接作用，通过线条将多个对象连接起来，使其被认为是一个整体，从而显得有条理。

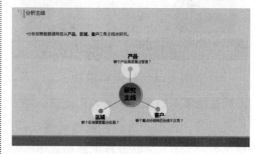

面是无数点和线的组合，也可以看作线的移动至终结而形成。面具有一定的面积和质量，占据空间的位置更多，因而相比点和线来说视觉冲击力更大、更强烈。不同形态的面，在视觉上有着不同的作用和特征，面的构成方式众多，不同的构成方式可以带给人不同的视觉感受，只有合理地安排好面的关系，才能设计出充满美感、艺术加实用的演示文稿作品。如下图所示的两张图用色块展示不同的演示文稿内容模块区域效果，显得很规整。

在演示文稿的视觉构成中，点、线、面既是最基本的造型元素，又是最重要的表现手段。所以，只有合理地安排好点、线、面的关系，才能设计出具有最佳视觉效果的页面。

在WPS演示中提供了多种排版工具，在线版式选择可以一键应用在幻灯片上，轻松给幻灯片换上各种衣服，让图文混排变得更容易，也让幻灯片更显专业。如下图所示，我们可以在新建幻灯片时就根据要创建的内容选择合适的幻灯片版式效果。

此外，还可以对已经创建好的幻灯片进行版式调整；或者直接对演示文稿进行设计，如下图所示。

5.动画适量，不要让人感到眩晕

很多初学者制作的演示文稿，在演示时，只有一些文字、图片、表格、图表等静态的对象，没有添加任何动画，如果制作的演示文稿过长，那么观众长时间看到的画面都是静止的，往往会觉得无趣。其实，适当地添加一些动画效果，不仅能提升观众的兴趣，还能使整个演示文稿更形象、生动。

WPS演示中提供了进入动画、强调动画、退出动画和路径动画等。在为幻灯片中的对象添加动画效果时，可以根据演示文稿类型、放映场合和幻灯片内容来决定添加的动画类型。在为演示文稿添加动画时，还要讲求一定的原则，不可胡乱添加，否则会适得其反。下面介绍一下动画的使用原则。

◆ **醒目原则**

演示文稿动画的初衷在于强调一些重要内容，因此演示文稿动画一定要醒目。强调该强调的、突出该突出的，哪怕你的动画制作得有些夸张也无所谓，我们就是要让观众记忆深刻。千万不要因为担心观众看到你的动画太夸张会接受不了，而制作一些放不开的动画。

◆ **自然原则**

动画是一个由许多帧静止的画面连续播放的过程，动画的本质在于以不动的图片表现动的物体。所以，制作的动画一定要符合常识，如由远及近的时候肯定也会由小到大；球形物体运动时往往伴随着旋转；两个物体相撞时肯定会发生抖动；场景的更换最好是无接缝效果，尽量做到连贯，在观众不知不觉中转换背景；物体的变化往往与阴影的变化同步发生；不断重复的动画往往让人感到厌倦。

◆ **适当原则**

炫，其实不是动画的根本。在一个演示文稿中添加动画的数量并不在于多，重在突出要点，过多的动画不仅体现不出播放效果，反而会让观众的注意力过多地被动画所牵制，冲淡了演示文稿的主题；过少的动画则效果平平、显得单薄。还有的人喜欢让动画变得繁琐，重复的动画一次次发生，有的动作每一页都要发生一次，这也要注意。重复的动作会快速消耗观众的耐心，应坚持使用最精致、专业的动画。

◆ **简洁原则**

演示文稿中的"时间轴"是控制并掌握演示文稿动画时间的核心组成部分。在演示文稿动画演示过程中，任何一个环节所占的时间太多，都会感觉节奏太慢，观众注意力将会分散；反之，如果一个动画的时间太短，那么在观众注意到它之前，动作已经结束了，动画未能充分表达其中心主题，就浪费掉了。所以，在添加动画时，动画数量和动画节奏都要适当。

◆ 创意原则

WPS演示本身提供了多种动画，但这些动画都是单一存在的，效果还不够丰富、不够震撼。而且大家都采用这些默认动画时，就完全没有创意了。其实，我们只需

要将这些提供的效果进行组合应用，就可以得到更多的动画效果。进入动画、退出动画、强调动画、路径动画，4种动画的不同组合就会千变万化。当几个对象同时发生动画时，为它们采用逆向的动画会形成矛盾的画面感官，采用同向的动画会壮大气势，采用多个方向的动画可以变成扩散、聚集的动画效果。

1.2　新手使用 WPS Office 高效办公的相关技巧

用户在使用WPS Office制作与编辑办公文档时，要想提高文档的编辑效率，达到事半功倍的目的，建议初学者掌握以下技巧，可以提升WPS Office办公的效率。

1.2.1　打造适合自己的 WPS Office 工作环境

如果你在工作中经常需要使用WPS Office编辑或制作文档，为了减少加班的概率，提高工作效率，首先需要为自己设置一个合适的工作环境，包括自定义工作界面、为常用功能设置快捷键、将使用频率较高的文件固定在"最近使用"列表中等。

这些看似都是小问题，所以很多人不在意，但实际上不仅影响工作效率，还会影响到正常的工作。例如，当某个命令按

钮需要经常使用时，可以将其添加到快速访问工具栏中，这样可以大大提升操作速度，提高工作效率。只需要单击快速访问工具栏右侧的下拉按钮，在弹出的下拉菜单中显示了一些常用命令，选择相应的命令后即可将对应的命令按钮添加到快速访问工具栏中，如果需要添加其他命令，可以在该菜单中选择【其他命令】，打开【选项】对话框，在该界面左侧的列表框中选择需要添加的命令选项，单击【添加】按钮即可，如下图所示。

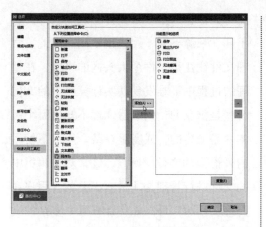

WPS Office 会将最近使用的文件自动记录在首页的【最近使用】列表中，也会在某个组件的【文件】下拉菜单中记录该组件最近使用的文件记录。如果有使用频率比较高的文件，可以将其固定在列表最上方，方便后续能快速打开。例如，要在 WPS 文字的【文件】下拉菜单中固定某个常用文档，只需将鼠标光标移动到该文件名称上，再单击右侧的【固定至列表】按钮 即可，如下图所示。

1.2.2 用好稻壳模板资源，让办公工作智能简单化

实际上，我们每个人使用的日常办公文件大部分是相同的，这些文件的格式几乎一样，只是具体的内容可能发生了变化。对于这种情形的文件在制作时，完全可以在一份已经创建好的文件基础上进行修改，或者根据模板进行创建，从而提高工作效率。WPS Office 的【稻壳】标签页中提供了很多不同文件类型的模板，如下图所示。搜索并选择需要的文件，一键便可以创建该文档了。

此外，WPS Office 中还提供了多种在线资源，如云字体、在线版式、在线图片、皮肤、艺术字等，如下图所示。这些资源都可以为文档添砖加瓦，使其绚丽多彩。

1.2.3 养成良好的文件保存习惯，避免导致无用功

日常使用的文档一般比较多，有些行

业每天都会产生很多文件，这些文件类型不同、来源不同、用途也不同。因此，管理文件往往是一件令人头痛的事情，在整理的过程中不难发现其实计算机中的文件有些是重复的，到最后你都不知道哪个版本才是最终的，或者是在某个用途下使用的最恰当的文件。所以，经常对计算机中的文件进行管理是非常有必要的。用户在管理文件时，可以先将计算机中多余的文件删除，然后按作用、类别或日期等将文件分门别类地放置在相应的文件夹中，方便查看和管理。如下图所示，将文件名称统一以"月.日"的格式进行重命名，然后存放在对应卖场名称的相应月份文件夹下。

相比其他类型的文件，表格文件管理最妙的用法是将同类表格合并制作成一张数据源表，坚持一项工作一张表格的原则，这样你的表格文件才会做到最少，才能快速找到相应的数据，还避免了大量重复性的工作。

有些用户新建文件后，就急忙输入内容，忘记对文档进行保存，当遇到WPS Office程序关闭或计算机重启、死机等情况时，就会导致创建的文件内容丢失。所以，对于新建的文件，应先进行保存，再输入内容，并且在输入和编辑文档的过程中，还应该养成随时保存文档的好习惯。当然，也可以设置 WPS Office 自动备份，这样可按照设置的间隔时间对当前编辑的文件进行自动保存。其方法是：打开【选项】对话框，单击左下角的【备份中心】按钮，如左下图所示。在打开的对话框中单击【本地备份设置】链接，在打开的对话框中选中【定时备份】单选按钮，在其后的文本框中输入间隔时间，如右下图所示。当然，你还可以选择其他的备份方式进行合理备份。

设置文档的自动保存后，就算未及时保存文档的最终效果，如果遇到意外情况只要重新启动 WPS Office 程序，就可以根据提示打开备份中心选择恢复文件，就能够恢复文档中已经备份的内容，这样即使文档内容有丢失，也不会丢失很多。

1.2.4 记住常用操作快捷键，让你的工作效率翻倍

提高 WPS Office 使用效率最好的方法就是记住你常用操作的快捷键。通过几个

按键的组合就可以简化你单击选项卡找到相应组，再单击相应按钮的多步操作。有些组合键还可以节省更多的时间，如想要查看表格最后一行的数据，你是否习惯性地通过滚动鼠标滚轮来查看后面的表格数据？当表格中包含的数据不多时，这样操作的影响不是很明显。但如果表格包含的数据较多，你可能滚半天也没翻到最后一行记录。如果你知道该操作的快捷键是【Ctrl+↓】，就可以大大提高操作效率。

1.2.5 学会批量操作，让你省时省力

通常情况下，在 WPS Office 中要对某个对象进行操作时都会先选择该对象，然后执行具体的操作命令。如果某些对象需要执行相同的操作，就可以用批量操作来减少重复操作，大幅度地提高工作效率。常见的批量操作有以下几种情况。

1. 不可小觑的查找和替换功能

在文档中，当需要对相同格式或相同的内容进行查看或修改时，可以使用 WPS Office 提供的"查找和替换"功能。它不仅可以批量查找相应的内容，还可以批量将查找到的内容替换成指定修改的内容，大大提高了文档的编辑效率。尤其是 WPS 文字中的查找和替换功能非常常用。

🔹 查找和替换文本内容

当需要对文档中多处相同的文本进行修改时，可以先使用查找功能对文档中的内容进行查找，然后使用替换功能批量对

文档中查找的相同内容进行修改，如下图所示。

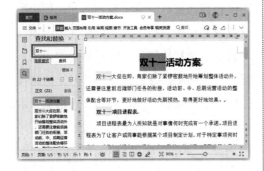

WPS Office中的查找功能，不仅可以按顺序查找下一个，还可以按顺序向前查找。再也不怕点快了，想回头看一下，得重新开始了。

♦ 查找和替换文档格式

通过查找和替换功能，还可以轻松地将文档中字体格式、段落格式或样式相同的文本替换成指定的格式，如下图所示。只需要在【查找和替换】对话框中单击【格式】按钮进行设置即可。需要注意的是，设置要查找的格式时，所设格式必须与文档中设置的格式相同，否则将不能正确查找出相应的内容。

♦ 查找和替换特殊内容

当文档中有多余的空行需要删除，或者存在很多手动换行符需要转换为常规段落时，可以通过查找和替换功能中的特殊格式进行批量替换操作。下图所示为将"手动换行符"替换为"段落标记"的设置。

在输入文档的过程中，若经常需要在输入法的中英文状态下进行切换，则容易输入错误。当需要对文档中大量的中英文标点符号或英文大小写进行修改时，可使用查找和替换功能来实现，主要是在【查找和替换】对话框中单击【高级搜索】按钮，在展开的列表中进行设置。下图所示为需要将小写"wps"替换为大写的"WPS"，就需要选中【区分大小写】复选框。

不过，定位功能在WPS表格中使用的概率可能会更高一些，常常用于定位表格中不同类型的数据、空值、可见单元格等，如下图所示。

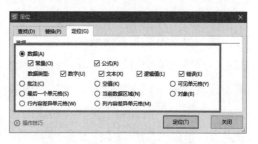

2. 高效的文字排版工具

WPS文字中独有的"文字排版"功能可以对格式混乱的文档进行快速地清理与排版，让其一瞬间变得规范。不仅节省时间，而且有效避免人工查找时的遗漏等情况。

只需要先选中需要排版的文字（如果需要对整篇文档排版，就将文本插入点定位在文档内任意位置），然后单击【开始】选项卡下的【文字排版】按钮，在弹出的下拉菜单中根据文档排版的要求选择对应设置命令即可，如下图所示。如果需要删除选中文本中的相关空段或空格等格式，在下拉菜单中选择【删除】命令，弹出的

◆ 定位

如果需要快速定位到文档中的特殊内容，如批注、脚注、尾注、表格、图形、对象等，可以使用特殊的查找功能——定位。快速定位到符合要求的对象，再进行统一操作，如下图所示。

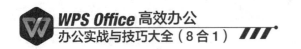

级联菜单中有相关命令。

3. 快速导入已有数据

并不是所有数据都需要手工填写，尤其是一些数据完全可以看看有没有现成的渠道进行获取。现在的企业如果要处理的数据比较多，一般都会引进相应的数据处理系统，如ERP系统、CRM系统、网银等。如果你需要的数据在这些系统中已经存储了，那么可以从相应的系统中导出数据。

在【数据】选项卡下单击【导入数据】按钮，在弹出的下拉菜单中可以看到提供了多种数据导入模式，如下图所示。

根据要获取数据所在的位置，选择相应的命令即可，根据提示导入相关的数据，如下图所示。

以前，使用从系统导出的数据（CSV文件），总是会遇到各种问题，如丢失身份证的后几位数字、数字无法正确参与计算等。WPS表格在这方面进行了改进，现在支持指定每列数据的类型，保证打开的数据能够正常阅读和计算。

4. 对多个单元格或单元格区域进行批量操作

如果要在多个单元格或单元格区域中输入相同的内容，可以先选定这些单元格或单元格区域；然后输入数值、文本或公式；最后按【Ctrl+Enter】组合键一次性输入选定的目标单元格中。不过，有些操作是不能在多个单元格中批量实现的，如复制、粘贴、剪切、筛选、排序等。

此外，WPS表格中的填充功能也可以完成连续单元格数据的规律性快速填充，主要是通过识别首行中数据的规则，智能填充剩下的单元格，支持多种判断规则。

例如，复制数据、填充序列数据、提取某列数据的部分内容、合并某些列中的数据等。

5. 高效的表格整理工具

在使用外部数据时，经常会产生一些不能计算的"假数字"，导致统计出错。WPS 表格中独有的"表格工具"功能，可以快速地对格式混乱的表格数据进行清理，让不规范的文本型数字转为数字，不需要计算的数字转为文本型数字等，方便后续进行数据分析。

只需要选择任意包含数据的单元格，然后单击【开始】选项卡下的【表格工具】按钮，在弹出的下拉菜单中根据处理需要选择对应设置命令即可，如下图所示。

1.2.6 合理管理文件，让它好用又安全

计算机中的文件保存了很多内容，有些还属于很机密的，不可以被他人看到，所以要将关键数据妥善保管。

1. 加密工作簿

不注意保护信息安全，可能会给个人或公司带来无可挽回的损失。即使是保存在计算机中的文件，如果内容实在重要，那么最好为它安装一把"防盗锁"——设置密码保护。这样，要想打开该文件，就必须输入正确的密码才行。如果希望其他人只能以"只读"方式打开文件，不能对文件进行编辑，那么可以为该文件设置编辑密码。

打开要保护的文件，单击【文件】按钮，在弹出的下拉菜单中选择【文档加密】命令，在子菜单中选择【密码加密】命令，如下图所示。

此时会打开【密码加密】对话框，在【打开权限】栏中设置打开文件的密码，在【编辑权限】栏中设置修改文件的密码，单击【应用】按钮即可，如左下图所示。保存并关闭该文件后再次打开时，会打开【文档已加密】对话框，必须输入正确的密码才能打开文件，如右下图所示。

2. 设置文件的使用权限

当通过加密方式保护文件时，密码一旦遗忘，就无法恢复，所以需要妥善保管密码。如果担心会忘记密码，最好还是通过设置文件的使用权限将文件设置为私密保护模式。

打开要设置使用权限的文件，单击【文件】按钮，在弹出的下拉菜单中选择【文档加密】命令，在子菜单中选择【文档权限】命令，如下图所示。

此时会打开【文档权限】对话框，启用【私密文档保护】功能，如下图所示。转换为私密文件后，只有登录账号才可以打开文件。

1.2.7 文档制作顺序有先后，了解清楚不瞎忙

在使用WPS文字制作办公文档时，用户要想快速制作好需要的文档，那么，在制作之前，可以先想一下该文档会应用到哪些操作，然后按照操作的先后顺序进行制作，这样不仅可以提高制作效率，还可以减少不必要的错误。在WPS文字中制作文档的基本流程如下图所示。

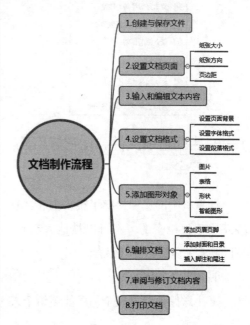

很多人觉得，不同类型的文档虽然对页面的大小、页面方向和页边距要求不一样，但文档中的内容会随着页面大小、方向和页边距的变化而自动排列，所以，页面不会对文档产生什么影响，什么时候设置文档都可以。其实不是的，按文字文档的制作流程来说，在文档中输入内容之前，就应该对文档页面进行设置，如对纸张大小、纸张方向和页边距等进行设置，如下图所示，这样在排版时，就可以一次性编排到位。如果等文档制作好后，才对文档的页面进行设置，那么文档上一页中的内容可能会跳到下一页，而且版面内容可能会混乱，需要重新排版，如果文档有目录，那么还需要重新更新目录，非常麻烦。

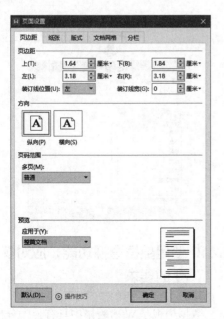

1.2.8 厘清表格的三大类，实现一表变多表

在使用WPS表格制作表格时，只要厘清了WPS表格中"三表"（源数据表、计算分析表、结果报告表）的概念，就能快速制作出需要的表格。这也完全符合表格处理的 3 个步骤：数据输入与处理，数据分析，图表呈现。

1. 源数据表

最理想的源数据表是一张表，该表中包含了我们预先可以想到的后期用于数据分析的各种基础数据，等于汇总了所有可收集到的原始的各种明细数据，这些数据在后期是可以重复使用的，如下图所示。为了保证后续数据分析的准确性，源数据表中每条基础数据信息都不能出错，不能缺失某些字段，不能重复，具体处理方法已在 1.1.5 节中介绍。这类表格一般不对外报送，只作为基础数据的保存。

2. 计算分析表

在制作好的源数据表的基础上，通过排序、筛选、分类汇总等数据工具，以及数据透视表等功能，归纳和提取其中的有效数据，又可以自行编制成分析用的工作底稿，即计算分析表。下图所示为一个典

型的计算分析表。计算分析表一般也不对外报送，只存在于数据分析者的计算机中。

3. 结果报告表

这个表格就是要对外提供的（如发送给上司看的）数据分析结果报告表。其实，只需要基于计算分析表中的数据，再进行美化和适当说明，以便于对方查看和理解，或者以更容易理解的图表方式等进行展示，便可以制作出在不同分析情况下的对外提供的分析结果报告表了。

结果报告表的格式是按照查看者的需求进行设置的，从数据分析的角度来讲，没有任何格式要求，而且通常不会以工作簿的形式传递出去，一般会进一步加工成演示文稿或文档文件。所以，只需要将分析过程中能够用于说明分析结果的图表进行适当美化，添加到演示文稿或文档中，再配以文字说明具体的分析结果即可。

1.2.9 设置数据有效性，有效规避数据输入错误

规范的表格中同一列数据的属性是相同的，所以有些属性的列只能输入某些固定的内容，或者具有某些规律的数据，如员工档案表中的性别列只能输入"男"或

"女"。可以通过为单元格设置数据有效性来实现，即根据某单元格数据可输入的规律为其设定可以在该单元格输入的内容，这样可以更好地避免原则性的失误。常见的有效性条件有整数、小数、序列、日期、时间、文本长度，如下图所示。以上有效性条件除"序列"之外，其他的都可以设定一个区间值。当我们将有效性条件设置为"序列"时，后期就可以在表格中用选择的方式输入指定的内容了。

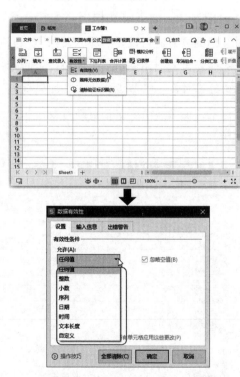

1.2.10 使用数据透视功能，应对多变的要求

数据透视是WPS表格中具有强大分析

功能的工具，可以帮助用户看透行和列中数字背后的意义，洞悉管理的真相。

数据透视功能一直具备数据透视表和数据透视图两种表现形式，二者透视原理完全相同，使用比较多的是数据透视表。数据透视图实际上就是在数据透视表的基础上搭载了图表功能，让数据透视结果能同时以图表的形式显示出来。下面就以数据透视表来讲解数据透视功能。

之所以称为数据透视表，是因为可以动态地改变数据间的版面布置，以便按照不同方式分析数据，也可以重新安排行号、列标和页字段。在每次改变版面布置时，数据透视表会立即按照新的布置重新计算数据。另外，如果原始数据发生更改，就可以更新数据透视表。

简言之，数据透视表是一种可以对大量数据进行快速汇总和建立交叉列表的交互式表格，也就是一个产生于数据库的动态报告，可以驻留在工作表中或一个外部文件中。

学习使用数据透视表功能之前，首先要了解相关的名称，即数据透视表组成的各部分称谓。一个完整的数据透视表主要由数据库、行字段和列字段等部分组成。而对数据透视表的透视方式进行控制需要在【数据透视表】任务窗格中完成。下图所示为根据某销售数据记录制作的数据透视表。

在 WPS 表格中创建数据透视表后，会显示出【数据透视表】任务窗格，对数据透视表的透视方式进行设置的所有操作都需要在该任务窗格中完成。为了在设置数据透视表布局时能够获得所需结果，用户需要深入了解并掌握【数据透视表】任务窗格的工作方式以及排列不同类型字段的方法。下面结合数据透视表中的显示效果来介绍一个完整数据透视表的各组成部分的作用。

数据库：也称为源数据，用于创建数据透视表的数据清单、多维数据集。数据透视表的数据库可以驻留在工作表中或一个外部文件中。

【字段列表】列表框：字段列表中包含了数据透视表中所需要的数据的字段（也称为列）。在该列表框中选中或取消选中字段标题对应的复选框，可以对数据透视表进行透视。

报表筛选字段：又称为页字段，用于筛选表格中需要保留的项，项是组成字段的成员。

【筛选器】列表框：移动到该列表框中的字段即为报表筛选字段，将在数据透视表的报表筛选区域显示。

列字段：信息的种类，等价于数据清单中的列。

【列】列表框：移动到该列表框中的字段即为列字段，将在数据透视表的列字段区域显示。

行字段：信息的种类，等价于数据清单中的行。

【行】列表框：移动到该列表框中的字段即为行字段，将在数据透视表的行字段区域显示。

值字段：根据设置的求值函数对选择的字段项进行求值。数值和文本的默认汇总函数分别是SUM（求和）和COUNT（计数）。

【值】列表框：移动到该列表框中的字段即为值字段，将在数据透视表的求值项区域显示。

通过前面的介绍，可以知道数据透视表包括4类字段，分别为报表筛选字段、列字段、行字段和值字段。创建数据透视表主要可以分为如下三个步骤，具体的实现过程将在第9章中介绍。

（1）连接到数据源，在指定位置创建一个空白数据透视表。这个过程要注意将数据透视表创建到新工作表中，其他操作只要我们的源数据表是按照前面的制作要点完成的，就只需要选择包含数据的任意单元格，WPS表格就能判断与被选中单元格相邻并连续的单元格为同一数据区域，作为创建透视表的数据源，所有操作基本上都是默认设置。

（2）在【数据透视表】任务窗格中的【字段列表】列表框中添加数据透视表中需要的数据字段，此时系统会将这些字段放置在数据透视表的默认区域中。

（3）使用鼠标将字段拖动到【筛选器】列表框、【列】列表框、【行】列表框或【值】列表框中即可，WPS表格会自动分析并组装这些字段的数据，然后显示为透视表的样式。

由于数据透视表的创建本身是要根据用户想查看数据的某个方面的信息而存在的，因此，创建数据透视表的重点和难点就是字段的选择和字段显示位置的决定，同一个数据源表可以变换出多个数据透视表。想要快速得到需要的透视效果，需要不断练习，才能精准掌握。不过，好在这些操作都很简单，如果不是满意的透视效果，再拖曳变换即可。

1.2.11 总结几个框架，让你的演示文稿更有逻辑

在制作演示文稿时，理清了演示文稿的整体思路后，就可以对演示文稿的逻辑进行梳理。逻辑清晰是一个成功的演示文稿必须具备的条件之一。下面介绍几种常见的组织演示文稿逻辑的框架。

1. 最实用的骨灰级结构——总分总结构

总分总结构是制作演示文稿最常用的结构，在该结构中分别对应的是"概述、

分论点、总结"。

第一个"总"是对演示文稿主题进行概述，开门见山地告诉大家，这个演示文稿是讲什么的，这个"总"一般只有一页，而且是分条罗列的，这样能让听众快速地知道这个演示文稿要讲解的内容。既然是分条写，那么多少条合适呢？这个可以根据内容的多少来决定，当一个演示文稿超过30页时，则可分成3~5个章节，开始一页只提出各个章节的要点，如下图所示。

然后在每章开始的地方再用同样的原则添加一个过渡页，对每个章节的内容进行概述，如下图所示。当演示文稿只有20多页时，就没必要细分章节了，只要把分步的要点列出来即可，而且罗列的要点不宜过多，3~5条即可，否则，会影响听众的接受度。

"分"是指分论点，也就是内容页里每页的观点，通过从不同的观点来阐述或论证需要凸显的主题，这些观点可以是并列关系、递进关系，也可以是对比关系。内容页是通过每页的标题来串联整个内容的，所以，要想通过标题就能明白演示文稿所讲的内容，就必须要跟常见的页标题的使用方法说拜拜。下图所示为常见的页标题。

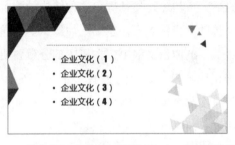

最好采用双重标题的形式，将章节信息与本页观点有机地结合起来，如下图所示。这样，只需要浏览页标题，就能快速把握整个演示文稿的结构以及中心思想。

第二个"总"是指当所有的分论点描述完后，对演示文稿进行总结，但是，总结并不是把前面讲解的内容再机械地重复一遍，而是需要在原有的基础上进一步明确观点，提出下一步计划。总结是我们得到反馈的关键，所以，总结对于演

示文稿来说至关重要。总结一般有"回顾内容""梳理逻辑""做出最终结论""计划下一步工作""提出问题，寻求反馈"等形式。

2. 下一次比这一次更精彩——递进结构

递进结构是步步推进的，各论点之间是环环相扣、逐层深入的关系，前一模块是后一模块论述的基础，这种结构的演示文稿的逻辑性更强，思维更加严密。在递进关系的演示文稿中，在概述部分就要明确说明各模块之间的关系，如下图所示。而且在每个模块的结尾，还需要简单地说明这一模块与下一模块之间的关系。

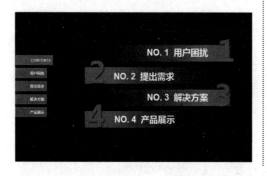

3. 让你的每个观点都掷地有声——碎片化结构

碎片化是指将原有完整的事物打散成多个零散的部分，也可以理解为"多元化"。而演示文稿中的碎片化则是指将演示文稿的整体结构打散，围绕着中心思想，直接对相关的问题及答案进行阐述，每个论点看似独立，但存在一定的联系。这种结构的演示文稿在信息传递上非常高效，比较适用于工作会议类演示文稿。

4. 让听众更主动地接收信息——问答式结构

问答式可以简单理解为"一问一答"，也就是先对演示文稿中现有的问题进行归纳和整理，然后根据提出的问题给出对应的答案，每个问题之间没有任何关联，是彼此独立的。这种结构的演示文稿更容易将听众带入问题中，对于传递信息来说非常有效，但整体比较松散，不利于听众梳理接收的信息，比较适用于问题解决类和说明类演示文稿。

1.3 新手一定要学的 WPS Office 云办公操作

WPS Office不仅是一个传统的常用办公套装软件，它还致力于打造一个集协作工作空间、开放平台、云服务为一体的环境，非常迎合云办公的现代化办公需求，得到了众多用户的喜爱。其中，WPS云服务就是日常办公中非常方便和高效的一项服务，用户只要在WPS上登录账户，就能轻松享受到各项云服务，使自己的办公文件保存在云端，实现自动备份，方便在任何一台设备上立即查看和编辑这些文件。

1.3.1 将文件上传至云空间，实现多设备跨平台同步

秉承着跨设备多系统的一站式融合办公理念，WPS Office 中集成了大量适应新时代办公需要的云服务。目前，WPS Office 已完整覆盖了桌面和移动两大终端领域，支持 Windows、Linux、Mac、Android 和 iOS 五大操作系统，可以实现跨笔记本和手机等设备的文档同步和备份（使用者只需通过浏览器访问 www.wps.cn 网站，寻找并安装对应版本即可），帮助用户随时随地访问文档，并防止重要工作文档丢失。

用户注册 WPS 账号后，将自动获得个人专属的云空间，后续云空间将用来存储文档以及其他类型的文件。注册 WPS 账号也很简单，使用微信、手机号码等就可以快速注册和绑定了。❶单击 WPS Office 窗口界面上的【访客登录】按钮，❷在弹出的下拉列表中单击【立即登录】按钮，如下图所示。

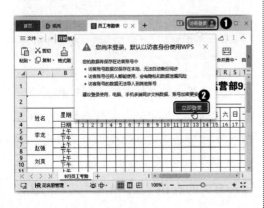

在打开的如下图所示的界面中根据注册方式用微信扫一扫，或者输入手机验证信息即可登录账号。此时可以在 WPS 首页文件列表左侧栏最底部查看当前账号的个人云空间使用情况。

1. 将文件上传至云空间

在 WPS Office 中制作完成文件后，主要可以通过以下 3 种方法将文件上传至云空间。

方法一：❶单击【文件】按钮，❷在弹出的下拉菜单中选择【保存】或【另存为】命令，如左下图所示，❸打开【另存文件】对话框，在左侧选择【我的云文档】选项卡，❹在右侧设置文件的保存位置，❺单击【保存】按钮，如右下图所示。

方法二：在文件编辑窗口中，❶单击选项卡右侧的【未同步】按钮 ☁，❷打开【另存云端开启"云同步"】对话框，设置文件的上传位置，❸单击【上传】按钮即可，如下图所示。

方法三：❶将鼠标指针移动到要保存的文件名称选项卡上停留片刻，❷在弹出的文件状态浮窗中单击【立即上传】按钮，如下图所示。然后在【另存云端开启"云同步"】对话框中进行设置即可。

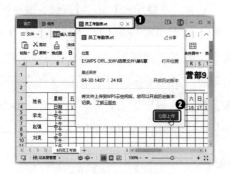

2. 将文件夹同步到云空间

在日常的办公中，通常会把文档保存到计算机的磁盘中。如果你长期办公的地点不固定，或者经常需要外出，携带计算机也不是很方便，建议你将需要使用的本来在计算机上的文件夹同步到WPS云空间，同步后，只要登录相应的WPS账号，即可从手机或其他计算机设备查看到办公计算机中的文件夹中存储的全部内容。

想将计算机中的本地文件夹上传到云空间，❶可以在WPS Office窗口中单击【首页】标签，❷在【文档】选项卡下选择【我的云文档】选项，❸单击右上角的【新建】按钮，❹在弹出的下拉菜单中选择【上传文件夹】选项，如下图所示，然后在打开的对话框中选择需要上传的文件夹即可。

> **温馨提示●**
>
> 通过备份方式上传的文件保存在云文档中的【备份中心】文件夹中，默认以备份的时间新建文件夹，方便用户根据备份时间查看备份文件。

计算机上的文件夹同步到WPS云空间后，后续的文件更新、文件新增、文件删除、文件重命名或新增文件夹等操作，将立即同步到WPS云空间，使用户在WPS云端看到的内容与在计算机中看到的文件夹内容完全保持一致。另外，若用户在其他设备编辑修改了同步后的文件夹，计算机上的文件夹内容也将同步更新，实现远程访问、远程编辑的效果。

3. 开启文档云同步

开启文档云同步后，所有使用WPS打开的文档将自动备份到当前使用的WPS账号的云空间中，免去了手动上传的麻烦。操作方法是：在WPS首页中单击右上角的【全局设置】按钮◎，在弹出的下拉菜单中选择【设置】命令，如下图所示。

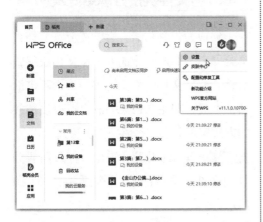

在打开的界面中启用【文档云同步】功能即可，如下图所示。

1.3.2 正确管理好云文档

云文档中的文件与本地文件一样保存在文件夹中，在 WPS Office首页中单击【文档】按钮，然后选择【我的云文档】选项，在右侧即可一层一层地打开具体的某个文件夹，查看到其中保存的云文档，双击文件名称即可打开该文件。如果已经打开了云文件，将鼠标指针移动到文件名称标签上停留片刻，在弹出的文件状态浮窗中即可看到文件路径，单击路径后的【打开位置】按钮链接文字即可快速打开对应的文件夹，如下图所示。

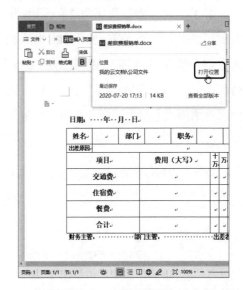

如果要移动、复制或删除云文档中的文件或文件夹，可以在【我的云文档】列表中单击需要操作的文件名称或文件夹名称右侧的【更多操作】按钮，在弹出的下拉菜单中选择对应的操作命令即可，如下图所示。例如，选择【移动到】命令，可

以打开【移动到】对话框，进一步设置要将文件移动到的位置。

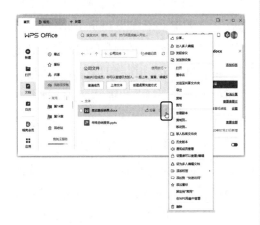

如果你上传到云文档中的文件和文件夹太多了，就可能需要使用"星标"标记出重要的文件，以便在使用时能快速找到它们。操作方法是，在【我的云文档】列表中找到要标记的重要文件，单击文件名称右侧的【添加星标】按钮，如下图所示。

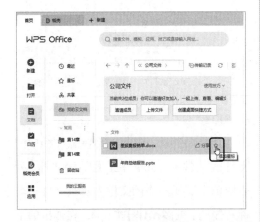

此后，在WPS Office首页中的【文档】选项卡下选择【星标】选项，即可在列表

中看到添加了"星标"的重要文件，单击即可快速打开，如下图所示。

1.3.3 将文件链接分享给好友

完成文件制作后，常常需要将文档共享给同事、朋友，让他人浏览文档或编辑文档。分享文件的方法有很多种，不借助其他工具，利用WPS Office也可以以链接的方式实现分享，具体操作步骤如下。

第1步 单击【分享】按钮。打开需要分享的文件，单击【分享】按钮 ，如下图所示。

第2步 ▶ **创建分享**。打开分享文件对话框，❶ 在【复制链接】选项卡下选中【任何人可编辑】单选按钮，❷ 单击【创建并分享】按钮，如下图所示。

第3步 ▶ **获取链接**。在新界面中，可以看到已经生成了分享文件的链接。单击【复制链接】按钮，通过QQ、微信等聊天软件，将复制的链接发送给需要分享的人，如下图所示。

1.3.4 共享文件夹，开启高效在线协作办公

现在很多工作都是需要多人协同的，经常需要针对某个项目开展分享多个文件，此时可以在WPS云文档内建立团队，将需要分享的文件放到文件夹中，直接共享文件夹。将团队成员邀请到共享文件夹内，各成员就可以上传文件到团队文件夹中了。共享团队文件夹中的文件内容，还可以自定义各成员的权限设置，让文件共享更安全。具体操作步骤如下。

第1步 ▶ **单击【共享】超级链接**。在WPS Office首页中的【文档】选项卡下，❶ 选择【我的云文档】选项，❷ 在右侧列表中选择需要共享的文件夹，❸ 在右侧侧边栏中单击【共享】超级链接，如下图所示。

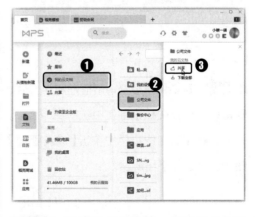

第2步 ▶ **设置共享文件夹**。打开共享文件夹对话框，单击【立即共享】按钮，即可将此文件夹设置为共享文件夹，如下图所示。

第3步 ► **获取链接**。共享文件夹后，在新界面中单击【邀请QQ、微信好友加入】超级链接，在弹出的界面中提供了邀请链接，单击【复制】按钮复制该链接，再通过QQ、微信发送给好友即可邀请他们加入共享文件夹团队，如下图所示。

第5步 ► **设置文件权限**。打开共享文件夹对话框，在其中可以看见成员列表。❶单击某个成员右侧的【允许编辑】右侧的下拉按钮，❷在弹出的下拉列表中可以将该成员权限更改为管理员、成员·允许编辑、成员·仅查看，如下图所示。

第4步 ► **邀请团队成员**。邀请好友加入后，❶在【我的云文档】列表中选择共享的文件夹，❷在右侧侧边栏中单击【成员管理】超级链接，如下图所示。

教您一招●

管理分享的文件

在WPS Office首页中的【文档】选项卡下，选择【共享】选项，在右侧选择【共享给我】选项卡，将在下方看到他人分享给"我"的文件列表；选择【我的共享】选项卡，将在下方看到"我"分享给他人的文件列表。如果想快速找到某种类型的共享文件，还可以单击右侧的【文件类型筛选】按钮，在弹出的下拉列表中选择需要的文件类型即可。

当我们不再参与某个文件的共享协作时，可以选择该文件，在右侧侧边栏中单击【退出共享】或【取消共享】超级链接，这样该文件将不会出现在你的云文档列表中，你也不会再接收到此文件更新的提示信息。

高手支招

通过前面知识点的学习，相信读者已经掌握了 WPS Office 的基本操作及常用组件的使用技巧和 WPS Office 云办公的基本操作，希望读者能避开本书中提到的各种操作误区。下面结合本章内容，再给读者介绍一些工作中的实际经验与技巧，提高办公效率。

01 找回文件的历史版本

在编辑某些文件时，需要不停编辑修改。保存过的文件被一遍遍编辑、修改、覆盖，甚至建立了多个不同编号的文件。如果将这类文档同步到云文档中，就不用这么麻烦了。因为开启 WPS 的"同步到云文档"功能后，文件每次保存都会同步到云端，这样就可以快速查找历史编辑记录了。找回某个文件的历史版本，具体操作步骤如下。

第1步 查看历史版本记录。❶在【我的云文档】列表中选择需要查看历史记录的文件，❷在右侧的【历史版本】栏中单击【查看全部】超级链接，如下图所示。

第2步 操作历史版本。打开【历史版本】对话框，在其中可以看见按照时间排列的文档修改版本。单击某个版本右侧的【为该版本命名】超级链接，可以将这个版本另存为一个文件，❶单击某个版本右侧的按钮，❷在弹出的下拉列表中选择【恢复】选项，直接将该文件恢复到所选版本的状态，如下图所示。

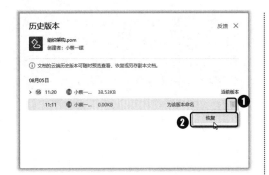

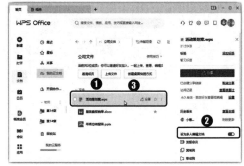

02 多人实时在线协作编辑

办公是一个多人协作的场景，有些工作甚至不是一个环节完成再继续下一个环节的。例如，可能需要多人同时来编辑完成一份文件内容，WPS云办公就可以进行多人同时编辑同一文档，不过首先需要将文档分享或共享给他人。下面以在共享文件夹中对文件进行实时在线协作编辑为例进行介绍，具体操作步骤如下。

第1步 ▶ **设置文档编辑状态。**❶ 在【我的云文档】列表中选择共享文件夹中需要协作编辑的文档，❷ 在右侧开启【设为多人编辑文档】功能，或在文档名称上右击，在弹出的快捷菜单中选择【进入多人编辑】命令，❸ 双击文件名打开该文件，如下图所示。

第2步 ▶ **选择【协作记录】命令。**进入协作编辑状态，可以与他人一起编辑该文档，在选项卡右侧可以看到参与共同协作人员的头像，❶ 单击【历史记录】按钮 ⊙▾，❷ 在弹出的下拉菜单中选择【协作记录】命令，如下图所示。

第3步 ▶ **查看他人协作记录。**在显示出的【协作记录】窗格中，可以看到其他人对该文档进行了哪些操作，如下图所示。

温馨提示 ●

对文档进行分享或共享后，当他人正在编辑共享的文档时，文档上方会弹出提示信息，告诉你此文档处于协作编辑状态。单击【加入协作编辑】按钮，也可以进入多人实时在线协作编辑状态。

03 使用在线会议服务

当多人协作办公时，如果不是在同一个办公地点，光凭文字的交流还是很吃力的。WPS Office 提供了会议服务，它是在线远程办公的协作利器。

在协作编辑状态下，单击选项卡右侧的【远程会议】按钮，就可以实现协作团队内多人同步查看文档的同时，通过手机、计算机进行语音讨论了。通过应用中心找到【会议】的入口，实现远程会议的具体操作步骤如下。

第1步 ▶ 打开【应用中心】对话框。在【首页】界面中单击【应用】按钮，如下图所示。

第2步 ▶ 开启【会议】功能。打开【应用中心】对话框，❶选择【分享协作】选项卡，❷选择【会议】选项，如下图所示。

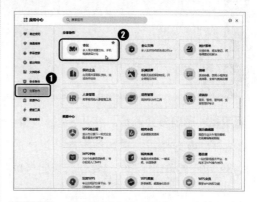

第3步 ▶ 单击【新会议】按钮。稍等片刻，系统便会准备好金山会议功能，并打开如下图所示的选项卡，准备并调试好会议中会使用到的麦克风、摄像头等硬件，单击【新会议】按钮，即可开始新会议。

第4步 ▶ 单击【邀请】按钮。打开【新会议】对话框，单击【邀请】按钮，如下图所示。

第5步 ▶ 邀请参会人员。 打开【选择成员】对话框，❶ 选择需要邀请到本次会议中的成员名称，❷ 单击【确定】按钮，返回后单击【立即开会】按钮即可开始本次在线远程会议。

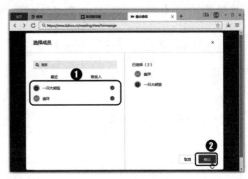

第 2 篇

文字处理篇

文字文档是日常学习和工作中最常见、最常使用到的文档类型。所以，利用文字处理软件实现对电子文档的创建、编辑、美化、排版等操作已成为当前人们的必备技能之一。WPS文字凭借着强大的文字排版引擎，让电子文档的创建和编辑、复杂文档的排版和美化、特定版式文档的批量制作和生成变得更加便捷、高效和智能化。本篇将列举多个实际案例对WPS文字的使用方法和技巧进行介绍。

WPS

第2章

文档的输入、编辑与排版

本章导读

　　WPS文字提供了非常强大的文档编辑和排版功能，如常见的字体格式、段落格式等基本操作，通过这些功能可以将文档设置得非常工整且美观。本章主要通过对企业简介和劳动合同的制作与编辑，介绍WPS文字中格式设置的相关知识。

知识要点

- 字体格式
- 段落格式
- 项目符号
- 应用样式
- 插入目录

2.1 制作"企业简介"

企业简介就是对企业或公司的简单介绍，这种介绍既不能长篇大论，也不是一两句话就能带过的，而是简单扼要地介绍企业的基本情况，能够让别人了解企业的性质和状况。通常来说，企业简介主要包括以下几个方面的内容，在编写企业简介时，应根据企业的性质和实际情况决定编写什么内容。

（1）企业概况：概况中可以包括注册时间、注册资本、企业性质、企业规模、员工人数、技术力量等。

（2）企业文化：公司的目标、理念、使命等。

（3）发展状况：公司成立时间、发展速度、突出成绩等。

（4）主要产品：包括产品的性能、特色、创新等。

（5）公司业绩：可以是各地区的销售量，以及获得的荣誉称号。

（6）售后服务：主要是公司售后服务的承诺。

本例通过 WPS 文字提供的格式设置功能制作企业简介。制作完成后的效果如下图所示。实例最终效果见"结果文件\第 2 章\企业简介.wps"文件。

2.1.1 创建空白文档

使用 WPS 文字制作任何类型的文档都需要先创建文档，既可以是空白文档，也可以是根据模板创建的文档。本例需要制作的企业简介，主要是简单罗列内容，方便以后将这些内容应用到其他地方。所以，创建空白文档即可，具体操作步骤如下。

第1步 ▶ 执行【新建】命令。在桌面上双击【WPS Office】应用程序图标，启动WPS Office，单击【首页】界面中左侧的【新建】按钮，如下图所示。

第2步 ▶ 创建文档。此时会打开【新建】界面，在上方显示了不同的组件选项卡，❶选择【文字】选项卡，❷在下方显示了一些模板文件，这里直接单击【新建空白文档】按钮开始创建，如下图所示。

2.1.2 保存文档

上一步操作完成后，新的空白文档已创建成功，且文本插入点自动定位在空白文档的编辑区域首位置。但是，此时还不能立即开始文档内容的编辑，还须先将文档保存起来，以免内容丢失。创建文档后就保存文件，一定要养成这样的习惯。下面讲解如何对新建的文档进行保存。具体操作步骤如下。

第1步 ▶ 单击【保存】按钮。在新建的空白文档中单击快速访问工具栏中的【保存】按钮，如下图所示。

第2步 ▶ 保存文件。打开【另存文件】对话框，❶选择要将文档保存的位置，默认保存在计算机中，直接在【位置】下拉列表框中选择具体的文件夹路径即可，❷在【文件名】下拉列表框中命名该文档为"企业简介"，❸在【文件类型】下拉列表框中选择【WPS文字文件（*.wps）】选项，❹单击【保存】按钮，如下图所示。

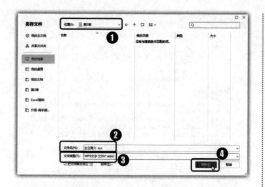

2.1.3　编辑文本内容

上一步操作后，文档就被保存在指定的文件夹里了。现在，可以在文档中输入具体的内容。在 WPS 文字中编辑文本内容很简单，编辑企业简介内容的具体操作步骤如下。

第1步 ▶ **输入标题**。调整到合适的输入法，在文档中输入第一行文字，即标题，如下图所示。

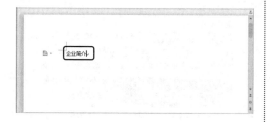

第2步 ▶ **输入内容**。输入标题后，按【Enter】键换行，再输入具体的简介内容。当遇到要分段显示的内容时，按【Enter】键换行后再输入，输入完成后的效果如下图所示。该企业简介是一份简略的简介书，涵盖了企业简介书的基本内容，用户可套用该模板适当地扩充。

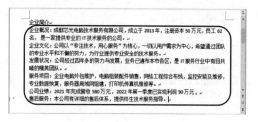

2.1.4　设置字体格式

一份工整、规范的文档都需要经过基本的格式设置，在 WPS 文字中，最简单、最基础的格式设置便是对字体格式的设置。下面通过企业简介文档详细讲解字体格式的设置方法。具体操作步骤如下。

第1步 ▶ **选中首行文字**。将鼠标指针移至首行的左侧空白位置，当鼠标指针的形状变为箭头 ⚬ 形状时单击，此时首行就会被选中，并弹出格式设置快捷栏，如下图所示。

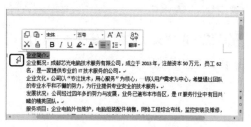

第2步 ▶ **设置文字格式。**❶单击【开始】选项卡【字体】右侧的下拉按钮，❷从弹出的下拉列表中选择【微软雅黑】样式，如下图所示。

第3步 ▶ **设置文字字号。**设置好字体样式后，❶单击【字号】右侧的下拉按钮，❷从弹出的下拉列表中选择【小二】选项，且此时所选择的文本字号也相应改变，如下图所示。

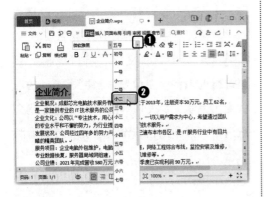

第4步 ▶ **设置文字加粗显示。**单击【加粗】按钮 B，如下图所示。

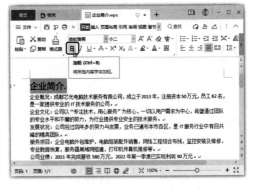

第5步 ▶ **设置文字颜色。**❶单击【字体颜色】按钮 A 右侧的下拉按钮，❷从弹出的下拉列表中选择一种颜色即可完成颜色设置，如下图所示。

第6步 ▶ **选中正文内容。**设置完标题的字体格式后，再将光标定位在第二行的左侧位置，并按住鼠标左键向下拖动至末尾，即可选中正文全部内容，如下图所示。

第7步 **查看设置效果**。按照前面介绍的方法，设置字体为【宋体】，字号为【小四】，完成后的效果如下图所示。

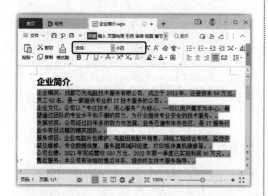

2.1.5 设置段落格式

字体设置只是 WPS 文字编辑中最基础的部分，在企业简介文档中还需要设置段落的格式，如标题要居中、正文要首行缩进等。下面通过企业简介文档内容学习段落格式的设置方法。具体操作步骤如下。

第1步 **设置文字居中显示**。❶选择第一行文字，❷在【开始】选项卡下单击【居中对齐】按钮≡，如下图所示。

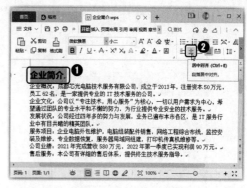

第2步 **执行【段落】命令**。❶选择标题外的所有段落，❷在【开始】选项卡下单击【段落】对话框按钮 」，如下图所示。

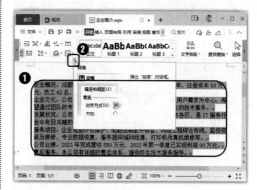

第3步 **设置首行缩进**。打开【段落】对话框，❶在【缩进】栏中的【特殊格式】下拉列表框中选择【首行缩进】选项，❷在其后的【度量值】数值框中选择【2】（默认为 2 字符），❸在【间距】栏中的【设置值】数值框中输入【1.5】，❹单击【确定】按钮，如下图所示。

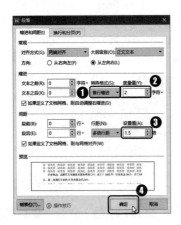

第4步 单击【段落布局】按钮。❶将文本插入点定位在标题段落中，❷单击段落左侧出现的【段落布局】按钮，如下图所示。

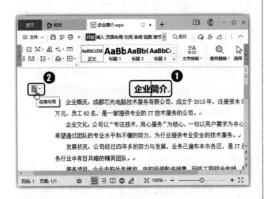

第5步 调整段落间距。显示出段落选中框，❶拖动边框上方和下方中间的三角箭头，对这个标题文本的前后行距进行调整，❷将鼠标光标移动到灰色段落外的任意地方并双击，退出"段落布局"状态，如下图所示。

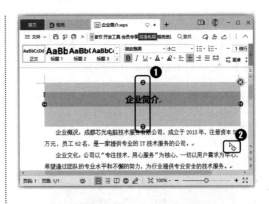

温馨提示●

上下拖动段落选中框上的三角箭头，可以设置段落的段前和段后间距，左右拖动段落选中框上的三角箭头，可以设置段落左右两侧的缩进。单击右上角的【退出段落布局】按钮，可以退出"段落布局"状态。

2.1.6 添加项目符号

在企业简介书中用户还可以添加一些项目符号来特殊标记每个小点的内容。项目符号的添加也很简单，只需要选择段落，然后使用项目符号即可，具体操作步骤如下。

第1步 选择项目符号样式。❶在文字文档的左侧空白区域按住鼠标左键并拖动至文末来选择企业简介的正文内容，❷单击【开始】选项卡下的【项目符号】按钮右侧的下拉按钮，❸在弹出的下拉菜单中选择需要的符号样式，如下图所示。

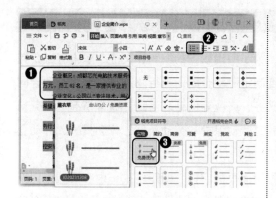

文本的选择

在选择文本内容时，在 WPS 文字文档的左侧空白区域单击鼠标一下表示选择鼠标光标对应位置的这一行，单击鼠标两下表示选择对应的段落，单击鼠标三下表示选择整篇文档。

第2步 查看添加的项目符号效果。选择在线项目符号样式后，即可开始下载该项目符号样式，并在下载完成后为所选段落应用该样式，如下图所示。

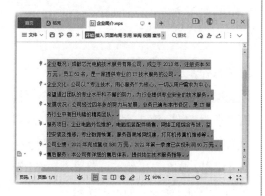

自定义项目符号样式

如果对已有的项目符号样式不满意，就可以在【项目符号】下拉菜单中选择【自定义项目符号】命令，在打开的对话框中单击【自定义】按钮，再单击【字符】按钮，选择一个字符来作为项目符号的符号样式。

2.1.7 关闭文档

文档内容制作完成后，如果暂时不再需要该文档，就可以将其关闭了，以便节省计算机内存。具体操作方法如下。

在企业简介文档标签的右侧，单击【关闭】按钮⊠，如下图所示，即可关闭当前的文档。

2.2　制作"劳动合同"

当用人单位与劳动者确定劳动关系后，为了明确双方的权利和义务，双方有必要签署劳动合同。不同的单位要根据单位的制度制定劳动合同，当行政人员在制定劳动合同时，需要将合同有效期、工资、劳动者的义务、岗位等信息写清楚。通常情况下，劳动合同的必备条款有劳动合同期限、工作内容、劳动保护和劳动条件、劳动报酬、劳动合同终止条件以及其他约定条款。

本节讲解在制作劳动合同时，如何设置封面页的字体、间距格式、内容页的合同正文格式。制作完成后的效果如下图所示。实例最终效果见"结果文件\第 2 章\劳动合同书 .wps"文件。

2.2.1　使用智能格式工具进行初步整理

在 WPS 文字中提供了一个非常智能的格式整理工具，使用它可以快速适应网络文本与严谨文本的转换，让排版混乱的文档在一瞬间变得规范。下面就使用智能工具对劳动合同文档进行初步的格式整理，具体操作步骤如下。

第1步 ► 执行【智能格式整理】命令。打开"素材文件\第 2 章\劳动合同书 .wps"文件，❶单击【开始】选项卡下的【文字排版】按钮，❷在弹出的下拉菜单中选择【智能格式整理】命令，如下图所示。

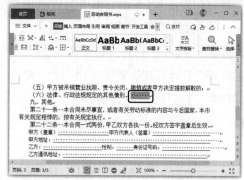

第2步▶ 手动修改内容。可以看到，文档中的所有段落首行空了两格，并对多余的空行进行了删除。但仍然存在一些错误，此时需要手动进行修改，如让每个条款后方显示为两个空格。

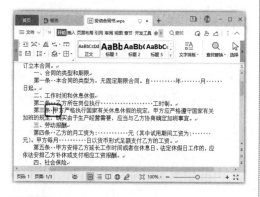

第3步▶ 删除多余的空格。在检查时，发现段落末尾还存在一些空格是多余的，可以先选择多余的空格，再按【Delete】键进行删除，如下图所示。

2.2.2 设置合同封面格式

企业的正式文件通常会有封面页，显示这是一份什么样的文件。封面页包括文件的标题、编号、日期等重要信息。由于封面页的内容较少，字体往往比较大，需要掌握字体间距调整、对齐等操作步骤。

在设置合同封面时，需要注意的是，封面页不需要有太多文字，只需要说明清楚这是一份什么文档即可。必要的内容是标题、日期、公司名称等信息。

1. 为合同内容分页

劳动合同的封面页是单独的一页，此时可以在文档中通过插入【分页符】的方式让封面内容单独存在于一个页面上，而

63

不是通过多次按【Enter】键来获得空白页面，具体操作步骤如下。

第1步 ▶ **插入分页符**。❶将文本插入点定位于"签订日期"字样下面一行，❷单击【插入】选项卡下的【分页】下拉按钮，❸在弹出的下拉菜单中选择【分页符】命令，如下图所示。

温馨提示 ●

　　当想为文档分页时，还可以通过连续多次按【Enter】键的方式来分页，但是这种分页方式会比较麻烦。如果前面有增加内容，那么所有段落的位置都会向后移动，可能导致原来的分页不会刚好在一页的结尾处。

第2步 ▶ **让文字居中**。此时，"签订日期"这一行及前面的内容就单独置于一页文档中了。❶选中该页面中的所有文字，❷单击【开始】选项卡下的【居中对齐】按钮，如下图所示，让所有文字居中，方便后面的格式调整。

2. 设置封面字体格式

　　劳动合同封面页的文字内容较少，文字应当居中显示，保持页面平衡。在上一节中，已经让所有文字居中了，接下来需要调整文字的大小、间距等格式，具体操作步骤如下。

第1步 ▶ **设置合同标题字体格式**。❶选中"劳动合同书"这一行标题文字，❷在【开始】选项卡下设置字体格式为【黑体】【初号】，并单击【加粗】按钮，如下图所示。

第2步 ▶ **设置"编号"字体格式**。❶选中"编号："，❷在【开始】选项卡下设置字体格式为【黑体】【二号】，❸在"编号："文字后面

添加多个空格并选中，❹ 单击【开始】选项卡下的【下划线】按钮，为空格添加下划线效果，如下图所示。

温馨提示 ▶

通过"下划线"功能添加的下划线，可以在打字时，直接在线上打字。而插入"——"符号添加的线，则不能在线上输入文字。

第3步 ▶ **设置封面页其他文字格式**。❶ 选中"编号"下方的三行文字，设置字体格式为【宋体】【三号】，并单击【加粗】按钮，❷ 在"甲方："" 乙方："的后面，以及"年""月""日"文字的前面，添加合适的空格，并按前面介绍的方法设置下划线效果，方便后期填写内容，完成后的效果如下图所示。

3. 设置封面文字间距

封面页的文字内容较少，页面留白较多，为了让页面更为充实，需要为文字设置合适的间距，让文字更加分散、美观。接下来主要介绍段落间距和文字间距的设置方法，具体操作步骤如下。

第1步 ▶ **单击【段落布局】按钮**。标题文本现在太靠页面上方了，需要在上面添加合适的留白位置。❶ 将文本插入点定位在标题段落中，❷ 单击标题文本左侧出现的【段落布局】按钮，如下图所示。

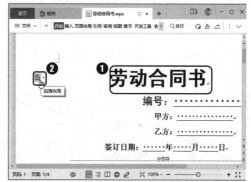

第2步 ▶ **调整段落间距**。显示出段落选中框，❶ 拖动边框上方和下方的三角箭头，对这个段落的前后行距进行调整，使标题文本与下方的"编号"文本也保持一定的距离，❷ 该段落间距调整完成后，移动鼠标光标到需要调整间距的下一个段落处并单击即可，如下图所示。

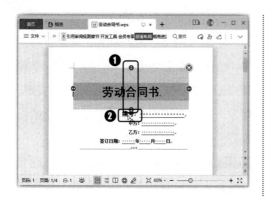

第3步 ▶ **继续调整其他段落间距。** 显示出当前段落选中框，❶拖动边框上方和下方的三角箭头，对这个段落的前后行距进行调整，使"编号"文本下方产生较大的间距，❷将鼠标指针移动到灰色段落外的任意地方并双击，退出"段落布局"状态，如下图所示。

第4步 ▶ **设置行距。** ❶选中下面三行文字，❷单击【开始】选项卡下的【行距】按钮 ≡·，❸在弹出的下拉列表中选择【3.0】选项，如下图所示。

第5步 ▶ **打开【字体】对话框。** ❶选中"甲"字，❷单击【开始】选项卡下的【字体】对话框按钮，如下图所示。

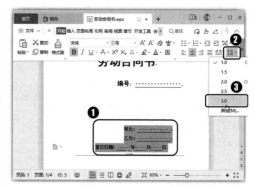

第6步 ▶ **设置字体间距。** 打开【字体】对话框，❶选择【字符间距】选项卡，❷在【间距】下拉列表框中选择【加宽】选项，并在其后设置【值】为【0.7】厘米，❸单击【确定】按钮，如下图所示。

文字缩放的方法

在制作合同文档时，有的地方需要添加注释文字进行解释说明，这类文字可以缩小显示。其方法是：选中文字后，打开【字体】对话框，在【字符间距】选项卡下的【缩放】下拉列表框中调整缩放的百分比值。

第7步 ▶ **完成"乙方"间距设置**。此时，"甲"字与"方"字之间有 0.7 厘米的间距。按照同样的方法，选中"乙"字，为其设置 0.7 厘米的间距，完成后的效果如下图所示。

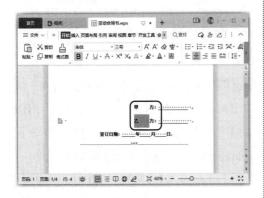

4.微调封面内容

完成封面页的文字格式和间距设置后，可以再次审视封面页的整体设置效果，看看是否居中、对齐，对于不满足需求的地方，可以通过空格键来微调实现，具体操作步骤如下。

第1步 ▶ **让文字居中对齐**。这里，发现"甲方""乙方"这两行文字没有居中显示，需要重新设置对齐方式。❶选择这两行文字，❷单击【开始】选项卡下的【居中对齐】按钮，如下图所示。

第2步 ▶ **让内容整体下移**。❶用鼠标拖动状态栏中的滑块，缩小页面显示比例，使之能看到整个页面效果，❷发现内容整体偏上，单击【段落布局】按钮，显示出段落选中框，拖动边框上方和下方的三角箭头，对每个段落的前后行距进行调整，使标题文本可以再下来一点，"编号"文本和后面的三行文本之间的距离再大一些，让后面的三行文本尽量显示在页面的底部，如下图所示。

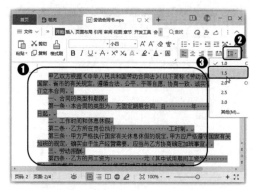

2.2.3 设置合同的内容格式

完成劳动合同的封面页设置后，就需要设置内容页的文字了。内容页主要涉及正文及标题的格式设置。

1. 设置正文格式

在劳动合同的正文页中，最基本的格式是设置文字首行缩进两个字符，以及间距。在前面使用智能文字工具时，已经实现了首行缩进两个字符的效果，现在只需要设置舒适的阅读间距即可，具体操作步骤如下。

设置段落间距。 ❶将文本插入点定位在"甲乙双方"文字的左边，按住鼠标左键不放，往下拖选中所有正文内容，直到"盖章后生效。"为止，❷单击【开始】选项卡下的【行距】按钮 ☲·，❸在弹出的下拉列表中选择【1.5】选项，如下图所示，设置正文行距为1.5倍。

2. 设置标题格式

完成正文格式设置后，需要设置标题格式。标题设置不仅要字号更大、更突出，还要设置标题的大纲级别，方便后面制作目录时使用，具体操作步骤如下。

第1步 ▶ **打开【段落】对话框。** ❶选择第一个标题文字，❷在【开始】选项卡下单击【段落】对话框按钮，如下图所示。

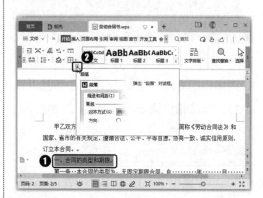

第2步 ▶ **设置【段落】对话框。** 打开【段落】对话框，❶在【常规】栏中的【大纲级别】下拉列表框中选择【1级】选项，❷在【间距】栏中设置【段前】距离为【1】行、【段后】距离为【0.5】行，❸单击【确定】按钮，如下图所示。

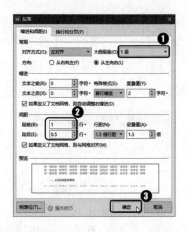

大纲级别设置依据

大纲级别是根据标题的级别进行设置的，最大的标题为一级，其次为二级，以此类推。

第3步 **双击【格式刷】按钮。** 完成第一个标题格式设置后，其他的标题格式可以利用格式刷功能，直接将第一个标题的格式复制到其他标题上。保持第一个标题的选中状态，❶在【开始】选项卡中设置字体格式为【宋体】【16】，并单击【加粗】按钮，❷双击【格式刷】按钮🖌️，如下图所示。

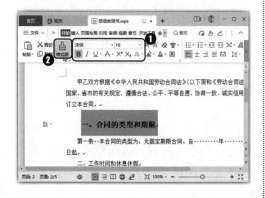

第4步 **使用格式刷功能。** 此时鼠标指针会变成刷子形状，拖动鼠标选择第二个标题，如下图所示。

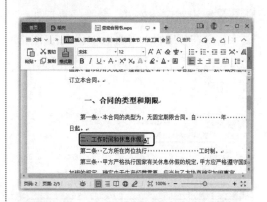

第5步 **完成第三个标题的格式设置。** 可以看到，已经成功将第一个标题的格式复制到第二个标题上了。利用格式刷功能，完成第三个标题的格式设置，如下图所示。

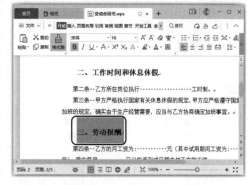

3.设置落款段落格式

合同中有些固定的内容，需要填写签订合同双方的相关信息和签订日期等，这些内容也需要区别于普通的正文，应该稍微显示得大一些。为了方便后期用笔填写内容，还应为每行设置合适的距离，尤其需要考虑到合同的甲方可能会使用到盖章的模式，所以需要预留足够的空间，具体操作步骤如下。

第1步 **设置字体格式**。❶选择最后4行文字，❷在【开始】选项卡中设置字体格式为【宋体】【小四】，并单击【加粗】按钮，如下图所示。

第2步 **执行【段落】命令**。保持段落的选中状态，在【开始】选项卡下单击【段落】对话框按钮，如下图所示。

第3步 **设置段落格式**。打开【段落】对话框，❶在【缩进】栏中的【特殊格式】下拉列表框中选择【无】选项，❷在【间距】

栏中设置【段前】距离为【2】行、【段后】距离为【1】行、【行距】为【多倍行距】、【设置值】为【2】倍，❸单击【确定】按钮，如下图所示。

第4步 **微调段落间距**。单击【段落布局】按钮，显示出"甲方"的段落选中框，拖动边框上方中间的三角箭头，调整该段落的段前距离，如下图所示。

2.2.4 应用样式

要想文档达到专业排版水平，提高文档制作效率，就可以运用样式。样式是用来设置文档格式的，它不是单个的格式，而是一组格式设置，如文字的字号、颜色、段落格式的设置。例如，本例中的一级标题有多个，就可以设置成样式，方便进行格式统一和后期修改。

1. 新建样式

在 WPS 文字中，系统有多个样式供选择，选中文字后，再选择一种样式即可快速运用这种格式的样式。但是，这些样式并不能完全满足需求，这时可以自行新建样式，具体操作步骤如下。

第1步 ▶ **根据内容创建新样式。**❶选择文档中任意一个设置了格式的一级标题，表示要为这部分新建一个样式，❷单击【开始】选项卡下样式列表框右下角的【展开】按钮，如下图所示。

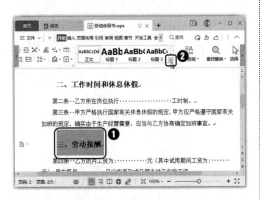

第2步 ▶ **执行【新建样式】命令。**从弹出的下拉菜单中选择【新建样式】命令，如下图所示。

第3步 ▶ **设置样式名称。**打开【新建样式】对话框，❶在【名称】文本框中输入样式的名称，❷单击【格式】按钮，❸在弹出的下拉菜单中选择【快捷键】命令，如下图所示。

第4步 ▶ **设置样式快捷键。**打开【快捷键绑定】对话框，❶根据需求，按下键盘中对应的按键，此后会自动显示在【快捷键】文本框中，❷单击【指定】按钮，如下图所

示。这样，就为该样式指定了相应的快捷键，可以通过按快捷键为段落应用相应的样式，大大提高了效率。

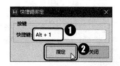

温馨提示●

当为样式指定快捷键时，为了方便记忆，在新建样式时，可在样式名称中带上快捷键，然后为样式指定与样式名相同的快捷键。

第5步● **设置样式的字体格式**。返回【新建样式】对话框，❶在【格式】栏中设置字号为【三号】，❷单击【确定】按钮，如下图所示。

2. 应用样式

创建好样式后，在【样式】列表中可以看到增加了前面创建的样式，选择就可以直接应用了。这里因为设置了快捷键方式，所以可以更快速地应用该样式。为文档中的其他一级标题应用样式的具体操作步骤如下。

第1步● **运用样式**。选择文档中还没有复制样式的一级标题，按下刚刚设置的快捷键，如下图所示。

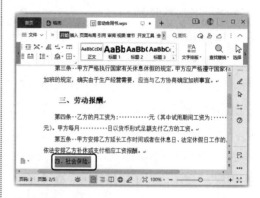

第2步● **为其他标题运用样式**。即可看到为刚刚选择的段落应用一级标题样式的效果，使用相同的方法为文档中的其他标题应用该样式，完成后的效果如下图所示。

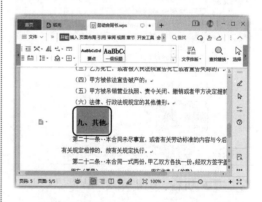

3. 修改样式

当对系统预置的样式或创建的样式不满意时，可以修改样式。样式修改后，运用这种样式的文字格式也会随着修改内容而发生改变。下面对刚刚创建的一级标题样式进行修改，看看修改样式后对应用样

式的内容进行了哪些修改，具体操作步骤
如下。

第1步 打开【修改样式】对话框。❶在
【开始】选项卡下样式列表框中需要修改的
【一级标题】样式选项上右击，❷在弹出的
快捷菜单中选择【修改样式】命令，如下
图所示。

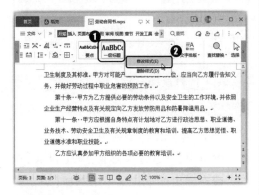

第2步 修改样式。打开【修改样式】对
话框，❶单击【格式】按钮，❷在弹出的下
拉菜单中选择【段落】命令，如下图所示。

第3步 修改段落格式。打开【段落】对
话框，❶在【缩进】栏中，设置【首行缩
进】为【0.74】厘米，❷单击【确定】按钮，
如下图所示。

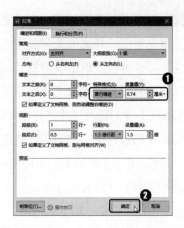

第4步 完成样式修改。返回【修改样式】
对话框，❶在【格式】栏中设置字体为【微
软雅黑】，❷单击【确定】按钮，完成样式
修改，如下图所示。

教您一招

通过样式设置编号和项目符号

在 WPS 文字中完成文字内容输入后，
可以通过样式设置，一次完成文字格式和编
号设置。其方法是：打开【修改样式】对话
框，单击【格式】按钮，从弹出的菜单中选
择【编号】命令，在【项目符号和编号】对话
框中，设置项目符号及编号的格式。设置完
成后，应用该样式的文字便自动添加上编号
或项目符号了。

第5步 ▶ **查看样式修改效果**。样式进行修改后，事先运用该样式的文字也随之发生了变化。但是可以发现最早用格式刷复制的标题格式并没有发生改变，这也是在长文档编辑时，我们都用样式进行格式统一，而不用格式刷进行统一的原因。❶选择前面三个标题，❷在【开始】选项卡下的样式列表框中选择【一级标题】样式，重新为这些标题应用该样式，如下图所示。这样，以后如果要再修改标题的格式，就可以统一对样式进行修改了。

2.2.5 设置合同目录

如果劳动合同的内容较多，可以为其设置目录，方便查阅。因为前面设置了标题大纲级别，拥有了一级标题的样式，所以可以直接根据大纲级别提取目录，具体操作步骤如下。

第1步 ▶ **插入分页符**。❶将文本插入点定位在合同正文第一行内容的左边，表示要在这里插入一页空白页，用来添加目录，

❷单击【插入】选项卡下的【分页】下拉按钮，❸在弹出的下拉菜单中选择【分页符】命令，如下图所示。

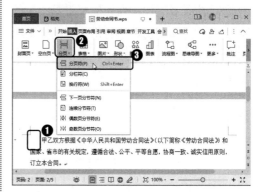

第2步 ▶ **选择【自定义目录】命令**。❶将文本插入点定位在刚刚分隔出的空白页中，❷单击【引用】选项卡下的【目录】按钮，❸在弹出的下拉菜单中选择【自定义目录】命令，如下图所示。

教您一招●

快速插入需要分页显示的目录

在 WPS 文字中单击【章节】选项卡下的【目录页】按钮,可以快速生成目录页,避免再进行分页的麻烦。

第3步● 设置【目录】对话框。打开【目录】对话框,❶在【显示级别】数值框中确定好目录的显示级别,这里选择【1】选项,❷单击【确定】按钮,如下图所示。

温馨提示●

文档的标题大纲级别直接影响目录显示。例如,文档中的二级标题,并没有设置其大纲级别为【2】级,那么在设置目录时,即使选择了目录的显示级别为 2 级,也不会在目录中显示二级标题。

第4步● 输入目录文字。返回文档即可看到刚刚插入的目录。❶在目录上方输入"目录"二字,❷在【开始】选项卡下设置字体格式为【宋体】【小一】,并单击【加粗】按钮,❸单击【居中对齐】按钮,如下图所示。

温馨提示●

插入目录后,选中所有目录文字,也可以设置目录的字体格式。若对文档标题内容进行修改,则可以单击【引用】选项卡下的【更新目录】按钮更新目录。

高手支招

通过前面知识的学习,相信读者已经掌握了 WPS 文字中的格式设置、样式应用,以及行间距、首行缩进等相关操作。下面结合本章内容,给读者介绍一些工作中的实用经验与技巧,提高工作效率。

01 选择性粘贴应用技巧

在复制粘贴文本时,WPS 文字提供了带格式和无格式的粘贴功能,即选择性粘贴。

通常情况下，按【Ctrl+C】组合键复制文本后，按【Ctrl+V】组合键粘贴的文本是带格式的，即会保留原来的格式。如果需要的只是纯文本，或者希望粘贴的文本能快速符合当前位置的格式，就可以用选择性粘贴功能。

例如，要将土地租赁协议文档内容以无格式方式粘贴到新文档中，具体操作步骤如下。

第1步 ▶ **复制文本内容**。打开"素材文件\第2章\土地租赁协议.wps"文件，❶按下【Ctrl+A】组合键选取整篇文档，按【Ctrl+C】组合键复制所有内容，❷单击文档标签右侧的【新建标签】按钮，如下图所示。

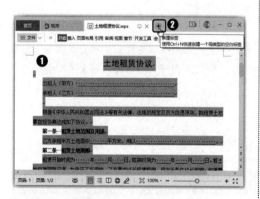

第2步 ▶ **新建文档**。此时会打开【新建】界面，❶选择【文字】选项卡，❷在下方显示了一些模板文件，这里直接单击【新建空白文档】按钮开始创建一个空白的文字文档，作为粘贴文字所用，如下图所示。

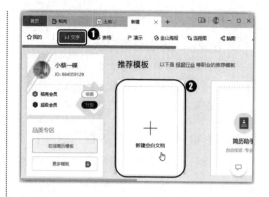

第3步 ▶ **打开【选择性粘贴】对话框**。❶单击【开始】选项卡下的【粘贴】下拉按钮，❷在弹出的下拉菜单中选择【选择性粘贴】命令，如下图所示。

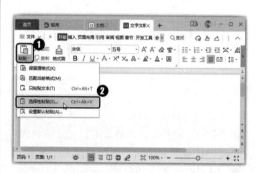

第4步 ▶ **选择粘贴方式**。打开【选择性粘贴】对话框，❶在列表框中选择【无格式文本】选项，❷单击【确定】按钮，如下图所示。

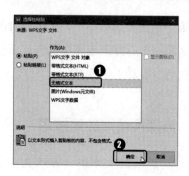

第5步 ▶ **查看粘贴效果**。此时，文档中就出现了无格式的粘贴文档内容。利用这种方法，可以将网页中、其他文件中带有格式的文字粘贴成无格式文本，方便后期的格式调整。

02 快速删除文档中的空白行

有时，需要从网页上复制一些内容到文档中，但是粘贴后的内容中通常有很多空白行。此时，可以用智能格式工具一次性删除所有的空白行，具体操作步骤如下。

第1步 ▶ **执行【删除空段】命令**。在上一个复制的文档中有一些空白行，❶单击【开始】选项卡下的【文字排版】按钮，❷在弹出的下拉菜单中选择【删除】命令，❸在弹出的子菜单中选择【删除空段】命令，如下图所示。

第2步 ▶ **查看删除效果**。执行完上步操作后，文档中所有的空白行便被一次性删除了，效果如下图所示。

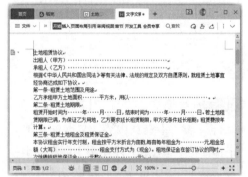

03 快速替换相同文本

在编辑文档时，用户可能会错误地输入一些同音不同字的词语，而这种错误可能不是一两处，而是整篇文档。如果要一个一个地修改需要花费大量的时间，此时文字文档中提供的"查找替换"功能就能很好地解决这个问题。

此外，通过查找替换功能，还能系统性地对文档内容进行修改。例如，要将前面复制的土地租赁协议文档内容替换为仓

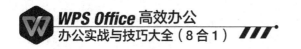

库租赁协议内容，可以先统一将文档中的"土地"替换为"仓库"，再进行细节修改，替换的具体操作步骤如下。

第1步 ▶ **执行【替换】命令。**❶单击【开始】选项卡下的【查找替换】下拉按钮，❷在弹出的下拉菜单中选择【替换】命令，如下图所示。

第2步 ▶ **替换文字。**打开【查找和替换】对话框，❶在【查找内容】文本框中输入"土地"二字，❷在【替换为】文本框中输入"仓库"二字，❸单击【全部替换】按钮，如下图所示。

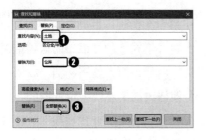

第3步 ▶ **确定替换。**此时会弹出提示对话框，单击【确定】按钮即可完成替换，如下图所示。

第4步 ▶ **查看替换结果。**如下图所示，文档中所有的"土地"均被替换为"仓库"，将文档名另存为"仓库租赁协议"，如下图所示。

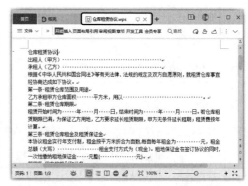

WPS

第 3 章

制作图文混排
的办公文档

⚑ 本章导读

　　WPS文字除了具有文档编辑功能外，还提供了丰富多彩的图文混排功能，如常见的插入图片、艺术字、页眉页脚、页边距等操作，通过这些功能可以将长篇文档排得更加美观。本章主要通过对广告文案、企业宣传册的编排，重点介绍WPS文字中插入图片、页面布局的相关知识点。

📖 知识要点

- 设置页面大小
- 插入图片
- 设计页面底色
- 插入艺术字
- 添加页码
- 设置目录

3.1 制作"产品广告文案"

产品广告文案，从广义来看，就是为打动消费者内心而设计的文字，所以产品广告文案的重点是"广告"的书写和"文案"的排版。一般情况下，产品广告是由标题、正文、口号组成的，它是广告内容的文字化表现。在广告设计中，为了表现前期的冲击力，通常还会搭配图形一起使用。为了让读者能设计出打动人心的广告文案，首先需要明白产品广告的组成部分。

广告标题：是广告文案的主题，也是广告内容的诉求重点。一个好的主题需要将产品具体的卖点写出来，吸引消费者。

广告正文：是对产品及服务，以客观的事实、具体的说明，来增加消费者对产品的了解和认识，做到以理服人。

广告图片：所谓"字不如图"，产品广告文案再好，如果没有直观的图片展示，用户也难以想象产品的模样，好的配图加上好的文案方能成就好的产品广告。

本例将通过WPS文字提供的图文编排功能，制作产品广告文案。制作完成后的效果如下图所示。实例最终效果见"结果文件\第 3 章\产品广告文案.wps"文件。

3.1.1 设置页面大小

产品广告文案属于设计类的非常规文档，所以首先需要根据需求来设置页面的大小，具体操作步骤如下。

第1步 执行【其他页面大小】命令。新建一个空白文档，❶单击【页面布局】选项卡下的【纸张大小】按钮，❷在弹出的下拉菜单中选择【其他页面大小】命令，如下图所示。

第2步 设置纸张大小。打开【页面设置】对话框，❶在【宽度】和【高度】数值框中输入需要的页面尺寸，❷单击【确定】按钮，如下图所示。

3.1.2 插入图片

在产品广告文案中搭配上合适的图片，不但能增强视觉冲击力，而且能刺激消费者的认知。这种产品的相关图片一般都保存在本地计算机中，在文档标签中插入本地图片的具体操作步骤如下。

第1步 执行【本地图片】命令。❶将文档保存并命名为"产品广告文案"，❷单击【插入】选项卡下【图片】下拉按钮，❸在弹出的下拉菜单中单击【本地图片】按钮，如下图所示。

第2步 选择图片。打开【插入图片】对话框，❶找到保存图片的位置，❷选择需要插入文档中的"素材文件\第3章\扫地机.jpg"文件，❸单击【打开】按钮即可将图片插入文档中，如下图所示。

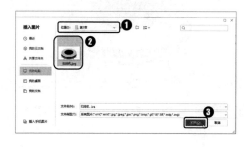

3.1.3 编辑图片

插入图片后，根据广告的设计需求，往往需要对图片进行编辑，主要涉及图片的背景处理、布局调整等编辑操作。删除图片背景的目的是让图片的核心内容与文档其他内容能更好地融入；调整图片布局的目的是方便后期文字添加，让图片位置和文字位置不互相冲突，具体操作步骤如下。

第1步● **执行【抠除背景】命令。**❶选中插入的图片，❷单击【图片工具】选项卡下的【抠除背景】按钮，如下图所示。

第2步● **标记要删除的区域。**打开【抠

除背景】窗口，❶切换到基础抠图模式，❷在需要抠除的区域单击选取一个取样点，此时会根据取样点设置删除区域，会用粉红色进行标记，如下图所示。

第3步● **调整抠除程度。**在【当前点抠除程度】区域拖动滑块，针对该取样点调整抠除程度，可改变其抠除的范围，保证需要保留的区域都没有标记粉红色，如下图所示。

温馨提示●

并不是所有的图片都能完美地消除背景。插入的素材图片最好选择纯色背景色，并且背景色与内容颜色反差较大，才能实现较好的背景消除效果。

第4步 ▶ **添加取样点。**一般来说，抠除的区域为取样点的相同或相近颜色的区域。若单个取样点无法很好抠图，则可以尝试继续单击添加更多取样点，每个取样点都需要单独调整其抠除程度。❶这里在扫地机下方再添加一个取样点，❷在【当前点抠除程度】区域拖动滑块，调整其抠除的范围，如下图所示。

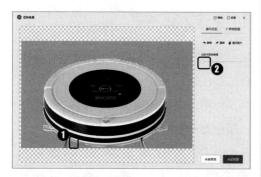

第5步 ▶ **查看抠除效果。**长按【长按预览】按钮来查看抠图效果，如下图所示。

第6步 ▶ **退出抠除图片背景功能。**对抠图效果满意后，单击【完成抠图】按钮退出抠除图片背景功能也就意味着应用抠图效果了，如下图所示。

第7步 ▶ **设置图片环绕方式。**保持图片的选中状态，❶单击【图片工具】选项卡下的【文字环绕】按钮，❷在弹出的下拉菜单中选择【浮于文字上方】命令，如下图所示。

第8步 ▶ **移动图片位置。**当图片的布局方式更改为【浮于文字上方】时，便可选中图片，再按住鼠标左键不放，随意拖动图片到页面中的任意位置。这里根据需要将图片移动到页面中下侧，如下图所示。

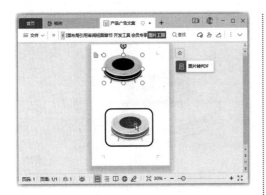

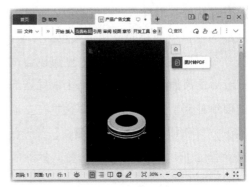

3.1.4 设计页面底色

完成图片编辑后，便可添加广告的文案了。广告是注重色彩设计的，因此为了提高广告效果，本例中进行了页面颜色设计。本例中的广告是扫地机广告，根据主体图片的效果设计了对比强烈的黑色渐变背景，具体操作步骤如下。

第1步▶ 选择背景底色。❶单击【页面布局】选项卡下的【背景】按钮，❷在弹出的下拉菜单中选择【稻壳渐变色】中的黑色渐变，如下图所示。

3.1.5 插入艺术字

完成广告文案大框架的设计后，便可以添加文字信息。其中会将主要信息（尤其是标题）设计成显眼的艺术字，使别人一眼便能分辨出这个文档的主要内容，同时能刺激消费者购买，具体操作步骤如下。

第1步▶ 选择艺术字样式。❶单击【插入】选项卡下的【艺术字】按钮，❷在弹出的下拉菜单中选择【稻壳艺术字】中的【扁平渐变】选项卡，❸在下方选择需要的黑色渐变艺术字样式，如下图所示。

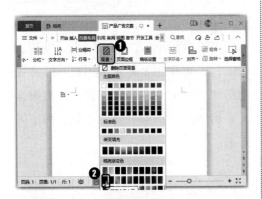

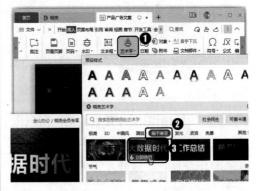

第2步▶ 查看完成设计的底色效果。此时页面被设置了底色，其效果如下图所示。

第2步 ▶ **选择对齐方式**。文档中将插入选择的艺术字文本框，❶修改其中的文字内容为"洁净卫士"，并选择该文本框，❷单击【绘图工具】选项卡下的【对齐】按钮，❸在弹出的下拉列表中选择【水平居中】选项，让该文本框位于页面的中部位置，如下图所示。

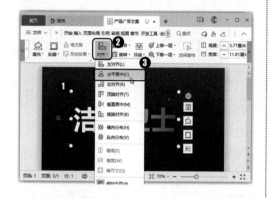

3.1.6 插入形状

在装饰页面效果时，常常还需要用到各种形状。例如，这里要在标题内容的下方插入一个矩形文本框，规划出后期要输入文本内容的位置，具体操作步骤如下。

第1步 ▶ **选择形状样式**。❶单击【插入】选项卡下的【形状】按钮，❷在弹出的下拉列表中选择【矩形】选项，如下图所示。

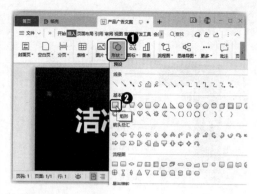

第2步 ▶ **绘制形状**。当鼠标指针变成＋形状时，按住鼠标左键并拖动即可在文档中的相应位置绘制一个矩形，如下图所示。

第3步 ▶ **设置形状填充色**。❶选择刚刚绘制的矩形，❷单击【绘图工具】选项卡下的【填充】下拉按钮，❸在弹出的下拉列表中选择【无填充颜色】选项，如下图所示。

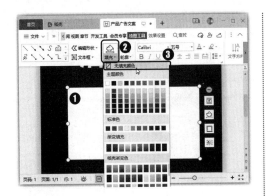

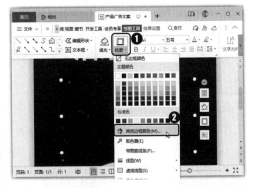

第4步 设置形状轮廓粗细。❶单击【轮廓】下拉按钮，❷在弹出的下拉菜单中选择【线型】命令，❸在弹出的子菜单中选择【2.25磅】选项，如下图所示。

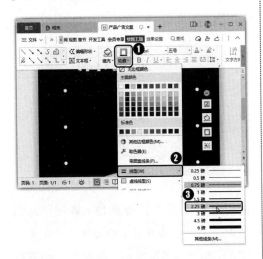

第5步 设置形状轮廓颜色。❶再次单击【轮廓】下拉按钮，❷在弹出的下拉菜单中选择【其他边框颜色】命令，如下图所示。

教您一招

更改形状

形状绘制完成后，还可以根据需要更改形状。其方法是：单击【绘图工具】选项卡下的【编辑形状】按钮，在弹出的下拉菜单中选择【更改形状】命令，在子菜单中选择需要更改的新形状即可。

第6步 定义颜色参数。打开【颜色】对话框，❶选择【高级】选项卡，❷在RGB颜色模式下输入颜色参数【23,239,246】，❸单击【确定】按钮，如下图所示。

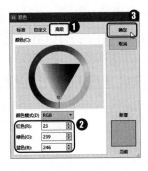

第7步 选择对齐方式。返回文档中即可看到设置轮廓颜色后的形状效果。❶单击【绘图工具】选项卡下的【对齐】按钮，

❷在弹出的下拉列表中选择【水平居中】选项，让该形状位于页面的中部位置，如下图所示。

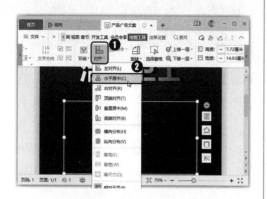

3.1.7 插入文本框

WPS文字中的文本框相当于一个放置物品的容器，它可以放置文本、图片、表格、形状等各种对象，而且其位置不固定，可以随意地移动，精确定位到相应的位置。所以，在编排一些特殊版面的文档时，文本框是必不可少的，它不仅可以让排版变得简单，还可以使文档版面更加紧凑、美观。本案例中就需要使用到多个文本框，具体操作步骤如下。

第1步 ▶ 插入横向文本框。❶单击【插入】选项卡下的【文本框】下拉按钮，❷在弹出的下拉列表中选择【横向】选项，如下图所示。

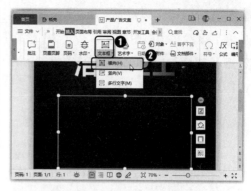

第2步 ▶ 绘制文本框。在页面中艺术字的上方，按住鼠标左键不放，拖动绘制一个横向文本框，如下图所示。

第3步 ▶ 输入文字并设置格式。❶在文本框中输入对应的文字，再选中整个文本框，在【绘图工具】选项卡中设置填充为无，❷单击【轮廓】下拉按钮，❸在弹出的下拉菜单中选择【无边框颜色】命令，如下图所示。

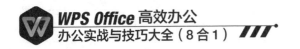
第4步 ▶ **设置字体格式。**❶在【开始】选项卡下设置文本框中的字体格式为【微软雅黑】【四号】，并单击【加粗】按钮，❷单击【居中对齐】按钮，如下图所示。

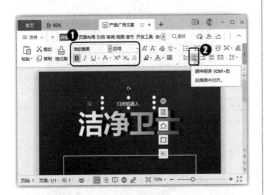

第5步 ▶ **制作第2个文本框。**❶选中刚刚制作的文本框，❷按住【Ctrl+Shift】组合键的同时，向下拖动文本框到艺术字的下方，复制一个文本框，并修改其中的内容，❸单击【分散对齐】按钮，如下图所示。

第6步 ▶ **调整文本框大小。**选中文本框后，按住鼠标左键并拖动调整文本框左右两侧中间的控制点，调整文本框的宽度，使其与艺术字等宽，如下图所示。

第7步 ▶ **制作第3个文本框。**❶按住【Ctrl+Shift】组合键的同时，向下拖动复制一个文本框到矩形边线的中部位置，并修改其中的内容，❷单击【绘图工具】选项卡下的【填充】下拉按钮，❸在弹出的下拉菜单中选择【取色器】命令，如下图所示。

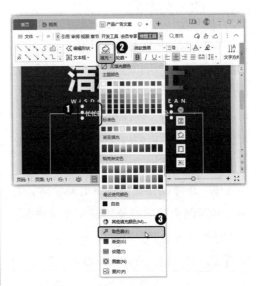

第8步 ▶ **吸取颜色。**此时，鼠标指针会变成一个吸管形状，将鼠标指针移动到需要吸取颜色的位置并单击，如下图所示，即可为文本框设置吸取颜色的填充效果。

第9步 **制作第4个文本框。**❶按住【Ctrl + Shift】组合键的同时，向下拖动复制一个文本框到矩形的中部，并修改其中的内容，再分别为每行文字设置不同的字体格式，❷单击【绘图工具】选项卡下的【填充】下拉按钮，❸在弹出的下拉菜单中选择【黑色，文本1，浅色15%】，让上方的文字能隐约可见显示在一个色块上，如下图所示。

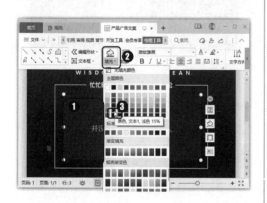

温馨提示

　　直接在文档中输入文字也可以设计艺术字效果，但是文字的位置不方便移动。如果通过插入文本框的方式添加文字，文字的移动就十分方便了。

3.1.8 插入图标

　　除了简单的几何图形外，WPS文字中还提供了更丰富的图标。图标具有言简意赅、简约美观等特性。在制作内容活泼的文档时，添加一些图标可以让内容更容易理解。这里，需要在广告文案的最下方添加一些图标，对功能进行直观说明，具体操作步骤如下。

第1步 **选择图标样式。**❶单击【插入】选项卡下的【图标】下拉按钮，❷在弹出的下拉菜单的文本框中输入要搜索图标的关键字，如【目标】，❸单击左侧的【搜索】按钮Q，❹在下方会显示出所有搜索到的图标，选择合适的图标即可，如下图所示。

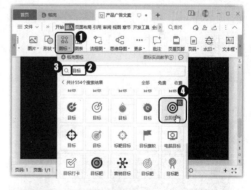

第2步 **修改图标颜色。**将选中的图标插入文档中，❶拖动鼠标将图标移动到图片的下方位置，并保持选中状态，❷单击【图片工具】选项卡下的【图片填充】下拉按钮，❸在弹出的下拉列表中选择之前自定义的蓝绿色，如下图所示。

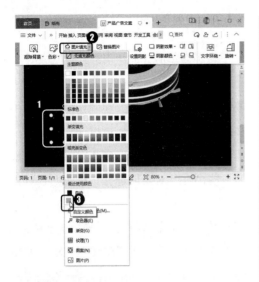

第3步 ▶ **调整图标大小。**❶使用相同的方法选择并插入其他合适的图标，并设置图片填充色为蓝绿色，❷按住【Ctrl】键的同时，选择所要插入的图标，在【图片工具】选项卡中的【宽度】数值框中统一调整图标的宽度为【1.80厘米】，如下图所示。

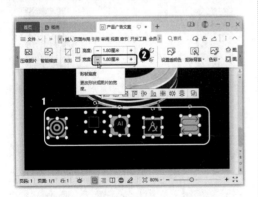

第4步 ▶ **设置图标对齐方式。**保持所有图标的选中状态，❶单击【图片工具】选项卡下的【对齐】按钮，❷在弹出的下拉列表中选择【垂直居中】选项，让所有的图标在垂直方向上居中对齐，如下图所示。

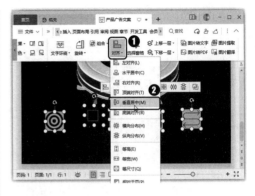

第5步 ▶ **平均分布图标。**❶再次单击【对齐】按钮，❷在弹出的下拉列表中选择【横向分布】选项，如下图所示。

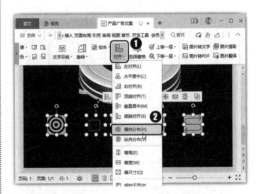

3.1.9 完善细节

目前，广告文案的设计已经接近尾声。可以缩放文档大小，从整个页面来查看文档效果，对文档进行一些细节完善。例如，增加必要的内容，调整各组成部分的大小和位置等。其中，添加的文本框比较多，需要让其中的重点文字显眼一些，不重要的文字就不要抢占观众眼球了，文字排版要美观、主次要分明，具体操作步骤如下。

第1步 ▶ **调整图标大小。**❶观察发现所有图标中，有一个图标明显要小于其他图标，这是因为这个图标本身有边框，拖动鼠标光标手动调整该图标的大小，使其和其他图标看起来更匹配，❷在第一个图标的下方插入文本框，并输入文字，❸在【开始】选项卡中设置字体格式为【微软雅黑】【五号】，字体颜色为【蓝绿色】，如下图所示。

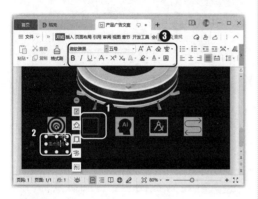

第2步 ▶ 添加文本框。❶按住【Ctrl+Shift】组合键的同时，向右拖动复制一个文本框到第二个图标的下方，并修改其中的内容，❷使用相同的方法复制其他几个文本框到各图标的下方，并修改其中的内容，完成后的效果如下图所示。

第3步 ▶ 调整字号大小。❶选择最上方的文本框，适当增加字号大小，❷选择艺术字下方的文本框，❸单击【减小字号】按钮适当减小字号大小，如下图所示。

第4步 ▶ 执行【选择对象】命令。❶单击【开始】选项卡下的【选择】按钮，❷在弹出的下拉列表中选择【选择对象】选项，如下图所示。

第5步 ▶ 调整对象位置。依次选择第二个文本框下的所有对象，按键盘上的上下方向键，微调这些对象在页面上的位置，使其基本集中在页面中部，如下图所示。

第6步▶ 插入图片。当查看页面效果时，发现还有点儿单调，可以为图片添加一个光晕背景，减少图片与文档背景过度的生硬感。❶单击【插入】选项卡下的【图片】下拉按钮，❷在弹出的下拉列表的搜索框中输入关键字【光晕】，❸单击左侧的【搜索】按钮 Q，❹在下方会显示出所有搜索到的图片，选择合适的图片即可，如下图所示。

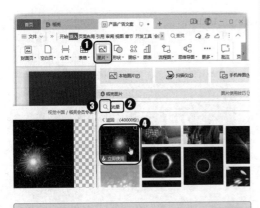

> **温馨提示●**
>
> WPS Office中的插入网络图片为付费功能，如果是稻壳会员，可以直接插入文档中；如果不是稻壳会员，插入文档中的图片就会自动添加水印。

第7步▶ 设置图片环绕方式。在文档中可以看到已经插入了刚刚选择的图片，保持图片的选中状态，❶单击【图片工具】选项卡下的【文字环绕】按钮，❷在弹出的下拉列表中选择【衬于文字下方】选项，如下图所示。

第8步▶ 设置透明色。❶拖动鼠标，将图片移动到扫地机图片下方的合适位置，❷单击【图片工具】选项卡下的【设置透明色】按钮，❸此时鼠标指针会变成吸管形状，将其移动到需要设置为透明色的图片位置上方并单击，如下图所示。

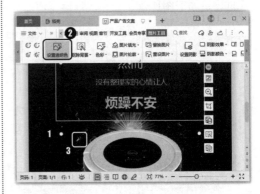

第9步 ▶ 调整图片的大小和位置。将吸取的颜色设置为透明色，此时光晕和文档背景就融合在一起了。拖动鼠标调整图片的大小和位置，使效果更佳，便完成了广告文案的设计，如下图所示。

3.2 制作"企业宣传册"

企业宣传册一般是以纸质材料为直接载体，以企业文化、企业产品为传播内容，是企业对外最直接、最形象、最有效的宣传形式。宣传册是企业宣传不可缺少的资料，它能很好地结合企业的特点，清晰表达宣传册中的内容，快速传达宣传册中的信息，是宣传册设计的重点。宣传册设计讲求一种整体感，从宣传册的开本、文字艺术，以及目录和版式的变化，从图片的排列到色彩的设定，从材质的挑选到印刷工艺的质量，都需要做整体的考虑和规划，合理调动一切设计要素，将它们有机地融合在一起，服务于企业内涵。

本例将通过 WPS 文字中提供的页面布局功能，制作公司宣传册。制作完成后的效果如下图所示。实例最终效果见"结果文件\第 3 章\企业宣传册.wps"文件。

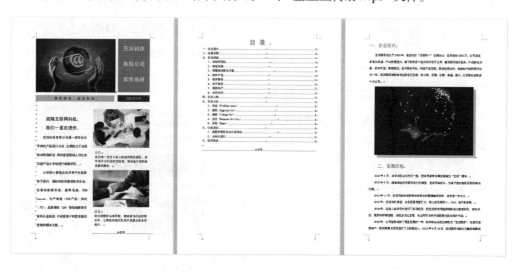

3.2.1 设置宣传册封面

企业宣传册通常会有一个大气美观的封面，这样才能吸引人继续阅读宣传册中的内容。封面往往会放与企业相关的图片、企业的口号、理念及主要业务类信息。

1. 插入图片

要让宣传册的封面美观，少不了图片的添加。如果宣传册的封面有多张图片，就需要注意图片间的排版，具体操作步骤如下。

第1步 执行插入图片命令。新建一个文档标签，❶保存并命名为"企业宣传册"，❷单击【插入】选项卡下的【图片】按钮，如下图所示。

第2步 选择要插入的图片。打开【插入图片】对话框，❶按住【Ctrl】键的同时选择"素材文件\第3章\图片1.jpg、图片2.jpg、图片3.jpg"文件，❷单击【打开】按钮，插入图片，如下图所示。

第3步 调整图片大小。❶选中图片2，❷在【图片工具】选项卡中设置【宽度】为【7.29厘米】，如下图所示。

第4步 设置图片的环绕方式。❶按照同样的方法，设置图片3的【宽度】为【7.29厘米】，❷选中图片2，❸单击【文字环绕】按钮，❹在弹出的下拉列表中选择【浮于文字上方】选项，如下图所示。

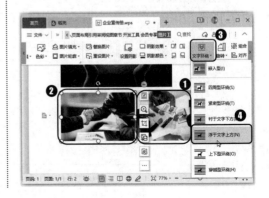

第5步 调整图片位置。❶按照同样的方法，设置图片 3 为相同的环绕方式，❷拖动鼠标，移动两张图片到如下图所示的位置。

第6步 设置图片 1 的大小。❶选中图片 1，❷在【图片工具】选项卡中设置宽度为【10.23 厘米】，如下图所示。

温馨提示 ▶

这里图片 2 和图片 3 只调整了宽度，让其保持一致即可。因为这两张图片是上下对齐的，所以只要保证宽度相同，就能保证排版美观。

2. 绘制图形

完成封面页的图片添加后，便可以开始修饰图片封面页的设计美感了，主要操作涉及图形的绘制及在图形中添加文字，具体操作步骤如下。

第1步 选择矩形形状。❶单击【插入】选项卡下的【形状】按钮，❷在弹出的下拉列表中选择【矩形】形状，如下图所示。

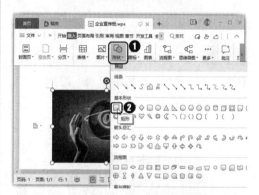

第2步 绘制矩形并设置大小。❶在页面右上方绘制一个矩形，❷在【绘图工具】选项卡中的【高度】和【宽度】数值框中设置矩形的大小参数，如下图所示。

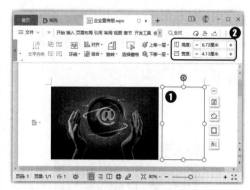

第3步 设置矩形格式。❶设置矩形的【轮廓】为【无边框颜色】，❷单击【填充】

下拉按钮，❸在弹出的下拉列表中选择【巧克力黄，着色2】颜色，如下图所示。

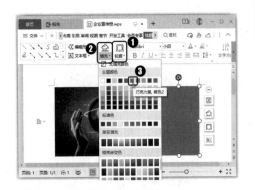

第4步 ▶ **添加文字**。❶在矩形中右击，❷在弹出的快捷菜单中选择【添加文字】选项，如下图所示。

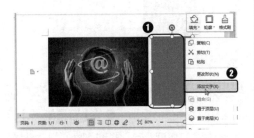

第5步 ▶ **设置字体格式**。❶在矩形中输入三排文字，❷在【开始】选项卡中设置字体格式为【黑体】【20】，字体颜色为【白色】，❸单击【居中对齐】按钮，如下图所示。

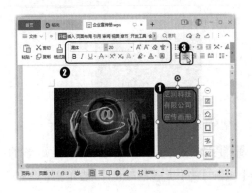

第6步 ▶ **打开【段落】对话框**。单击【开始】选项卡下的启动【段落】对话框按钮，如下图所示。

第7步 ▶ **设置段落格式**。打开【段落】对话框，❶设置【段前】和【段后】为【0.5】行，❷【行距】的【设置值】为【3】倍，❸单击【确定】按钮，如下图所示。

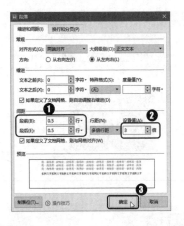

第8步 ▶ **绘制第一个长条矩形**。❶在图片1下方绘制一个长条矩形，设置其大小，使其与图片等宽，填充颜色为橙色，❷在矩形中添加文本并设置格式为【黑体】【10.5】，❸单击【开始】选项卡下的启动

【字体】对话框按钮，如下图所示。

第9步 ▶ **设置文字间距。**打开【字体】对话框，❶选择【字符间距】选项卡，❷设置文字的【间距】为【加宽】、【值】为【0.11】厘米，❸单击【确定】按钮，如下图所示。

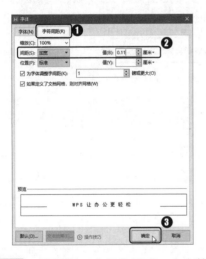

第10步 ▶ **绘制第二个长条矩形。**❶在第一个长条矩形后面绘制第二个长条矩形，设置大小并填充为深灰色，❷在矩形中添加文本并设置格式为【黑体】【10.5】，颜色为【白色】，如下图所示。

3. 插入文本框

封面页的图片和形状添加完成后，还需要插入文本框输入企业的重要展示信息，具体操作步骤如下。

第1步 ▶ **插入第一个文本框。**❶在页面左下方绘制一个横向文本框，输入两行文字，设置【轮廓】为【无边框颜色】，❷在【开始】选项卡中设置字体格式为【黑体】【三号】，如下图所示。

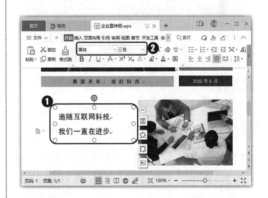

第2步 ▶ **绘制第二个文本框。**❶单击【插入】选项卡下的【文本框】按钮，❷在页面中第一个文本框的下方按住鼠标左键不放，再绘制一个文本框，如下图所示。

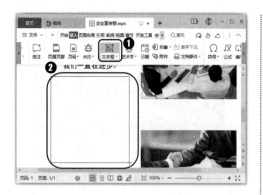

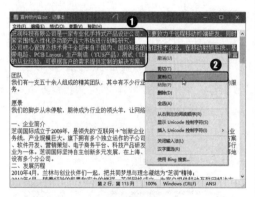

第3步 ▶ **复制文字**。打开"素材文件\第3章\宣传册内容.txt"文件，❶选中前面两段文字，并在其上右击，❷在弹出的快捷菜单中选择【复制】命令，如下图所示。

第4步 ▶ **将文字复制到文本框中**。❶在"企业宣传册"文档中刚绘制的文本框中，按【Ctrl+V】组合键将复制的文字粘贴到文本框中，❷设置字体格式为【黑体】【11】，❸单击【行距】按钮，❹在弹出的下拉列表中选择【2.0】选项，如下图所示。

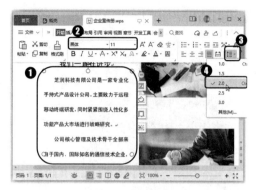

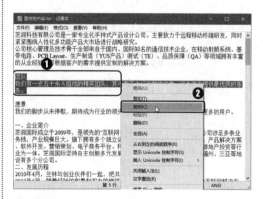

第5步 ▶ **复制文字**。❶切换到"宣传册内容.txt"文件中，选中"团队"及后面一段的文字，并在其上右击，❷在弹出的快捷菜单中选择【复制】命令，如下图所示。

第6步 ▶ **绘制第三个文本框**。❶单击【插入】选项卡下的【文本框】按钮，在页面右侧第一个图片的下方绘制第三个文本框。将刚刚复制的文字粘贴到该文本框中，设置字体格式为【黑体】【10.5】，选中"团队"二字，❷设置字体格式为【黑体】【小四】，字体颜色为【橙色】，如下图所示。在制作过程中，随时可根据内容调整页面上图片、文本框的位置，使整个页面效果更加和谐。这里需要注意的是，插入的文本框和附近图片的高度和宽度要保持一致。

第7步 **复制文字**。❶切换到"宣传册内容.txt"文件中，选中"愿景"及后面一段文字，并在其上右击，❷在弹出的快捷菜单中选择【复制】命令，如下图所示。

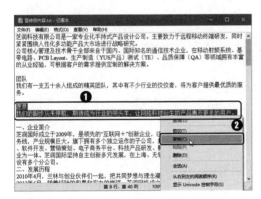

第8步 **粘贴并设置字体格式**。将刚刚制作的文本框向下复制一个，并将刚刚复制的文字内容粘贴到该文本框中，使其中的字体格式保持和上一个文本框相同，完成后的效果如下图所示。此时，便完成了封面页的设置。

3.2.2 添加正文内容及插图

企业宣传页的正文内容通常比较多，里面详细介绍了企业产业、发展、荣誉及项目等信息。在添加企业正文内容时，要设置好正文的文字格式，同时可以添加几张插图，增加美感。

1. 添加文字内容

添加文字内容，需要有一页新的文档，因此需要插入分页符。对于添加的内容，需要进行内容检查，如删除原有多余的空格，方便后面的编辑工作，具体操作步骤如下。

第1步 **插入分页符**。❶在封面页下方双击，快速定位文本插入点到最末尾处，❷单击【插入】选项卡下的【分页】下拉按钮，❸在弹出的下拉列表中选择【分页符】选项，如下图所示。

第2步 ▶ **复制正文内容**。❶切换到"宣传册内容.txt"文件中，选中"一、企业简介"及后面所有的文字内容，并在其上右击，❷在弹出的快捷菜单中选择【复制】命令，如下图所示。

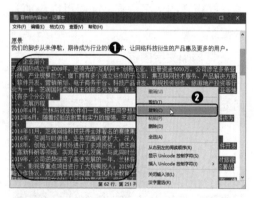

第3步 ▶ **粘贴文字**。❶在新插入的页面中，按【Ctrl+V】组合键将文字粘贴到页面中，并选中这些内容，❷单击【开始】选项卡下的【文字排版】按钮，❸在弹出的下拉菜单中选择【智能格式整理】命令，如下图所示，对正文内容进行初步的格式整理。

第4步 ▶ **执行【查找替换】命令**。粘贴的文字内容中存在许多空格，但是又不能一次性全部删除，需要对每处进行判别。单击【开始】选项卡下的【查找替换】按钮，如下图所示。

温馨提示 ▶

按【Ctrl+H】组合键可以快速打开【查找和替换】对话框，选择【替换】选项卡。

第5步 ▶ **替换空格**。打开【查找和替换】对话框，❶选择【替换】选项卡，❷在【查找内容】文本框中输入空格，【替换为】文本框中则什么都不输入，❸单击【查找下一处】按钮，如下图所示。

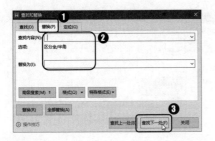

第6步 ▶ **完成替换**。此时会自动选择文档中查找到的第一处空格，判定为需要替换的内容，单击【替换】按钮进行替换，如下图所示。

第7步 ▶ **继续替换**。完成第一处替换后，会自动选择文档中查找到的下一处空格，判定为需要替换的内容，单击【替换】按钮进行替换，如下图所示。

第8步 ▶ **跳过该处查找内容**。使用相同的方法继续对查找到的内容进行判定，如果是需要替换的内容，就单击【替换】按钮进行替换。如果是不需要替换的内容，就单击【查找下一处】按钮，如下图所示，跳过该处查找到的内容。

第9步 ▶ **完成替换**。直到完成所有查找内容后，单击【关闭】按钮关闭该对话框即可，如下图所示。

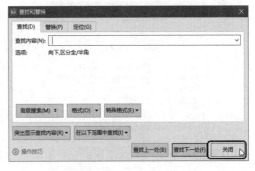

2. 设置文字内容格式

文档的内容添加完成后，就可以调整格式了。格式不仅包括文字的字体，还包括标题的大纲级别的设置，后面目录的添加便是根据标题的大纲级别来进行的。

第1步 ▶ **设置标题格式。**❶选中第一个标题，设置其字体格式为【黑体】【三号】，字体颜色为【橙色】，❷单击【开始】选项卡下的启动【段落】对话框按钮，如下图所示。

第2步 ▶ **设置大纲级别和间距。**❶在【段落】对话框中，设置【大纲级别】为【1级】，❷设置【段前】和【段后】均为【0.5】行，❸单击【确定】按钮，如下图所示。

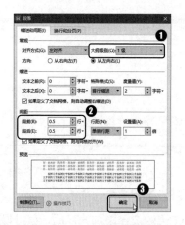

第3步 ▶ **双击【格式刷】按钮。**第一个标题设置完成后，保持选中状态，双击【开始】选项卡下的【格式刷】按钮，如下图所示。

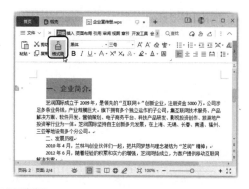

第4步 ▶ **使用格式刷。**此时鼠标指针将变成刷子形状，依次选中相同级别的标题，这些标题的格式将与第一个标题一致。

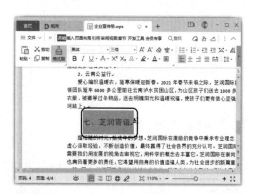

第5步 ▶ **设置二级标题格式。**❶选中第一个二级标题，设置其字体格式为【黑体】【12】，❷单击【开始】选项卡下的启动【段落】对话框按钮，如下图所示。

第6步 设置大纲级别和间距。❶在【段
落】对话框中，设置标题的【大纲级别】
为【2级】，❷设置其【段前】为【0.5】行，
❸单击【确定】按钮，如下图所示。

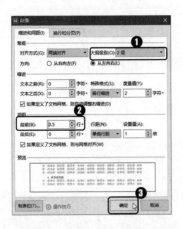

第8步 设置段落文字格式。❶选中第
一段文字，设置其字号为【10】，❷单击
【行距】按钮，❸在弹出的下拉列表中选择
【1.5】选项，如下图所示。

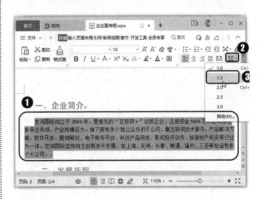

教您一招

设置格式，一劳永逸

　　每当为一段文字设置好段落格式后，按
下【Enter】键，另起一行，输入的文字会自
动沿用上一段文字的格式。因此，在文档标
签输入过程中，只需要编辑好第一段文字格
式即可继续沿用。

第7步 利用格式刷功能完成其他二级标
题设置。第一个二级标题设置完成后，保
持选中状态，双击【开始】选项卡下的【格
式刷】按钮，然后依次选中其他的二级标
题，如下图所示。

第9步 完成正文设置。利用同样的方法，
将第一段文字通过【格式刷】功能将格式
复制到其他段落文字上，如下图所示。此
时便完成了文档正文内容的设置。

3. 添加插图

为了使页面美观，可在正文中添加插图。插图添加后，可以利用系统预置的样式快速美化图片，具体操作步骤如下。

第1步 ▶ **定位文本插入点位置。** 因为默认图片是嵌入型插入文档中的，所以文本插入点定位在什么位置，图片就会插入在什么位置。❶在第一段文字后面按【Enter】键新建一个空白段落，❷单击【开始】选项卡下的【居中对齐】按钮，使文本插入点定位在此处，如下图所示。

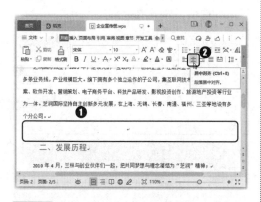

第2步 ▶ **插入图片。** ❶单击【插入】选项卡下的【图片】按钮，打开【插入图片】对话框，❷选择"素材文件\第3章\图片4.jpg"素材文件，❸单击【打开】按钮，插入该图片，如下图所示。

第3步 ▶ **调整图片大小。** 在【图片工具】选项卡下设置图片【宽度】为【12.90厘米】，如下图所示。

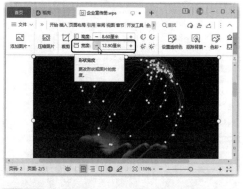

第4步 ▶ **添加图片阴影效果。** ❶单击【图片工具】选项卡下的【阴影效果】下拉按钮，❷在弹出的下拉列表中选择一种阴影样式，如下图所示。

第5步 ▶ **设置图片阴影颜色。**❶单击【阴影颜色】下拉按钮，❷在弹出的下拉列表中选择【白色，背景 1，深色 35%】选项，如下图所示。

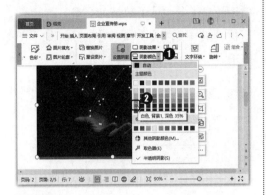

第6步 ▶ **调整阴影位置。**单击【下移】按钮⬓和【右移】按钮⬓，微调阴影的位置，如下图所示。

第7步 ▶ **插入第二张图片。**❶打开【插入图片】对话框，选择"素材文件\第 3 章\图片 5.jpg"素材文件插入"3、智慧城市解决方案"这段内容的后面，❷调整图片的【宽度】为【13.80 厘米】，❸单击【增加对比度】按钮⟳，增加图片的对比度，如下图所示。

第8步 ▶ **设置图片轮廓。**❶单击【图片轮廓】下拉按钮，❷在弹出的下拉菜单中选择【图片边框】命令，❸在弹出的子菜单中选择一种边框样式，如下图所示，完成内容的制作。

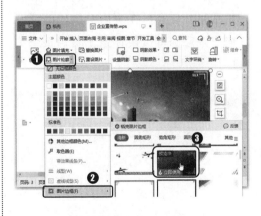

3.2.3　添加页码

　　企业宣传册的内容通常较多，需要添加页码，方便读者阅读内容。页码可以选择添加在不同的位置，还可以设置格式，具体操作步骤如下。

第1步 ▶ **选择页码格式。**❶在页面底端双击，快速进入页眉页脚编辑状态，❷单击【插入页码】按钮，❸在展开的列表中可以设置页码的格式，这里在【位置】栏中选择【右侧】选项，❹单击【确定】按钮，如下图所示。

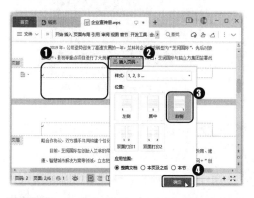

第2步 ▶ **查看添加的页码**。添加的页码如下图所示，后面设置目录会根据此页码显示目录信息。在页眉页脚外的任意位置双击鼠标可以快速退出页眉页脚编辑状态。

3.2.4 设置目录

在文档标签中，可以根据标题的大纲级别和页码快速添加目录。本例要在企业宣传册正文内容开始前添加目录页，所以需要先插入一个分页符，方便放置目录内容，再提取目录，具体操作步骤如下。

第1步 ▶ **插入分页符**。❶将文本插入点定位在正文内容开始处，❷单击【插入】选项卡下的【分页】下拉按钮，❸在弹出的下拉列表中选择【分页符】选项，如下图所示。

第2步 ▶ **选择目录样式**。❶将文本插入点定位在刚刚分出的空白页中，❷单击【引用】选项卡下的【目录】按钮，❸在弹出的下拉菜单中选择需要的目录样式，如下图所示。

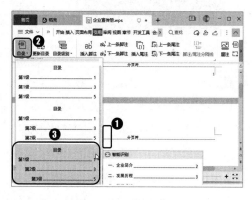

第3步 ▶ **设置"目录"二字的格式。**❶选择上方的"目录"二字，❷设置字体的格式为【黑体】【22】，字体颜色为【橙色】，❸单击【开始】选项卡下的启动【字体】对话框按钮，如下图所示。

第4步 ▶ **设置文字间距。**打开【字体】对话框，❶选择【字符间距】选项卡，❷设置文字的【间距】为【加宽】、【值】为【0.25】厘米，❸单击【确定】按钮，如下图所示。

第5步 ▶ **查看添加的目录。**此时便完成了企业宣传册的目录添加，其目录效果如下图所示。完成目录添加后，企业宣传册便制作完成了。

高手支招

在本章的内容中，主要讲解了图片、艺术字、文本框、形状、图标的相关内容。经过这些详细的操作，相信读者已经掌握了这些对象的插入和编辑操作，明白图文混排的常用效果和设计步骤了。其实，在文档的编排过程中，除了文中介绍到的知识点外，还有一些技巧性的操作可以快速地编排文档。

01 设置首字下沉

首字下沉主要是在字数较多的文章中用来标示章节的，在西方文学中用得比较多，是一种艺术性的排版方式。它是将段落的第一行第一个字的字体变大，并且向下一定的距离，与后面的段落对齐，段落的其他部分保持原样。

第1步 ▶ **设置首字下沉**。打开"素材文件\第 3 章\美文 .wps"文件，❶将文本插入点定位在需要将首字下沉的段落前，❷单击【插入】选项卡下的【首字下沉】按钮，如下图所示。

第2步 ▶ **设置首字下沉格式**。打开【首字下沉】对话框，❶在【位置】栏中，选择【下沉】选项，❷将【下沉行数】改为【2】，❸单击【确定】按钮，如下图所示。

第3步 ▶ **查看效果**。设置后的效果如下图所示。需要注意的是，用户在设置首字下沉时一定要注意把文本插入点定位在其段落前面的位置。

02 添加个性化水印

制作的文档如果比较私密，想要烙上自己的印记，可以为文档添加水印，如添加公司名称、文档机密等级等，具体操作步骤如下。

第1步 ▶ **添加水印**。❶单击【插入】选项卡下的【水印】按钮，❷在弹出的下拉菜单中的【自定义水印】栏中单击【点击添加】按钮，如下图所示。

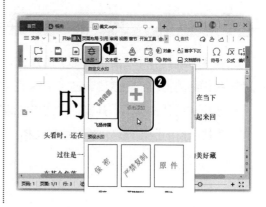

第2步▶ 设置水印格式。 打开【水印】对话框，❶选中【文字水印】复选框，❷在下方设置水印文字的【内容】【字体】【字号】【颜色】参数，❸在【版式】下拉列表框中选择水印版式，❹拖动【透明度】进度条上的滑块调整水印的透明度，❺单击【确定】按钮，如下图所示。

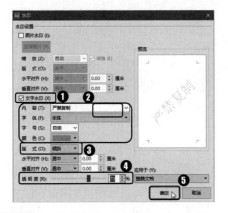

第3步▶ 应用自定义水印。 返回文档中，❶单击【水印】按钮，❷在弹出的下拉菜单的【自定义水印】栏中选择自定义的文字水印，如下图所示。

第4步▶ 查看添加的水印效果。 即可查看到水印效果，如下图所示。

03　设置文字分栏

在制作文档时，如果需要将部分或整篇文档分成具有相同栏宽或不同栏宽的多个栏时，可以使用分栏排版，具体操作步骤如下。

第1步▶ 设置文字分栏。 ❶选择第一段外的所有文档内容，❷单击【页面布局】选项卡下的【分栏】按钮，❸在弹出的下拉菜单中选择【两栏】命令，如下图所示。

教您一招

分栏效果自由调整

　　在【分栏】下拉菜单中选择【更多分栏】命令，可以在打开的对话框中根据页面内容的多少、页面尺寸来设置更多分栏效果，包括栏宽和间距的设置等。例如，设置左边栏的文字宽度更宽，而右边栏更窄，从而呈现出杂志报纸的排版效果。

第2步 ● **查看分栏效果**。即可看到将所选文字内容划分为两栏显示的效果，如下图所示。

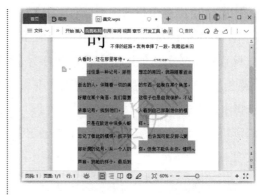

WPS

第4章

在文档中添加
表格、图示和图表

本章导读

WPS文字中提供了表格、图示和图表的功能，通过它们可以制作简单的表格文件和图表文件，让内容能够更加图示化说明。本章通过员工入职申请表和公司组织结构图，介绍表格的绘制、图示的制作等相关知识。

知识要点

- 插入表格
- 合并和拆分单元格
- 调整行高和列宽
- 插入智能图形
- 应用智能图形样式

4.1 制作"员工入职申请表"

公司在招聘新员工时，都会让他们现场填一份员工入职申请表，以便了解新员工的基本情况，也方便后期将员工信息输入公司系统中。员工入职申请表主要涉及员工的基本信息、前期工作经验、教育培训经验、奖惩情况等。

本例将通过 WPS 文字中提供的表格功能，制作员工入职申请表。制作完成后的效果如下图所示。实例最终效果见"结果文件\第 4 章\员工入职申请表.wps"文件。

芝润科技有限公司

员工入职申请表

入职部门：　　　　　岗位：　　　　　　填表日期：　　年　　月　　日

姓名		性别		年龄		血型		
籍贯		民族		职位		文化程度		照片
健康情况		身高		体重		婚姻状况		

身份证号码		联系电话	
户籍所在地		工作年限	
现居住地址		期望薪资	
紧急联系人		紧急联系人电话	

工作经验	起止年月	工作单位	职位	离职原因

教育培训经历	起止年月	机构	专业	外语程度	证书

家庭成员	姓名	工作单位	职务	电话

填表人申明	受过何种奖励或专业训练
	1.本人保证所填写资料属实； 2.保证遵守公司各项规章制度； 3.若有不实之处，本人愿意无条件接受公司处罚甚至辞退，并不要求任何补助。 申明人：

以　下　为　公　司　填　写

入职时间		所属部门		职务	
试用时间		试用期工资		转正后工资	

行政部经理意见：	部门经理意见：	总经理意见：

4.1.1 设置页眉等基本表格信息

不同单位的员工入职申请表是有信息差异的，用人单位会根据招聘需求，制定不同的入职申请表内容让新员工填写。为了使文档更加规范，通常会在页面上方添加页眉，用于显示文档的附加信息，如时间、公司LOGO、公司名称等。不仅如此，一份正式的文档还应该有标题等基本表格信息，具体操作步骤如下。

第1步 填写表格基本信息。❶新建一个文档标签，以"员工入职申请表"为名进行保存，❷输入表格标题和相关文字，并设置第一行文字的字体格式为【黑体】【小二】【居中对齐】，设置第二行文字的字体格式为【宋体】【五号】，并单击【加粗】按钮，❸将文本插入点定位在第一行文字的后面，单击【开始】选项卡下的启动【段落】对话框按钮，如下图所示。

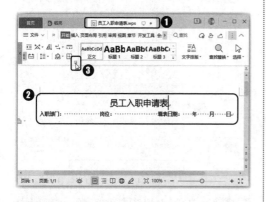

温馨提示 ●

对于长文档来说，添加页眉页脚是一件很普通的事，因为在制作比较正式的长文档时，都需要为其添加相应的页眉和页脚，这样显得制作的文档更加专业。

第2步 设置段后间距。打开【段落】对话框，❶设置【段后】为【1】行，❷单击【确定】按钮，如下图所示。此时，文档的标题文字与第二行文字之间就会有1行的距离。

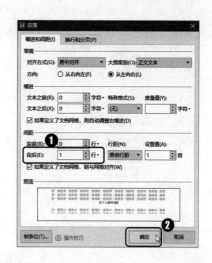

第3步 设置页眉。❶将鼠标指针移动到页面上方的位置并双击，即可进入页眉页脚编辑状态，❷在页眉位置处输入公司的名称，❸在【开始】选项卡中设置字体格式为【宋体】【五号】，❹单击【居中对齐】按钮，如下图所示。

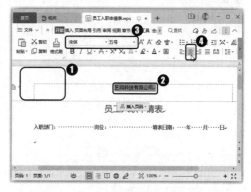

第4步 设置页眉横线。为了更好地区分正文和页眉内容，可以添加页眉横线。❶单击【页眉页脚】选项卡下的【页眉横线】按钮，❷在弹出的下拉列表中选择一种页眉横线样式，如下图所示。

第5步▶ 关闭页眉设置。 完成页眉设置后，单击【页眉页脚】选项卡下的【关闭】按钮，如下图所示，退出页眉页脚编辑状态。

4.1.2 快速插入表格

　　当完成"员工入职申请表"的页眉及基本信息输入后，就可以开始表格制作了。在本例中，由于员工入职申请表不同行的单元格数量不同，很难估计设置多少列为

宜。那么可以先只插入1列，在后面调整表格时，根据不同行的单元格数量进行拆分，以此来实现单元格数量的灵活调整，具体操作步骤如下。

第1步▶ 打开【插入表格】对话框。 ❶将文本插入点定位在文字的下一行，单击【居中对齐】按钮，使其处于页面中央，这样可以保证插入的表格居中显示，❷单击【插入】选项卡下的【表格】按钮，❸在弹出的下拉菜单中选择【插入表格】命令，如下图所示。

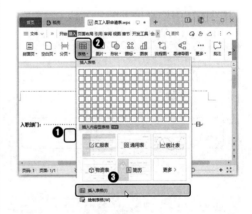

第2步▶ 设置表格列数和行数。 打开【插入表格】对话框，❶在【列数】和【行数】数值框中输入需要的表格列数和行数，❷单击【确定】按钮，如下图所示，即可在文档中插入一个15行的表格。

插入表格时的尺寸控制

如果需要插入固定列宽的表格，可以在【插入表格】对话框中，设置【固定列宽】的数值，以此来设定插入表格的列宽尺寸。

如果需要表格的尺寸随输入文字的长短进行变化，可以在打开的【插入表格】对话框中，选中【自动列宽】单选按钮，让表格尺寸自动适应文字内容。

4.1.3 轻松拆分、合并单元格

在 WPS 文字中插入表格后，表格的行数和列数常常不能完全满足实际需求，这时可以通过拆分和合并单元格的方法来更改单元格的数量，具体操作步骤如下。

第1步 拆分上面三行单元格。❶按住鼠标左键不放，拖动选中表格上面三行的单元格，❷单击【表格工具】选项卡下的【拆分单元格】按钮，如下图所示。

第2步 设置【拆分单元格】对话框。打开【拆分单元格】对话框，❶在【列数】和【行数】数值框中输入需要拆分的列数和行

数，❷单击【确定】按钮，如下图所示。

第3步 合并单元格。❶选中表格右上方的三个单元格，❷单击【表格工具】选项卡下的【合并单元格】按钮，如下图所示，将这三个单元格合并后作为贴照片的单元格。

第4步 拆分单元格。❶选中第 4~7 行的单元格，❷单击【拆分单元格】按钮，❸打开【拆分单元格】对话框，在【列数】和【行数】数值框中输入要拆分的列数和行数，❹单击【确定】按钮，如下图所示。

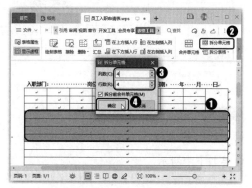

第5步 ▶ **拆分单元格**。❶选中第 8~10 行的单元格，❷单击【拆分单元格】按钮，❸打开【拆分单元格】对话框，在【列数】和【行数】数值框中输入要拆分的列数和行数，❹单击【确定】按钮，如下图所示。

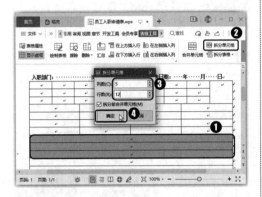

第6步 ▶ **合并单元格**。将上一步拆分的单元格中最左侧的一列单元格分别进行单元格合并。❶分别选中左边的单元格，每 4 行单元格选择一次，❷单击【合并单元格】按钮进行合并，如下图所示。

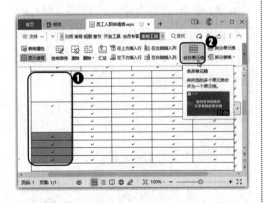

第7步 ▶ **完成表格拆分与合并**。按照同样的方法，将表格下方的单元格进行拆分，效果如下图所示。

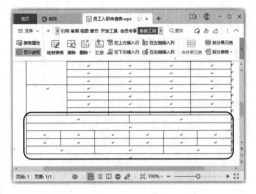

4.1.4 灵活添加行和列单元格

通过拆分和合并单元格能实现单元格数量的增减，如果不想通过这种方式增加单元格，可以使用笔画和单击【加号】按钮⊕的方式来灵活添加表格的行和列，具体操作步骤如下。

第1步 ▶ **单击【加号】按钮**。将鼠标光标移动到倒数第 5 行和倒数第 4 行单元格的边线上，直到左侧出现【加号】和【减号】按钮，单击【加号】按钮⊕，如下图所示。

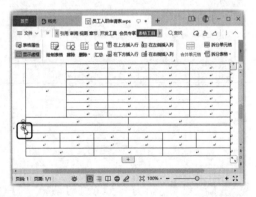

第2步 ▶ **查看添加的行**。此时就能看到在这一行单元格下方自动添加了一行单元格，且该单元格会自动沿用边线上方单元

格的效果，如下图所示。

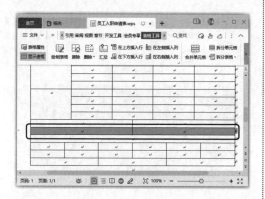

　　通过单击【加号】按钮添加的单元格行
或列，会自动沿用上一行或左边列的单元格
数量格式。单击【减号】按钮，会删除边线
上一行或左边列的单元格。

第3步 ▶ **绘制表格。**❶单击【表格工具】
选项卡下的【绘制表格】按钮，进入表格
绘制状态，❷此时鼠标指针会变成笔的形
状，按住鼠标左键不放，在需要添加表格
线的地方进行绘制，如下图所示。

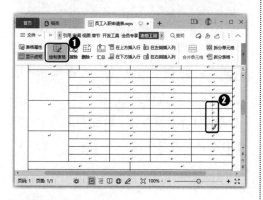

第4步 ▶ **退出绘制表格状态。**此时可以看
到绘制表格线的地方多了一条线，这条线

增加了单元格数量。完成绘制后，再次单
击【绘制表格】按钮，退出绘制状态，如
下图所示。

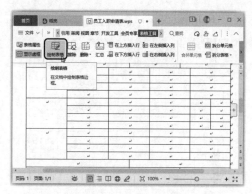

4.1.5 输入表格内容并调整格式

　　在前面的步骤中，已经完成了表格框
架的制作规划，接下来就可以输入文字内
容并调整文字格式了，具体操作步骤如下。

第1步 ▶ **输入文字。**单击左上方的第一个
单元格，此时光标会在里面闪动，表示已
经将文本插入点定位到该单元格中，输入
文字"姓名"，效果如下图所示。

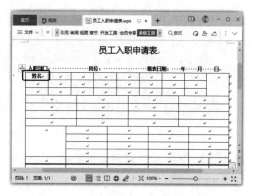

第2步 ▶ **完成文字输入。**按照同样的方法，

将文本插入点定位到需要输入文字的单元格，然后输入文字，完成后的效果如下图所示。

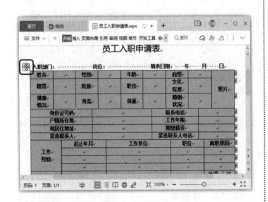

第3步▶ 选中整张表格。 单击表格左上角的田按钮，如下图所示，即可选中整张表格。

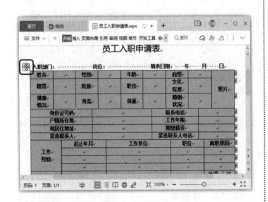

第4步▶ 取消表格文字加粗显示。 选中整张表格后，单击【开始】选项卡下的【加粗】按钮，取消表格文字的加粗格式，如

下图所示。

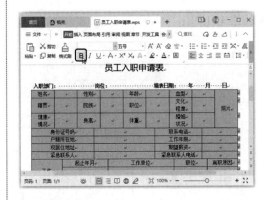

第5步▶ 设置文字水平居中。 ❶单击【表格工具】选项卡下的【对齐方式】按钮，❷在弹出的下拉列表中选择【水平居中】选项，让表格中的文字位于单元格的中间位置，如下图所示。

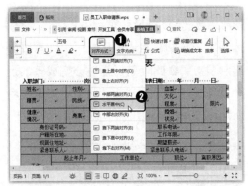

第6步▶ 调整文字左对齐。 ❶选中"填表人申明"右边单元格中的文字，❷单击【对齐方式】下拉按钮，❸在弹出的下拉列表中选择【中部两端对齐】选项，如下图所示。

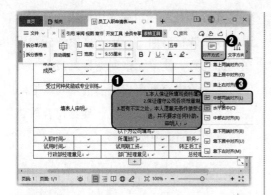

第7步▶ 调整最下方单元格文字左对齐。
❶选中最下方的单元格，❷单击【对齐方式】下拉按钮，❸在弹出的下拉列表中选择【中部两端对齐】选项，如下图所示。

第8步▶ 设置文字加粗。❶选中"以下为公司填写"文字，❷单击【开始】选项卡下的【加粗】按钮，❸单击【开始】选项卡下的启动【字体】对话框按钮，如下图所示。

第9步▶ 设置文字间距。打开【字体】对话框，❶选择【字符间距】选项卡，❷在【间距】下拉列表框中选择【加宽】选项，并设置【值】为【0.15】厘米，❸单击【确定】按钮，如下图所示。

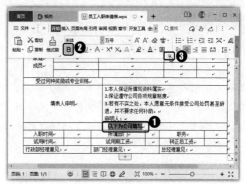

第10步▶ 查看设置效果。下图所示为文字格式调整后的效果。

4.1.6 调整表格的行高和列宽

　　表格的行高和列宽之所以要留在最后来调整，是因为需要根据文字内容的长短来进行调整。调整行高和列宽主要的方法有 3 种：用鼠标拖动边框线调整；设置表格的行高和列宽的具体参数值；让系统自动进行调整，具体操作步骤如下。

第1步● 拖动边框线调整列宽。将鼠标光标移动到"姓名"右边的边框线上，此时鼠标指针会变成双向箭头形状，按住鼠标左键不放并向左拖动这根边框线，缩小这三个单元格的列宽，如下图所示。

第2步● 调整其他单元格边框线。使用相同的方法调整前面三行单元格中各标题所在列的列宽，使单元格列宽尽量最窄，方便给填写的内容预留出更多的空间。拖动"照片"所在单元格的列宽，使其符合放置一张照片，如下图所示。

第3步● 打开【表格属性】对话框。❶选择"行政部经理意见："单元格，并在其上右击，❷从弹出的快捷菜单中选择【表格属性】命令，如下图所示。

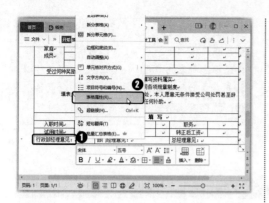

第4步▶ 设置行高。 打开【表格属性】对话框，❶选择【行】选项卡，❷选中【指定高度】复选框，设置数值为【4】厘米，❸单击【确定】按钮，如下图所示。

第5步▶ 平均分布各列。 ❶选择第4~7行单元格，❷单击【表格工具】选项卡下的【自动调整】按钮，❸在弹出的下拉列表中选择【平均分布各列】选项，如下图所示。

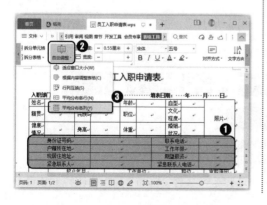

第6步▶ 拖动边框线调整行高。 将鼠标指针移动到最后一行单元格下方的边框线上，此时鼠标指针会变成双向箭头形状，按住鼠标左键不放并向上拖动这根边框线，缩小这行单元格的高度，使其刚好显示在一页纸上，如下图所示。

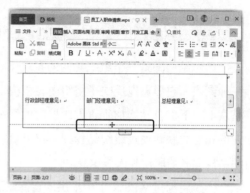

第7步▶ 设置文字对齐方式。 ❶选择最后一行单元格中的文字内容，❷单击【表格工具】选项卡下的【对齐方式】下拉按钮，❸在弹出的下拉列表中选择【靠上两端对齐】选项，如下图所示。此时便完成了对"员工入职申请表"的制作。

使用现成的表格，提高制表效率

WPS Office 中提供了很多在线表格模板，使用它们可以快速提高工作效率。只需要将文本插入点定位到需要插入表格的位置，然后单击【插入】选项卡下的【表格】按钮，在弹出的下拉菜单【插入内容型表格】栏中选择一种表格类型，如【汇报表】，就可以打开对应的模板库，在其中选择一种表格模板，就可以将所选表格插入文档中了。

4.2 制作"公司组织结构图"

组织结构图是一个组织架构的直观反映，是最常见的表现雇员、职称和群体关系的一种图表，它形象地反映了组织内各机构、岗位上下左右相互之间的关系。组织结构图是从上至下可自动增加垂直方向层次的组织单元，以图形形式直观地表现出组织单元之间的相互关联。通过组织结构图不仅可直接查看组织单元的详细信息，还可以查看与组织结构关联的职位和人员信息。

本例将通过 WPS 文字中提供的智能图形功能，制作公司组织结构图。制作完成后的效果如下图所示。实例最终效果见"结果文件\第 4 章\公司组织结构图.docx"文件。

集团管理人员组织结构

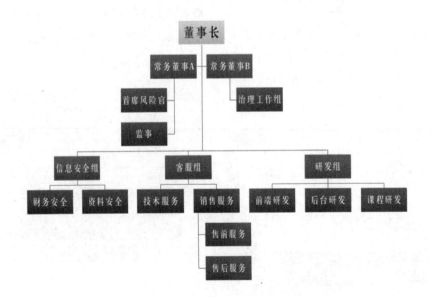

4.2.1 插入智能图形

无论是流程图还是结构图，都可以通过绘制形状来制作，也可以通过插入智能图形来实现。只不过流程图的结构往往比较复杂，智能图形难以满足要求；而公司组织结构图的结构比较简单，可以通过插入智能图形后，简单修改，快速完成制作，具体操作步骤如下。

第1步▶ 打开【选择智能图形】对话框。
❶新建一个文档，取名为"公司组织结构图"，并保存为".docx"格式（如果保存为".wps"格式，将无法使用智能图形功能），❷在页面中输入文档的标题文字，并进行简单的格式设置，❸将文本插入点定位于标题下一行，❹单击【插入】选项卡下的【智能图形】按钮，❺在弹出的下拉列表中选择【智能图形】选项，如下图所示。

第2步▶ 选择智能图形。 打开【选择智能图形】对话框，❶选择需要的智能图形样式，这里选择【组织结构图】图形，❷单击【确定】按钮，如下图所示。

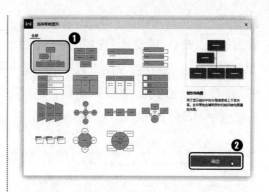

第3步▶ 查看创建的组织结构图。 此时在文档页面中便创建了一个组织结构图，如下图所示，可以在此基础上进行修改、完善。

温馨提示◗

在插入智能图形时，【选择智能图形】对话框中右侧显示的效果图会对每种图形做简要说明，用户可以通过此内容来分辨不同的图形及使用范围。

4.2.2 添加和删除层级模块

插入智能图形后，需要根据公司的实际组织结构添加或删除结构图中的层级模块。在添加层级模块时，需要注意添加的位置和方向，具体操作步骤如下。

第1步▶ **添加助理形状**。❶选中层级第 1 排的模块，❷单击【设计】选项卡下的【添加项目】按钮，❸在弹出的下拉列表中选择【添加助理】选项，如下图所示，即可在所选中图形的下方添加一个助理模块。

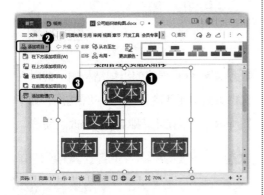

第2步▶ **在下方添加形状**。如下图所示，在第 2 排左边的模块右侧添加了一个平级的助理模块。❶选择第 1 个助理模块，❷单击【添加项目】按钮，❸在弹出的下拉列表中选择【在下方添加项目】选项，即可在所选图形的下面添加一个下一层级的模块。

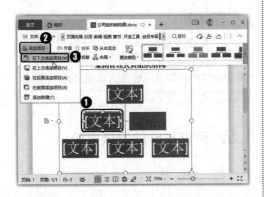

第3步▶ **在后面添加形状**。保持新添加形状的选中状态，❶单击【添加项目】按钮，❷在弹出的下拉列表中选择【在后面添加

项目】选项，如下图所示，即可在所选图形的后面添加一个同级的模块。

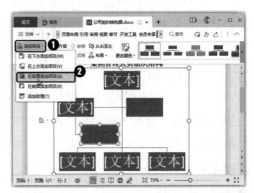

第4步▶ **设置布局**。智能图形的组织结构图可以设置布局，目的是设置当前模块的下级模块的分布方式。❶选中第 2 排左边的模块，❷单击【设计】选项卡下的【布局】按钮，❸在弹出的下拉列表中选择【左悬挂】选项，如下图所示。

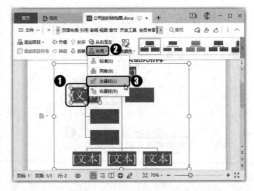

温馨提示▶

并不是所有种类的智能图形都可以调整其布局。有的智能图形插入后，会发现【布局】功能是灰色的，说明这种图形不能调整布局方式。

第5步 ▶ **在后面添加形状**。❶使用相同的方法，为第2排右边的模块添加一个下级模块，❷为第3排第1个模块添加一个下级模块，并选中该模块，❸单击【添加项目】按钮，❹在弹出的下拉列表中选择【在后面添加项目】选项，如下图所示。

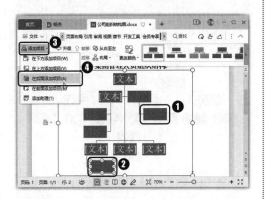

第6步 ▶ **设置标准布局**。❶继续为第3排的模块添加形状，完成后的效果如下图所示，❷选中第3排第1个模块，❸单击【布局】按钮，❹在弹出的下拉列表中选择【标准】选项。

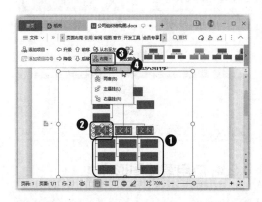

第7步 ▶ **删除模块**。如果某个模块是多余的，那么选中这个模块，如选中最下方从左往右数的第3个模块，按【Delete】键即

可删除该模块，如下图所示。

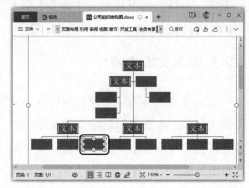

第8步 ▶ **完善组织结构图的模块设计**。选择【添加项目】下拉列表中的【在下方添加项目】选项，为最下方从左往右数的第4个模块添加两个右悬挂的下级模块形状。此时，便完成了公司组织结构图的模块设计，效果如下图所示。

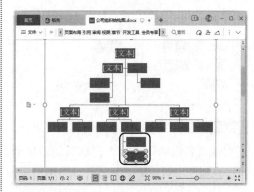

教您一招 ◀

如何添加并列的形状

如果要为某个形状添加多个并列的同级形状，可以选中该形状，在显示出的快捷工具栏中单击【添加项目】按钮 🔂，在弹出的下拉列表中选择【在后面添加项目】或【在前面添加项目】选项。

同理，如果要为某个形状添加上一级的形状，在弹出的下拉列表中选择【在上方添加项目】选项即可。

4.2.3 输入文本内容

完成智能图形的结构设计后，就可以添加文字了。在智能图形中添加文字，只需要在选中图形后输入文字即可，具体操作步骤如下。

第1步▶ 选中形状输入文字。选中最上方的模块图形，输入文字"董事长"，便完成了该形状的文字添加，如下图所示。

第2步▶ 输入其他文字。使用相同的方法，依次输入各形状的文字，完成后的效果如下图所示。

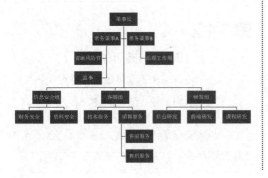

第3步▶ 移动形状。完成文字输入后，如果发现形状中的文字顺序输入有误，不必删除文字重新输入，可以通过移动形状来调整。❶选中"后台研发"形状，❷单击【设计】选项卡下的【后移】按钮，如下图所示。

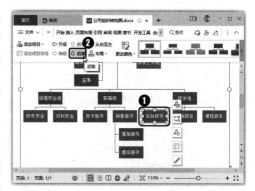

第4步▶ 查看移动形状效果。此时可以看到，选中的形状与后面的形状位置进行了互换，如下图所示。

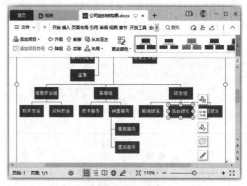

4.2.4 应用智能图形样式

经过前三小节的操作，一个组织结构图基本完成。若要使图形更具个性化，则可以为智能图形设置颜色和效果。在设置时，可以选择系统预置的样式效果，具体操作步骤如下。

第1步 ▶ **调整智能图形大小。**❶选中公司组织结构图，❷用鼠标拖动右下角的控制点，就可以调整智能图形的大小了，如下图所示。

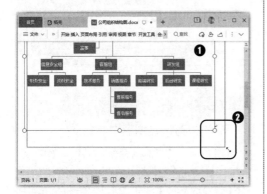

第2步 ▶ **选择一种配色样式。**保持整个智能图形的选中状态，❶单击【设计】选项卡下的【更改颜色】按钮，❷在弹出的列表中选择一种颜色样式，即可快速为智能图形应用上选中的配色，如下图所示。

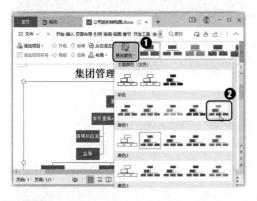

第3步 ▶ **选择效果。**在【设计】选项卡下的效果列表框中选择一种效果，如【强烈效果】，即可快速为智能图形应用上系统

预置的效果，如下图所示。

4.2.5 自定义设置智能图形样式

当系统预置的样式不能完全满足需求时，还可以通过自定义设置的方式进行调整。例如，修改智能图形的文字格式、单独调整某个形状的填充颜色、轮廓效果等，具体操作步骤如下。

第1步 ▶ **更改文字格式。**❶选中整个智能图形，❷在【格式】选项卡下的【字体】下拉列表中选择文字的字体，如【汉仪长宋简】，如下图所示，此时便完成了文字格式的设置。

第2步 ▶ **设置文字颜色。**❶选择第一个形

状，❷在【格式】选项卡下的【字号】下拉列表框中选择【14】选项，❸单击【字体颜色】下拉按钮，❹在弹出的下拉列表中选择一种渐变颜色，如下图所示，即可为形状中的文字应用渐变色。

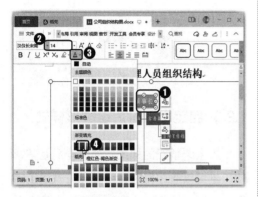

第3步 设置形状填充色。保持第一个形状的选中状态，❶单击【格式】选项卡下【填充】下拉按钮，❷在弹出的下拉列表中选择一种渐变颜色，即可为所选形状填充渐变色，如下图所示。至此，公司组织结

构图设置全部完成。

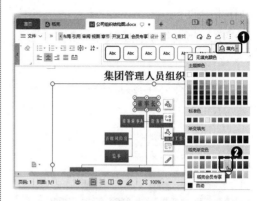

高手支招

通过前面知识点的学习，相信读者已经掌握了WPS文字中表格、图形的使用。下面结合本章内容，再给读者介绍一些工作中的实际经验与技巧，提高办公效率。

01 如何制作斜线表头

在文档中使用表格时，有时需要对表头添加斜线将一个单元格划分为两个区域或三个区域。WPS文字中专门提供了制作斜线表头的功能，可以方便添加多种类型的斜线表头，具体操作步骤如下。

第1步 单击【绘制斜线表头】按钮。打开"素材文件\第4章\成绩表.wps"文件，❶将文本插入点定位到需要绘制斜线表头的单元格中，❷单击【表格样式】选项卡下的【绘制斜线表头】按钮，如下图所示。

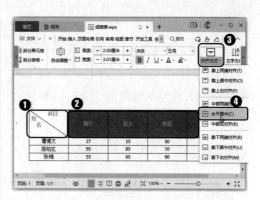

温馨提示

选择表格后，单击【表格工具】选项卡下的【绘制表格】按钮，可以进入绘制状态，拖动鼠标也可以绘制斜线表头。

第2步 **选择斜线样式**。打开【斜线单元格类型】对话框，❶选择需要的斜线表头样式，❷单击【确定】按钮，如下图所示。

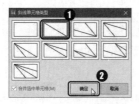

第3步 **输入表头内容**。查看到所选单元格已经添加了斜线，并且该单元格被拆分为两个单元格后，❶分别在这两个单元格中输入需要的数据，❷选择第一行中的其他单元格，❸单击【表格工具】选项卡下的【对齐方式】下拉按钮，❹在弹出的下拉列表中选择【水平居中】选项，如下图所示。

02 在文档中插入可视化的图表

在 WPS 文字中还可以插入图表，让数据得到可视化呈现。不过，在创建前需要保证文档的保存格式为".docx"，若文档格式为".wps"，则图表功能会受限。插入图表的具体操作步骤如下。

第1步 **选择图表类型**。打开"素材文件\第4章\KPI工作简报.docx"文件，❶单击【插入】选项卡下的【图表】按钮，❷在弹出的下拉菜单中选择【在线图表】命令，❸在弹出的子菜单中选择需要插入的图表样式，如下图所示。

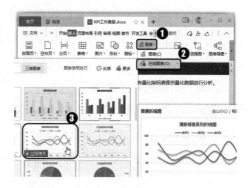

第2步 **设置图表大小和位置**。插入所选

图表后，❶选中图表，❷单击图表右侧出现的【布局选项】图标▣，❸在弹出的下拉列表中选择【浮于文字上方】选项，❹拖动鼠标将图表调整到合适的位置并调整好大小，如下图所示。

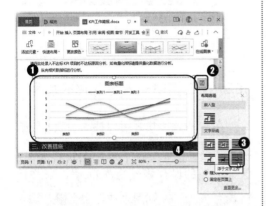

温馨提示 ●

在【图表】下拉菜单中选择【图表】命令，在打开的【插入图表】对话框中可以选择图表的类型和图表样式，单击【插入】按钮即可插入对应的图表。

03 如何编辑图表数据

插入文档中的图表自带原始数据，但必须将其修改为实际需要的数据才有意义。所以，插入图表后的第二步就是编辑图表数据，具体操作步骤如下。

第1步 ● **单击【编辑数据】按钮。**❶选中图表，❷单击【图表工具】选项卡下的【编辑数据】按钮，如下图所示。

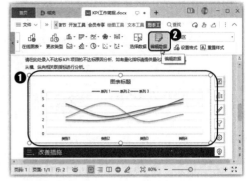

第2步 ● **编辑图表数据。**在新打开的窗口中显示了该图表对应的数据，并由红、蓝色的线条框住。❶修改表格中的数据，❷将鼠标指针移动到红、蓝色线条框的右下角，并拖动框住需要作为图表数据的区域，如下图所示。

第3步 ● **查看图表效果。**返回原窗口即可看到图表已经根据新的数据进行了展示，效果如下图所示。

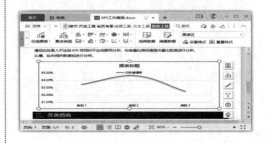

WPS

第 5 章

文档的引用与审阅

本章导读

WPS文字基于对中文办公场景的深刻理解，除了具有文档编辑功能外，还提供了文档审阅功能，可以快速校对文档中的拼写和语法错误，统计字数，进行繁体字、简体字转换。此外，还可以在文档中添加批注，提出修改意见，或者是在修订状态下修改文档，以实现文档的审核效果。

知识要点

- 更新目录
- 插入脚注
- 插入尾注
- 插入题注
- 拼写和语法检查

- 插入批注
- 回复批注、在修订状态下修改文档
- 查看修订内容
- 接受或拒绝修订

5.1 制作"公司年度报告"

在年终的时候，公司的管理人员常常需要制定年度报告，汇报公司这一年的业绩情况、财务情况、来年的规划、战略分析等内容。在年度报告中，需要详细描述的内容有：报告期内的公司经营情况，主要涉及公司的经营情况及业绩；供应商和客户情况；经营中的问题、困难及解决方案；盈利预测与利润实现之间的差异等。同时，需要描述公司的财务状况，必要时可以添加图表来直观表现财务状况。

在制作公司的年度报告时，除了基础文字的输入外，还会涉及报告目录的添加、脚注和引文的添加、题注的添加。其中，脚注的目的是进一步解释说明文档中的内容，引文内容可以说明文档内容的出处，题注的添加是为了给文档中的图片编号。

本例将通过WPS文字中提供的引用功能，完善公司年度报告文档。制作完成后的效果如下图所示。实例最终效果见"结果文件\第 5 章\公司年度报告.wps"文件。

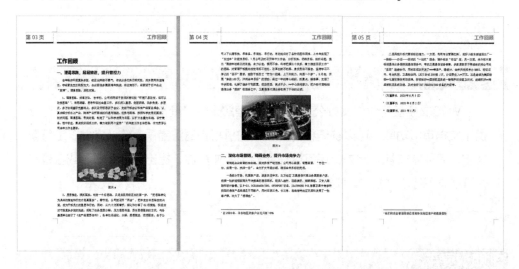

5.1.1 查看文档结构

公司年度报告的内容包括财务状况、经营状况、未来规划等，因此文档的页数会比较多。为了方便浏览者对文档的整体结构以及章节内容进行查看，在WPS文字中提供了关于"目录导航""章节导航"等特色功能，用户可以快速定位文章、高效调整文档结构，以及智能引用文档目录等，具体操作步骤如下。

第1步 ▶ **打开导航窗格**。打开"素材文件\第 5 章\公司年度报告.wps"文件，单击【视图】选项卡下的【导航窗格】按钮，如下图所示。

第2步 ▶ **通过标题名称快速定位文档。**
❶ 选择左侧的【目录】选项卡，可以看到这
里的标题大纲级别已经设置好了，❷ 单击
某个标题名称，即可快速切换到文档中的
对应位置，如下图所示。

第3步 ▶ **通过章节快速定位文档。** ❶ 选择
左侧的【章节】选项卡，可以看到文档包
含的章节，以及各章节下包含的页面缩略
图，❷ 单击某个页面缩略图即可快速跳转
到对应页面，如下图所示。

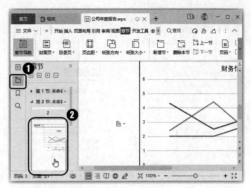

教您一招 ●

快速调整文档章节结构

在【章节】导航窗格中，单击上方的 ⊞
或 ⊟ 按钮，可以快速增加新节或删除当前节。
如果需要在现有的"节"中添加空白页，在
该节中的缩略图上右击，在弹出的快捷菜单
中选择【新增空白页】命令即可。单击节名
称后面的下拉按钮，在弹出的下拉列表中还
可对该节做合并、删除和重命名设置。

5.1.2 更新目录

在长文档中，为了方便浏览者阅读，一
般会设置目录，前面已经介绍过相关方法。
在完成目录设置后，如果对文档内容的标题
进行了添加、删除，或者是内容调整，导
致不同内容在文档中的显示页码发生变化，
又或者标题级别进行了改变等，就需要更
新目录，以保证当前文档目录指引的正确
性。更新目录的具体操作步骤如下。

第1步 ▶ **选择标题名称。** 在【目录】导航
窗格中，选择"工作展望"标题，切换到
文档的对应位置，如下图所示。

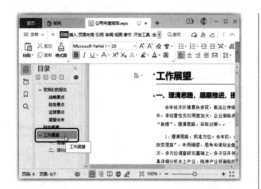

第2步▶ 修改标题。 修改"工作展望"标题为"工作回顾"，可以看到【目录】导航窗格中的该标题也立即进行了更新，如下图所示。

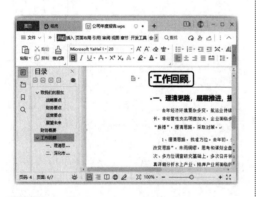

第3步▶ 更新目录。 ❶切换到文档目录处，如发现这个标题还没有改过来，❷单击【引用】选项卡下的【更新目录】按钮，如下图所示。

第4步▶ 更新整个目录。 弹出【更新目录】对话框，❶选中【更新整个目录】单选按钮，❷单击【确定】按钮，如下图所示。

第5步▶ 查看目录更新效果。 此时目录便成功更新了，修改过的标题也呈现出更新后的内容，如下图所示。

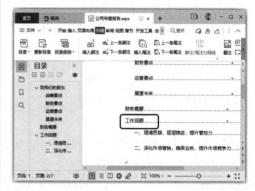

5.1.3 插入脚注

脚注是附在文档页面底端，对文档中某部分内容进行说明的内容。在印刷时，脚注会位于页面底部，在文档中相应的位置用"1""2"……这样的标记来表示所对应的脚注位置，具体操作步骤如下。

第1步▶ 插入脚注。 ❶在文档"工作回顾"第二部分的内容中，找到"北方地区"文字内容，将文本插入点定位在这个内容的后面，表示要在这里插入脚注，❷单击【引用】选项卡下的【插入脚注】按钮，如下图所示。

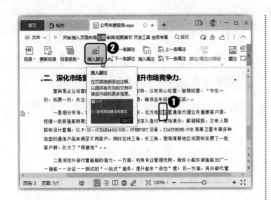

第2步 ▶ **输入脚注内容**。单击【插入脚注】按钮后，文本插入点会自动移到页面下方，此时输入脚注内容即可，如下图所示。

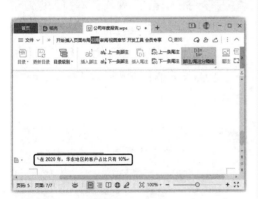

第3步 ▶ **查看脚注添加效果**。脚注输入完成后，在文档中添加脚注的地方会出现一个小的数字"1"，如下图所示。

第4步 ▶ **再次插入脚注**。❶将文本插入点定位到"利用专业管理优势"文字内容的后面，❷单击【插入脚注】按钮，如下图所示。

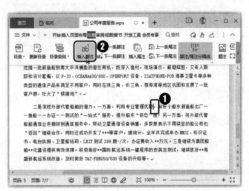

第5步 ▶ **输入脚注内容**。此时文本插入点会定位到页面下方，输入第二条脚注内容，如下图所示。

第6步 ▶ **查看第二条脚注添加效果**。第二条脚注添加成功后，文档中出现了一个小的数字"2"，表示这里是第二条脚注，如下图所示。

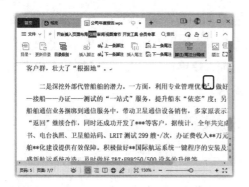

第7步 ▶ **查看下一条脚注**。由于脚注的标号比较小，可以利用WPS文字中的脚注查看功能来逐条查看脚注。单击【引用】选项卡下的【下一条脚注】按钮，如下图所示。

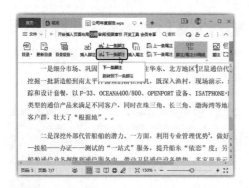

第8步 ▶ **查看脚注**。此时会自动从第一条脚注跳到第二条脚注，可方便查看脚注内容，如下图所示。

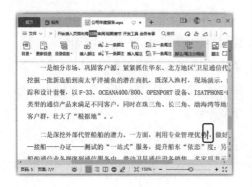

5.1.4 插入尾注

在文档标签中，还可以插入尾注。脚注和尾注都是对内容进行补充说明的，其区别在于说明位置的不同。脚注的位置位于添加注释文字当前页面的末尾；而尾注的位置位于这份文档的末尾。

当文档中引用了其他书籍、杂志等出处的内容时，就可以在文档最后插入尾注，注明文档内容的引用来源，具体操作步骤如下。

第1步 ▶ **插入尾注**。❶将文本插入点定位到第一个需要插入尾注的地方，如"理清思路，找准方位。"的后面，❷单击【引用】选项卡下的【插入尾注】按钮，如下图所示。

第2步 ▶ **输入尾注内容**。单击【插入尾注】按钮后，文本插入点会自动移到文档的最后，此时输入尾注内容即可，如下图所示。

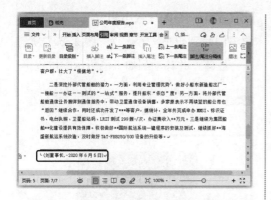

第3步 ▶ **再次插入尾注。** 尾注插入完成后，在文档中添加尾注的地方会出现一个小的英文"i"，❶将文本插入点定位到"环境不易改变，但可以改变思路"文字内容的后面，❷单击【插入尾注】按钮，如下图所示。

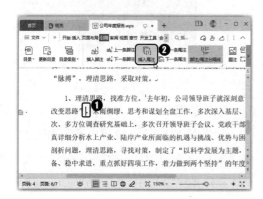

第4步 ▶ **输入尾注内容。** 文本插入点会定位到文档的最后面，输入第二条尾注内容，如下图所示。

第5步 ▶ **输入其他尾注。** 使用相同的方法在"重点抓好四项工作，着力做到两个坚持"文字内容的后面添加第三条尾注，内容如下图所示。

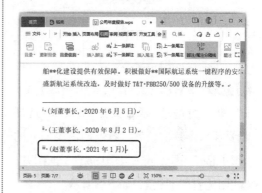

5.1.5 插入题注

在文档中难免需要插入图片，为了使图片信息明确传达，可以为图片添加编号。在图片数量众多的情况下，为图片添加编号比较麻烦，且中途删除或增加图片后，编号需要重新设置。如果利用"题注"功能，就没有这些烦恼了。

1. 插入图片

为图片添加题注前可以将所有需要插

入的图片先插入页面中，方便后面添加题注，具体操作步骤如下。

第1步 打开【插入图片】对话框。❶在"工作回顾"第一段内容的后面新建一个空白行，单击【居中对齐】按钮，❷单击【插入】选项卡下的【图片】按钮，如下图所示。

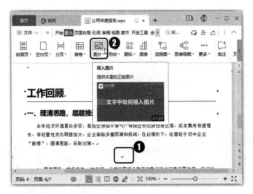

第2步 选择图片。打开【插入图片】对话框，❶按照路径"素材文件\第5章"选择需要插入图片的位置，❷选择需要插入的"图1.jpg""图2.jpg""图3.jpg"3张图片，❸单击【打开】按钮，如下图所示。

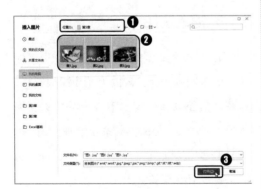

第3步 调整图片大小和位置。拖动鼠标调整图片到合适大小，为"图2.jpg"新建一个段落，并移动到如下图所示的位置。

第4步 调整其他图片位置。为"图3.jpg"新建一个段落，并移动到如下图所示的位置。

2. 设置题注

完成图片插入后，就可以设置题注了。题注需要设置图的标签文字及编号方式，具体操作步骤如下。

第1步 打开【题注】对话框。单击【引用】选项卡下的【题注】按钮，如下图所示。

第2步 新建标签。打开【题注】对话框，单击【新建标签】按钮，如下图所示。

第3步 输入标签。❶在【新建标签】对话框中，输入标签名称，如"图片"，❷单击【确定】按钮，如下图所示。

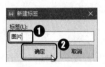

第4步 单击【题注编号】按钮。返回【题注】对话框，单击【编号】按钮，如下图所示。

第5步 选择编号格式。打开【题注编号】对话框，❶在【格式】下拉列表框中选择一种格式，❷单击【确定】按钮，如下图所示。

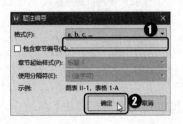

第6步 完成题注设置。前面的步骤操作完成后，单击【题注】对话框中的【确定】按钮即可完成题注设置，如下图所示。

3. 插入题注

经过前面步骤的设置后，选中文档中插入的图片，再插入题注，便可插入命名为"图片 a""图片 b"等的图片题注，且题注的编号会根据图片的顺序自动编号。当删除或增加了图片时，也可以及时更新题注编号，而不用重新插入题注，具体操作步骤如下。

第1步 为第一张图片插入题注。❶选中插入的图 1，❷单击【引用】选项卡下的【题注】按钮，如下图所示。

第2步▶ 确定题注。 单击【题注】对话框中的【确定】按钮，如下图所示。

第3步▶ 查看插入的题注。 如下图所示，图片下方添加了题注信息。

第4步▶ 为其他图片添加题注。 使用相同的方法，为文档中其他的两个图片添加题注，如下图所示。

第5步▶ 删除图片和题注。 选中文档中的第一张图片和题注，如下图所示，按【Delete】键删除。

第6步▶ 更新题注。 选中从第二张图片开始到后面的所有文档内容，如下图所示，按【F9】键执行【更新域】命令，更新题注。

第7步 ▶ **查看题注更新效果**。更新题注后，题注会自动调整编号，原本是编号"b"的图片变成了编号"a"，如下图所示。

5.2 审阅"工作汇报"

工作汇报是当某一期工作完成后，对工作进行一次全面的梳理、检查、评价、总结、分析，以便研究此次工作取得了哪些成绩、存在哪些不足、获得了什么经验，再形成正式的报告文档，递交给上级领导。一份完整的工作汇报，应当包括工作汇报情况概述，简单明了地叙述此次工作的环境、条件等工作基础内容，还要包括工作取得的成功和缺点，这一部分也是工作汇报的核心。在最后应当有工作经验和教训，将工作上升到理论的高度来认识。末尾可以视情况而定，添加今后打算等内容。

利用 WPS 文字制作工作汇报文档后，可以利用 WPS 文字中的校对功能检查文档中是否有语法错误等问题，以及检查字数是否太多或太少。当文档递交给领导时，领导可以添加批注，增加自己的意见，或者在修订状态下直接修改文档。

本例通过 WPS 文字中提供的审阅功能，校对、批注、修订工作汇报。审阅完成后的效果如下图所示。实例最终效果见"结果文件\第 5 章\工作汇报 .wps"文件。

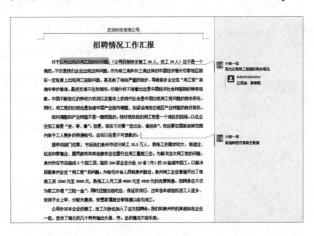

5.2.1 启用护眼模式进行审阅

在审阅文档时，需要长时间对着计算机屏幕仔细查阅文档内容，容易造成视觉疲劳，一不小心就会看错。此时可以启用WPS文字中的护眼模式进行审阅，具体操作步骤如下。

第1步 ▶ **单击【护眼模式】按钮**。打开"素材文件\第5章\工作汇报.wps"文件，单击任务栏中的【护眼模式】按钮，如下图所示。

温馨提示 ▶

单击【视图】选项卡下的【护眼模式】按钮，也可以开启护眼模式。在护眼模式下，再次单击【护眼模式】按钮，即可关闭该功能。

第2步 ▶ **查看护眼模式效果**。此时，文档页面呈现淡绿色，如下图所示。

5.2.2 校对工作汇报

在编辑文档时，难免会因为一时疏忽而造成文本的拼写错误或语法错误。文档标签完成后，可以使用拼写检查和校对功能根据文本的拼写和语法要求对选中的文本或者当前文档做智能检查，并将检查结果实时呈现，以及快速进行字数统计。

1. 拼写检查

利用WPS文字中的拼写检查功能，可以对整个文档进行内容扫描，把拼写错误、语法不当的地方用波浪线标出来，以便校对更改。在进行拼写检查前，可以在【设置拼写检查语言】对话框中进行拼写语言设置，具体操作步骤如下。

第1步 ▶ **打开【设置拼写检查语言】对话框**。❶单击【审阅】选项卡下的【拼写检查】下拉按钮，❷在弹出的下拉列表中选择【设置拼写检查语言】选项，如下图所示。

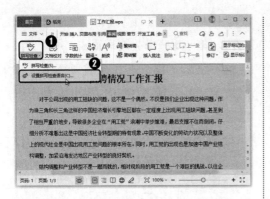

第2步 设置拼写语言。打开【设置拼写检查语言】对话框，❶选择默认语言，❷单击【设为默认】按钮，如下图所示。

第3步 单击【拼写检查】按钮。单击【审阅】选项卡下的【拼写检查】按钮，如下图所示。

第4步 检查错误。如果发现文档中存在拼写错误，将打开【拼写检查】对话框，在【检查的段落】列表框中会对存在拼写错误的单词语句标红处理。如果不需要修改，单击【忽略】按钮，如果词组确实存在拼写错误，❶在【更改建议】列表框中选择需要修改的内容，或者直接在【更改为】文本框中手动输入需要修改的内容，❷单击【更改】按钮，如下图所示，即可自动跳转到检测到的下一处错误段落。

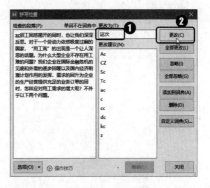

第5步 完成拼写和语法检查。按照同样的方法，完成文档中所有内容的拼写检查，单击弹出的提示对话框中的【确定】按钮完成拼写检查，如下图所示。

2. 使用文档校对功能校对文档

制作的文档除了一些拼写错误外，还存在一些常见的错误。但在制作论文、报告等拥有较多文字的文档时，逐字逐句对文档进行校对检查始终有些不便。此时，可以使用校对功能对文档中的内容进行校对，具体操作步骤如下。

第1步▶ 打开【WPS文档校对】对话框。单击【审阅】选项卡下的【文档校对】按钮，如下图所示。

温馨提示●

第一次使用WPS文字中的"文档校对"功能时，需要连接互联网加载该功能。

第2步▶ 单击【开始校对】按钮。打开【WPS文档校对】对话框，单击【开始校对】按钮，如下图所示。

第3步▶ 单击【添加】按钮。系统会根据文档内容自动选择关键词领域，这样可以使校对结果更准确。如果需要添加关键词领域，可以单击【添加】按钮，如下图所示。

第4步▶ 添加文档属性领域。打开【请选择文档所属领域】对话框，❶选中文档内容的相关领域前的复选框，这里选中【管理】复选框，❷单击【确定】按钮，如下图所示。

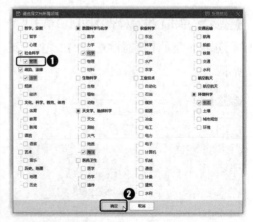

第5步▶ 确定识别文件属性的领域关键词。返回【WPS文档校对】对话框，单击【下一步】按钮，如下图所示。

第6步 ▶ **开始校对文档内容。**系统开始扫描文档内容并进行校对，最终得出检测结果，其中包括错误词汇和错误类型，单击【输出错误报告】按钮，可以输出校正报告。这里单击【马上修正文档】按钮，如下图所示。

第7步 ▶ **校对内容。**在窗口右侧显示了【文档校对】任务窗格，其中列出了出错的原因、出错的内容以及建议修改。自动跳转到第一处检查到的错误位置，并用颜色标明出错的内容。如果确认有误先判断系统提供的建议是否为所需正确的内容，如果是就单击【替换错误】按钮用系统提供的建议替换错误内容，如下图所示。

示。如果系统提供的建议不合适，那么可以手动输入。

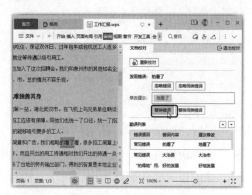

第8步 ▶ **忽略错误。**系统自动跳转到下一处检查到的错误位置，并用颜色标明出错的内容。这里确认无误，直接单击【忽略错词】按钮，如下图所示。

第9步 ▶ **继续校对内容。** ❶使用相同的方法继续处理文档中检查到的其他错误，❷校对完成后，单击任务窗格右上角的【退出校对】按钮，如下图所示。

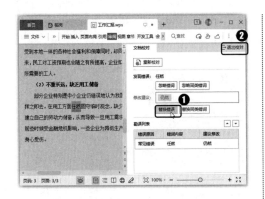

3. 字数统计

完成文档标签的制作后，可以进行字数统计，以便判断文档的字数是否符合要求，具体操作步骤如下。

第1步 ▶ **打开【字数统计】对话框。** 单击【审阅】选项卡下的【字数统计】按钮，如下图所示。

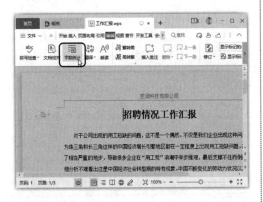

第2步 ▶ **查看统计出的字数。** 此时会弹出【字数统计】对话框，从对话框中可以清楚地看到文档包含的页数、字数等统计信息。查看完毕后，单击【关闭】按钮，如下图所示。

5.2.3 批注工作汇报

工作汇报文档完成后，将文档提交给领导，领导可以通过批注的方式在文档中添加自己的意见。文档作者可以查看批注内容进行修改或回复批注。

1. 插入批注

在查看文档内容时，如果对某部分内容有疑问或需要提出意见，可以通过插入批注的方法添加批注。操作要领是，选中固定内容，再执行【插入批注】命令，具体操作步骤如下。

第1步 ▶ **插入批注。** ❶在文档中，选中有问题的内容，如选中"公司出现的用工短缺的问题"这部分内容，❷单击【审阅】选项卡下的【插入批注】按钮，如下图所示。

第2步 ▶ **输入批注**。此时在右边的窗格中，会出现插入的批注文本框，输入批注内容便完成了批注的插入，效果如下图所示。

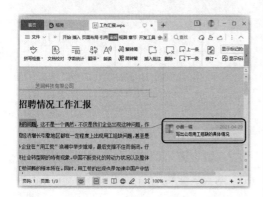

第3步 ▶ **继续插入批注**。在插入批注时，也可以将文本插入点定位到有问题的地方，而不需要选中固定的内容，❶如这里将文本插入点定位到文档第二段话的末尾，❷单击【审阅】选项卡下的【插入批注】按钮，如下图所示。

第4步 ▶ **输入批注**。在插入的批注文本框中，输入批注内容，如下图所示。

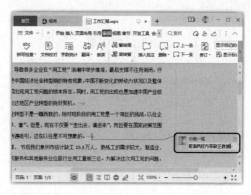

第5步 ▶ **查看插入的批注**。完成批注建立后，可以单击【审阅】选项卡下的【上一条】或【下一条】按钮，逐条查看建立好的批注。如这里单击【上一条】按钮，如下图所示。

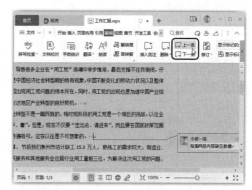

第6步 ▶ **切换到上一条批注**。可以看到已经快速切换到刚刚制作的第一条批注中了，如下图所示。

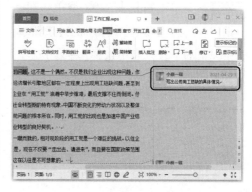

2. 回复批注

当领导完成文档查看，使用批注提出自己的修改意见后，文档作者通过查看批注完成内容修改。在必要的情况下，可以回复批注，将修改结果清楚地反馈给领导，具体操作步骤如下。

第1步 **修改文档内容**。查看第一条批注，根据建议添加内容，如下图所示。

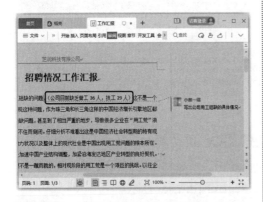

第2步 **选择【答复】选项**。❶单击第一个批注框中右上角的【编辑批注】按钮，❷在弹出的下拉列表中选择【答复】选项，如下图所示。

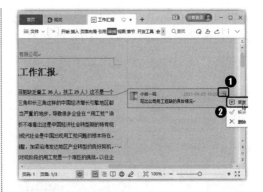

第3步 **输入答复内容**。选择【答复】选项后，会在原来的批注下方出现对话文本框，输入答复内容，效果如下图所示。然后按照同样的方法，答复其他批注。

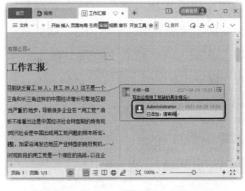

3. 删除批注

如果觉得批注内容有误，可以删除批注或批注的回复，具体操作步骤如下。

第1步 **执行【删除】命令**。❶将文本插入点定位到第二条批注的回复内容后面，❷单击【审阅】选项卡下的【删除】按钮，如下图所示。

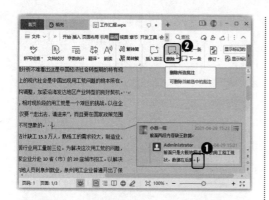

第2步 ▶ **查看删除效果**。此时该批注的回复内容便被删除了，如下图所示。

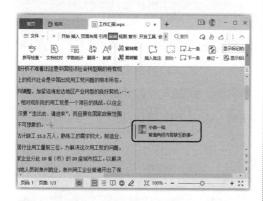

在删除批注时，文本插入点的位置决定了批注删除的内容。如果将文本插入点定位在批注上，执行【删除】命令就会将批注及下面的答复内容一同删除。如果将文本插入点定位在批注的答复内容上，就只删除【答复】内容，而不会删除批注内容。

单击批注框中右上角的【编辑批注】按钮，在弹出的下拉列表中选择【解决】选项，随后该批注会标记为【已解决】，且批注内容显示为灰色；选择【删除】选项，也会删除该批注。

4. 批注显示方式设置

文档中批注的显示方式可以进行调整，让批注在单独的窗格中显示，或者是以嵌入的方式显示，具体操作步骤如下。

第1步 ▶ **选择显示方式**。❶单击【审阅】选项卡下的【显示标记】按钮，❷在弹出的下拉菜单中选择【使用批注框】命令，❸在弹出的子菜单中选择【以嵌入方式显示所有修订】命令，如下图所示。

第2步 ▶ **查看显示效果**。此时右边的批注窗格消失了，批注以嵌入的方式在文档中显示。添加了批注的地方显示为红色底纹，将鼠标光标移动到上面，会闪现批注内容，如下图所示。

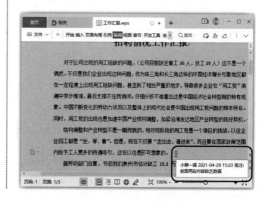

第3步 设置以批注框的方式显示。对于文档标签来说，以批注框的方式显示是最方便查看批注的方式。❶单击【显示标记】按钮，❷在弹出的下拉菜单中选择【使用批注框】命令，❸在弹出的子菜单中选择【在批注框中显示修订内容】命令，如下图所示。

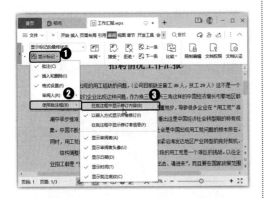

5.2.4 修订工作汇报

批注是用注释的方式指出文档的问题，提出建议、疑问，或者对文档进行肯定表扬。但是，修订则是在修改状态下，直接在文档原内容上进行修改。只不过做出修改的地方会标记出来，让文档作者自行决定是否接受修改。

1. 进入修订状态修改文档

单击WPS文字中的【修订】按钮，即可进入修订状态，只有在这种状态下才会记录文档的修改，具体操作步骤如下。

第1步 进入修订状态。❶单击【审阅】选项卡下的【修订】按钮，进入修订状态，

❷如果要更换文档中的内容，其原理是删除原内容后，再输入新的内容。选择需要修改的"3"，如下图所示。

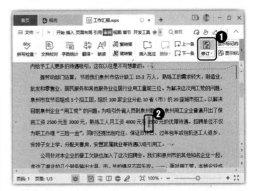

第2步 更换内容。输入"4"，可以看到文档中删除的内容会显示在右侧的页边空白处，新加入的内容已用有颜色的下划线和有颜色的字体标注出来，效果如下图所示。

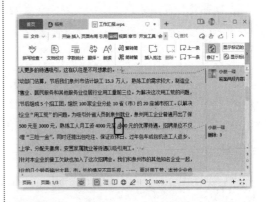

第3步 添加内容。将文本插入点定位在"公司针对本企业的普工"内容后面，添加"、技工"内容，如下图所示，对于添加的内容用下划线标记。

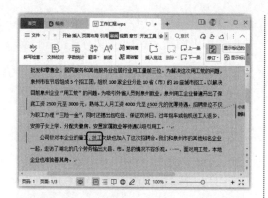

第4步 **选择要删除的内容。** 在文档第三段末尾，选择要删除的"一、面对用工荒，本地企业也难独善其身。"内容，如下图所示。

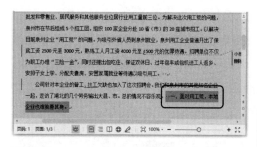

第5步 **删除内容。** ❶按【Delete】键将选择的内容删除，效果如下图所示，会在右侧显示出一个批注框用于提示删除了某个内容，❷使用相同的方法删除其他内容。

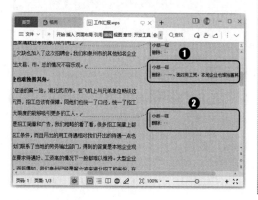

第6步 **设置段落格式。** ❶选择文档中的第一个标题内容，❷在【开始】选项卡中设置字体格式为【小四】，❸单击【行距】按钮，❹在弹出的下拉列表中选择【2.0】选项，如下图所示。

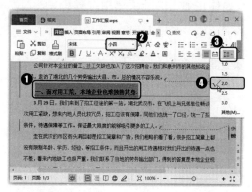

第7步 **退出修订状态。** ❶为文档中的第二个标题文本设置相同的格式，可以看到会将设置的格式操作也记录下来，❷完成内容修订后，单击【审阅】选项卡下的【修订】按钮，退出修订状态，如下图所示。

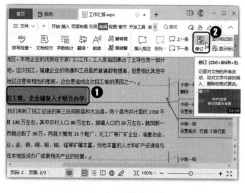

2. 调整修订的显示方式

修订内容的显示方式也是可以调整的，前面是以批注框的方式显示的，也可以调整为嵌入的方式显示，具体操作步骤如下。

第1步 ▶ **以嵌入方式显示修订。** ❶单击【审阅】选项卡下的【显示标记】按钮，❷在弹出的下拉菜单中选择【使用批注框】命令，❸在弹出的子菜单中选择【以嵌入方式显示所有修订】命令，如下图所示。

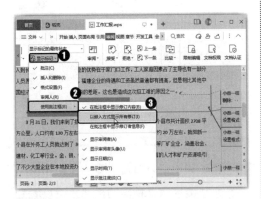

第2步 ▶ **查看显示效果。** 如下图所示，此时所有的修订内容便在文档内部以不同的标记进行了显示，右侧窗格中也少了很多批注框。

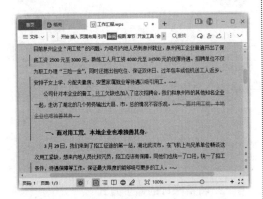

第3步 ▶ **取消对格式设置的修订记录。** ❶单击【显示标记】按钮，❷在弹出的下拉

菜单中取消选中【格式设置】命令前的复选框，如下图所示，即可取消对格式设置的修订记录。

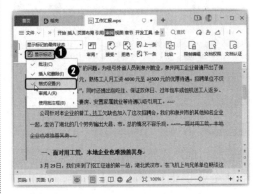

第4步 ▶ **选择审阅窗格。** ❶单击【审阅】选项卡下的【审阅】下拉按钮，❷在弹出的下拉菜单中选择【审阅窗格】命令，❸在弹出的子菜单中选择【垂直审阅窗格】命令，如下图所示。

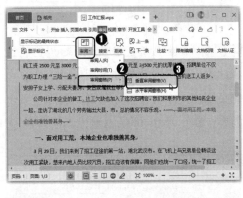

第5步 ▶ **在垂直审阅窗格中查看修订。** 此时会在文档右侧显示出垂直的【审阅窗格】任务窗格，可在该窗格中快速浏览文档中的修订内容，如下图所示。

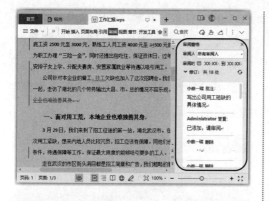

教您一招

只查看特定人员的批注或修订

如果文档被多人批注或修订，可以只查看特定人员的操作。单击【审阅】按钮，在弹出的下拉菜单中选择【审阅人】命令，从子菜单中选择目标人员的用户名即可。

3. 处理修订

完成内容修订后，作者可以逐条查看修订，并选择接受或拒绝修订，具体操作步骤如下。

第1步▶ 逐条查看修订。 单击【审阅】选项卡下的【上一条】或【下一条】按钮，可以逐条查看修订，如下图所示。

第2步▶ 接受修订。 ❶定位到第一条修订内容上，❷单击【审阅】选项卡下的【接受】按钮，如下图所示。

第3步▶ 查看修订接受效果。 此时这条修订就按照修改的内容进行显示，效果如下图所示。单击【下一条】按钮，切换到下一处修订位置。

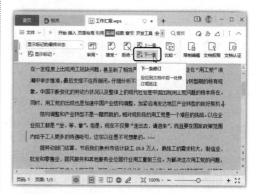

第4步▶ 拒绝修订。 使用相同的方法同意其他修订，如果不同意某条修订内容，可以单击【拒绝】按钮，如下图所示。

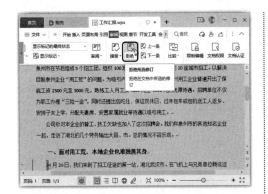

第5步 查看修订接受效果。此时这条修订就按照原来的内容进行显示。使用相同的方法同意或拒绝其他修订，如果发现文档中剩余的修订内容可以全部接受，❶可以单击【接受】下拉按钮，❷在弹出的下拉菜单中选择【接受对文档所做的所有修订】，如下图所示。

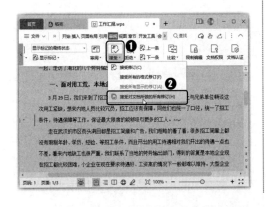

第6步 查看全部修订接受效果。此时这条修订及其以后的所有修订就按照修改的内容进行显示了，但不会影响对这条修订之前的其他修订进行的接受或拒绝判断，完成后的效果如下图所示。

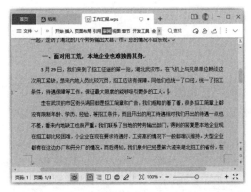

高手支招

在本章的内容中，主要讲解了【审阅】选项卡下的校对、批注、修订功能的使用。经过这些详细的操作，相信读者已经掌握了如何检查文档错误、统计字数、添加批注、修订文档等相关操作。其实，在文档的编排过程中，除了文中介绍到的知识点外，还有一些技巧性的操作可以快速地审阅文档。

01 快速并查看比较多个文档

对文档进行审阅修订后，如果想比较原文档与修改后的文档可以利用WPS文字中的文档比较功能，快速查看哪些地方进行了修改，具体操作步骤如下。

第1步 ▶ **打开【比较文档】对话框。**❶单击【审阅】选项卡下的【比较】按钮，❷在弹出的下拉菜单中选择【比较】命令，如下图所示。

第2步 ▶ **选择文件。**打开【比较文档】对话框，❶单击【原文档】栏中的【文件夹】按钮，打开原始的工作汇报文档，❷单击【修订的文档】栏中的【文件夹】按钮，打开修订后的工作汇报文档，❸单击【确定】按钮，如下图所示。

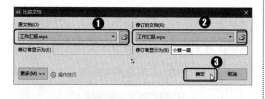

温馨提示 ▶

单击【比较文档】对话框中的【更多】按钮，可以在展开的面板中设置需要比较的详细选项。

第3步 ▶ **查看文档比较结果。**此时就会出现两个文档的比较结果，文档被修改过的地方，会在左边的【修订】窗格中显示出来，如下图所示。

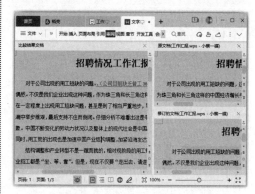

02 将简体字文档快速转换成繁体字

在写商务文档时，根据客户对象的不同，可以将文档快速转换成简体字或繁体字，方便客户阅读，具体操作步骤如下。

第1步 ▶ **单击【简转繁】按钮。**打开"素材文件\第5章\感谢信.wps"文件，单击【审阅】选项卡下的【简转繁】按钮，如下图所示。

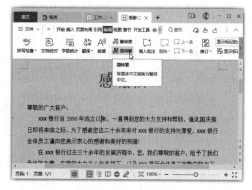

第2步 **查看转换效果**。如下图所示，执行【简转繁】命令后，简体字文档变成了繁体字文档。

03 让审阅者只能插入批注，不能进行内容编辑

如果不希望审阅者修改文档内容，若有意见或建议只能插入批注，可以对文档权限进行设置，具体操作步骤如下。

第1步 打开"素材文件\第5章\公司简介.wps"文件，❶单击【审阅】选项卡下的【限制编辑】按钮，❷在显示出的【限制编辑】任务窗格中选中【设置文档的保护方式】复选框，❸选中【批注】单选按钮，❹单击【启动保护】按钮，如下图所示。

教您一招

限制编辑的其他形式

在【限制编辑】任务窗格中选中【设置文档的保护方式】复选框后，还可以对文档进行【只读】【修订】【填写窗体】设置，从而避免其他用户对相关内容或格式进行修改。例如，选中【只读】单选按钮后，该文档就只能以只读属性呈现，其他用户在此文档中不可以随意编辑。

第2步 打开【启动保护】对话框，❶在其中设置密码，❷单击【确定】按钮，如下图所示。以后就只能在文档中插入批注了。如果想要取消密码保护，可以打开【限制编辑】任务窗格，单击【停止保护】按钮，在弹出的对话框中输入密码。

第 3 篇

数据表格篇

WPS表格也是WPS Office中的重要组件之一。它是电子表格软件，用于进行表格制作、专业的数据运算、数据分析、数据管理、图表呈现等操作，能够完全满足日常学习和办公需求，是目前公司或企业使用频率很高的电子表格软件。本篇将列举多个实际案例对WPS表格的使用方法和技巧进行介绍。

WPS

第 6 章

数据表格的创建与编辑

本章导读

　　WPS 表格最基本的功能就是以表格形式来记录和管理在日常学习和办公中产生的数据，并对数据加以整理和格式化将其组织成便于阅读和查询的样式。其中涉及工作表的管理、表格内容的输入和单元格格式的设置等基本操作。面对不同形式的数据，需要灵活输入，以便提高工作效率。完成数据输入后，还需要调整单元格格式，以符合美观的需求。

知识要点

- 新建工作簿
- 增加工作表
- 输入文字信息
- 输入不同规律的数据

- 粘贴数据
- 单元格的合并与拆分
- 为工作簿加密
- 设置可编辑区域的密码

6.1 制作"员工考勤表"

考勤表是单位员工上班出勤的凭证，考勤表不仅记录了员工的出勤情况，还与员工当月的绩效考核、工资挂钩。考勤表中通常包括员工上班出勤、出差出勤、请假情况、旷工和迟到情况等条目的记录。在制作考勤表时，要充分利用WPS表格的功能，灵活填充数据，并掌握单元格的合并及插入功能，制作出符合实际需求的表格。

本例将通过WPS表格的表格制作功能，制作员工考勤表。制作完成后的效果如下图所示。实例最终效果见"结果文件\第 6 章\员工考勤表.et"文件。

运营部9月员工考勤表

（考勤员：_____ 主管领导签字：_____，包含员工姓名李龙、赵强、刘爽、张丽、王天一、周文凡、曾小梦、赵曲、李秋明、张露露、程国华、李力勤，每人分上午、下午记录，日期1~30，统计列：正常出勤天数、外地出勤天数、休假天数、事假天数、病假天数、旷工天数、迟到次数、早退次数）

✓正常出勤 ‥外地出勤 休假¡事假○病假◎旷工⊠迟到∠早退
注：此表由单位考勤员填写，统一报办公室存档。

6.1.1 创建并设置表格文件

在输入员工考勤表信息前，需要正确创建WPS表格文档，并保存在恰当位置。一个WPS表格文档中可以包含多张工作表，这些工作表可以重新命名以示区分，也可以添加标签颜色引起重视。

1. 新建 WPS 表格文档

新建WPS表格文档的方法比较简单，

启动WPS Office后，建立一个空白表格文档，然后选择正确的位置保存并命名即可，具体操作步骤如下。

第1步 新建空白工作簿。启动WPS Office软件后，❶单击【新建】按钮，❷在新界面中选择【表格】选项卡，❸在下方单击【新建空白文档】按钮，如下图所示。

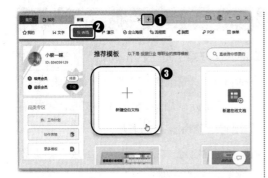

第2步 ▶ **单击【保存】按钮。** 此时，将创建一个空白表格文档。单击快速访问工具栏中的【保存】按钮，如下图所示。

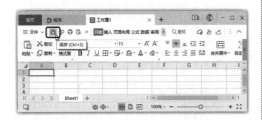

第3步 ▶ **保存文件。** 打开【另存文件】对话框，❶ 选择文件保存的位置，❷ 输入文件名称为"员工考勤表"，❸ 单击【保存】按钮，如下图所示。完成文件保存后，回到工作表界面，会看到上方显示了文件保存的名称。

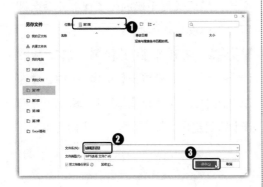

2. 工作表名称和标签设置

默认创建的 WPS 表格文档中只包含了一张名为"Sheet 1"的工作表，但实际使用中可以根据需要添加其他工作表。为了区分同一表格文档中的不同工作表，可以为不同的工作表重新命名，并且设置不同的标签颜色，具体操作步骤如下。

第1步 ▶ **重命名工作表。** 将鼠标指针移动到需要重命名的工作表名称上并双击，此时工作表名称就处于可编辑状态，如下图所示。

第2步 ▶ **输入新名称。** ❶ 此时就可以为工作表输入新的名称，❷ 输入完成后，单击工作表标签外的任意位置，即可确认名称的输入，如下图所示。

> **温馨提示** ●
>
> 将鼠标指针移动到需要重命名的工作表名称上并右击，然后在弹出的快捷菜单中选择【重命名】命令，也可以让工作表名称处于可编辑状态。

第3步 ● **设置标签颜色。**❶在需要设置标签颜色的工作表名称上右击，❷在弹出的快捷菜单中选择【工作表标签颜色】选项，❸在弹出的子菜单中选择一种标签颜色，如选择【巧克力黄，着色2，深色25％】，如下图所示。

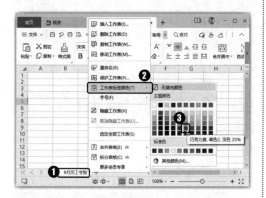

第4步 ● **查看工作表效果。**对工作表重新命名并更改标签颜色后，其效果如下图所示。

6.1.2 输入考勤表内容

考勤表在输入内容时，分为普通内容输入和有规律内容输入。有规律内容包括重复内容和序列内容。不同的内容要掌握恰当的输入方法，才能提高制表效率。

1. 基本内容输入

工作表的基本内容输入方法是，选中要输入内容的单元格，然后输入内容即可，具体操作步骤如下。

第1步 ● **输入第一个单元格中的内容。**单击左上角的单元格，表示选中该单元格，再输入内容，如下图所示，便完成了第一个单元格中的内容输入。

第2步 ● **输入其他基本内容。**按照相同的方法，在其他单元格中输入对应的基本内容，完成后的效果如下图所示。

2. 序列内容输入

在输入 WPS 表格考勤表内容时，常常会遇到这样的内容，即内容是连续递增的数据，这种序列内容可以利用填充的方式

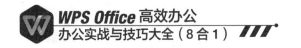

来完成输入，具体操作步骤如下。

第1步▶ 输入序列的第一个内容。 在C2单元格中输入内容，然后将鼠标指针移动到该单元格的右下方，此时鼠标指针会变成黑色的**＋**字符号（也称为"填充控制柄"）形状，如下图所示。

温馨提示●

在WPS表格中，每个单元格都有自己的名称。其名称是由列所对应的字母加行所对应的编号组成的，如第B列第3行的单元格，其名称是"B3"。准确输入单元格名称，这对后面章节中学习WPS表格的公式、函数操作十分重要。

第2步▶ 拖动鼠标完成序列数据的输入。 当鼠标指针变成黑色的**＋**字符号形状时，按住鼠标左键不放并向右拖动鼠标，直到数字显示为"30号"（9月最后一天的日期）再松开鼠标左键。此时，便完成了序列日期数据的输入，效果如下图所示。

温馨提示●

在使用填充控制柄填充序列数据内容时，如果发现拖动填充控制柄后，复制的数据是重复数据。例如，在单元格中输入"1"复制后，所有单元格数据都是"1"，而非"1，2，3……"，是因为数据填充模式选择不恰当所致。此时，只需要单击序列填充后出现的【自动填充选项】按钮，再在弹出的下拉菜单中选择【以序列方式填充】命令，便可解决该问题。

3.输入重复内容

考勤中常常会遇到重复内容的输入，此时可以选用两种方法来输入：一种是复制粘贴的方法；另一种是鼠标拖动填充的方法。

复制粘贴方法比较简单，先选择需要复制的内容所在的单元格或单元格区域，然后按【Ctrl+C】组合键进行复制，最后选择目标位置的起始单元格，按【Ctrl+V】组合键即可完成粘贴操作。下面主要介绍鼠标拖动填充的具体操作步骤。

第1步▶ 选择需要复制的重复数据。 考勤表中的周一到周日内容是重复的，按住鼠标左键不放，拖动框选需要复制的一组数据，这里选择F1:L1单元格区域，然后将鼠标指针移动到该单元格区域的右下方，此时鼠标指针会变成黑色的**＋**字符号形状，如下图所示。

第2步 ▶ **拖动复制数据**。当鼠标指针变成黑色的➕字符号形状时，按住鼠标左键不放并向右拖动鼠标，直到数字显示到"30号"的上方（完成9月的最后一天）再松开鼠标左键。此时，便完成了周期性星期数据（周一到周日）的输入，效果如下图所示。

第3步 ▶ **选择需要复制的重复数据**。拖动框选需要复制的另一组数据，这里选择B3：B4单元格区域，然后将鼠标指针移动到该单元格区域的右下方，此时鼠标指针会变成黑色的➕字符号形状，如下图所示。

第4步 ▶ **拖动复制数据**。当鼠标指针变成黑色的➕字符号形状时，按住鼠标左键

不放并向下拖动鼠标，直到覆盖完需要填充"上午"和"下午"数据的单元格再松开鼠标左键，数据填充完成后的效果如下图所示。

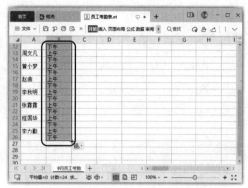

4. 完成内容输入

当完成序列数据和重复数据的输入后，可以将余下的内容补充完整。遇到字数较多的单元格，可以使用单元格的分行功能来显示内容，具体操作步骤如下。

第1步 ▶ **补充输入"日期"二字**。在B2单元格中补充输入"日期"二字，如下图所示。

第2步 ▶ **输入"正常出勤"并分行显示**。在AG1单元格中输入"正常出勤"4个字，将文本插入点定位到文字"正常"和"出勤"的中间，按【Alt+Enter】组合键，如下图所示。

第3步▶ 完成内容补充。此时可以看到，AG1单元格中的文字分成两行显示了。使用相同的方法，继续完成其他内容的补充，完成后的效果如下图所示。

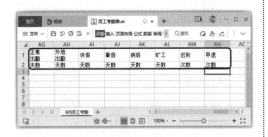

6.1.3 合并、插入、缩小单元格

考勤表的内容输入完成后，为了让考勤表更为正式，应当有标题行，此时就需要用到插入、合并单元格功能。为了使表中的内容看起来更有逻辑性、更美观，还需要合并单元格、缩小单元格。

1. 合并单元格

在WPS表格中合并单元格，只需要选中两个及两个以上的单元格，执行合并单元格命令，再选择合适的合并方式即可，具体操作步骤如下。

第1步▶ 选中需要合并的单元格。在本例中，需要将姓名列中的内容每两行合并为一行。❶选中"姓名"列下方有数据的单元

格区域，即A1：A26单元格区域，❷单击【开始】选项卡下的【合并居中】下拉按钮，❸在弹出的下拉列表中选择【合并相同单元格】选项，如下图所示。

温馨提示▶

WPS表格中的合并单元格功能非常强大，大家可以尝试并查看不同合并效果。

第2步▶ 完成单元格合并。此时，在选中的单元格区域中，可以根据空白单元格将没有数据的单元格与上一个有数据的单元格合并为一个单元格，效果如下图所示。

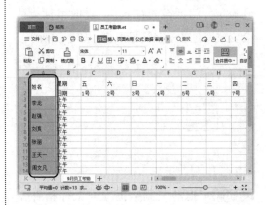

2. 缩小单元格的列宽

考勤表的日期比较多,为了方便查看,让考勤表在尽可能小的空间显示,此时需要缩小单元格的列宽。其方法是,选中单元格的列后,让其自动适应其中的内容,让列宽缩到最小,具体操作步骤如下。

第1步 选中第一列日期单元格。将鼠标指针移动到C列的列标签上方,当鼠标指针变成黑色向下的箭头形状时,单击鼠标,此时这一列单元格便会被选中,如下图所示。

第2步 选中最后一列数据。按住【Shift】键的同时单击AN列的列标签,此时C列到AN列的单元格便被全部选中了,如下图所示。

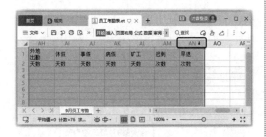

第3步 让单元格自动适应内容的宽度。将鼠标指针移动到AN列的右边线上,如下图所示,当鼠标指针变成黑色双向箭头

形状时,双击鼠标。此时被选中的列就会根据内容文本的长度来调整列宽。

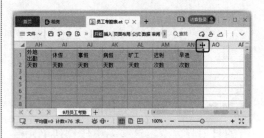

第4步 查看列宽调整效果。如下图所示,单元格根据文本长度缩小列宽,但是这样调整过后,日期数据还是太多,不能显示完整的一张表格。为了减小列宽,下面将删除日期单元格中的"号"字。

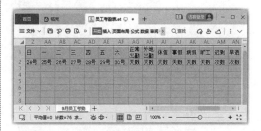

第5步 使用替换功能。❶按【Ctrl+H】组合键打开【替换】对话框,❷在【查找内容】文本框中输入"号",在【替换为】文本框中什么都不输入,❸单击【全部替换】按钮,如下图所示。

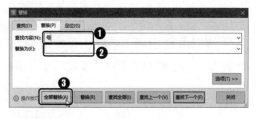

第6步 完成替换。此时会弹出提示对话

框，单击【确定】按钮，如下图所示，日期单元格中的"号"字便被全部删除了。

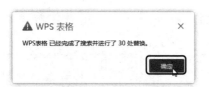

第7步▶ **再次调整单元格的列宽**。选中所有的日期列，双击这些列中任意列单元格的右边线，再次调整列宽，效果如下图所示。此时考勤表内容已经缩小了不少，能在一个页面中完全显示。

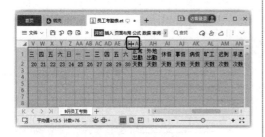

3. 插入单元格

当完成考勤表制作后，需要输入标题。标题行需要插入最上方，并合并单元格，具体操作步骤如下。

第1步▶ **插入两行单元格**。❶将鼠标指针移动到第一行单元格行标的左侧并单击，选中整行单元格，再在其上右击，❷在弹出的快捷菜单中选择【插入】命令，❸在其后的数值框中输入"2"，表示要插入两行单元格，❹单击【√】按钮，如下图所示。

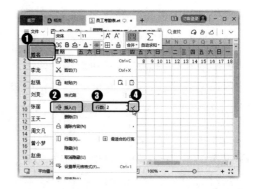

第2步▶ **合并单元格**。此时可以在选中的行上方插入两行新的单元格。❶选择A1：AN1单元格区域，❷单击【合并居中】按钮，合并单元格，如下图所示。

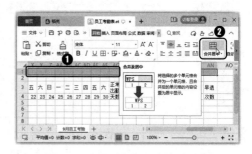

第3步▶ **输入标题内容**。❶在合并后的单元格中输入文字，❷在【开始】选项卡中设置文字的格式，让标题文字更大，❸按住鼠标左键不放，往下拖动第一行单元格的下框线，增加第一行单元格的行高，如下图所示。

第4步▶ 输入第二行内容。❶按照相同的方法，合并第二行单元格，并输入文字内容，❷选择需要添加下划线的空格，❸单击【开始】选项卡下的【下划线】按钮，添加默认下划线，如下图所示。

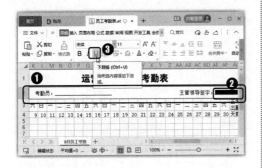

第5步▶ 打开【符号】对话框。❶合并A29：AN29单元格区域，并将文本插入点置于该单元格中，❷单击【插入】选项卡下的【符号】下拉按钮，❸在弹出的下拉菜单中选择【其他符号】命令，如下图所示。

第6步▶ 选择符号插入。打开【符号】对话框，❶在【字体】下拉列表框中选择【Wingdings】选项，❷选择符号✓，❸单击

【插入】按钮，如下图所示。

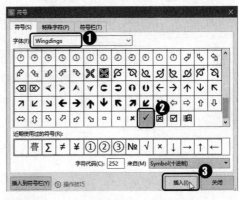

第7步▶ 完成说明内容。按照相同的方法，在最后一行单元格中插入不同的符号，并输入说明内容，效果如下图所示。

6.1.4 美化表格

考勤表的内容完成后，为了让考勤表更美观，可以添加合适的单元格边框、设置单元格对齐方式等，具体操作步骤如下。

第1步▶ 添加单元格边框。❶选择表格主体内容所在的单元格区域，❷单击【开始】选项卡下的【边框】下拉按钮，❸在弹出的下拉菜单中选择【所有框线】命令，如下图所示，为所选单元格添加默认的边框效果。

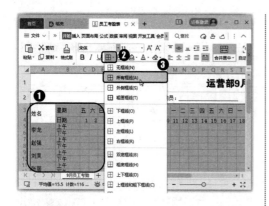

第2步 ▶ **完成说明内容。** 保持单元格区域的选中状态，单击【开始】选项卡下的【水平居中】按钮，如下图所示，让所有单元格中的内容都水平居中对齐，此时便完成了考勤表的制作，如下图所示。

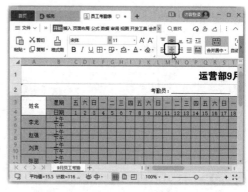

温馨提示 ◆

在 WPS 表格中，如果要为单元格设置非默认的边框效果，可以在【边框】下拉菜单中选择【其他边框】命令，在打开的对话框中进行边框颜色、线型、添加位置的设置。

6.2 制作"客户资料表"

为了跟进联系客户，公司的销售业务员常常会制作客户资料表，表中包括客户的详细信息。客户资料表做好后，作为存档资料保存在公司，即使当前业务员离职，也可以将客户资料交接到其他业务员手中。此外，业务员在外出洽谈客户前，可以先通过客户资料表再次了解客户，准备好谈话方案，保证业务顺利进行。根据公司销售业务的不同，客户资料表的侧重点也会有所不同，但是，总体来说，客户资料表应该包括客户的基本信息、喜好情况等。

本例将通过 WPS 表格中提供的数据输入、单元格合并、表格样式、数据有效性设置、下拉列表等功能制作客户资料表，最后对表格数据进行保护。制作完成后的效果如下图所示。实例最终效果见"结果文件\第 6 章\客户资料表 .et"文件。

客户资料表			日期：		
基本信息					
姓名：		性别：		生日：	
公司名称：		职位：		年龄：	
邮箱：		手机号：			
地址					
关联客户：					
教育背景					
毕业院校：					
专业：			证书：		
家庭情况					
婚姻状况：		配偶单位：		子女性别：	
生活喜好					
饮酒习惯：		吸烟习惯：		饮茶习惯：	
其他习惯：					
客户感兴趣的话题：					
客户对什么话题敏感：					
客户与公司的接触记录					
记录1	时间：			接待人：	
	洽谈项目：				
	洽谈结果：				
	活动安排	是否参观公司：			
		就餐安排：			
		住宿安排：			
		娱乐安排：			
		礼品：			
	其他：				

6.2.1 输入基本信息

制作客户资料表的第一步便是输入基本信息，在这些基本信息中，重复信息可以利用复制粘贴的方式来输入，具体操作步骤如下。

第1步 新建工作表输入信息。❶新建一份WPS表格文件，选择适当位置保存并命名，❷在工作表中输入基本的资料表内容，如下图所示。

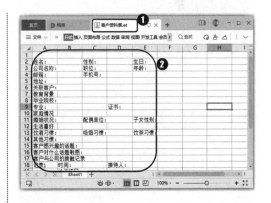

第2步 合并单元格。❶按住鼠标左键不放，拖动选择A18：A26单元格区域，❷单击【开始】选项卡下的【合并居中】按钮，如下图所示。

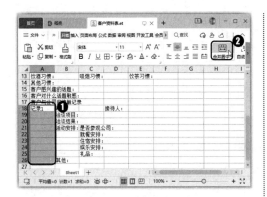

第3步 ▶ **复制单元格**。❶按住鼠标左键不放，拖动选择A17:D26单元格区域，❷单击【开始】选项卡下的【复制】按钮（或按【Ctrl+C】组合键），复制该区域的信息，如下图所示。

温馨提示 ▶

客户与公司的记录单元格区域这一部分，因为是完全相同的，所以也可以等到最后再进行复制、修改，避免合并单元格时重复操作。

第4步 ▶ **粘贴信息**。❶选择A27单元格，表示要将复制的信息粘贴到这里，❷单击【开始】选项卡下的【粘贴】按钮（或按【Ctrl+V】组合键），粘贴信息，如下图所示。

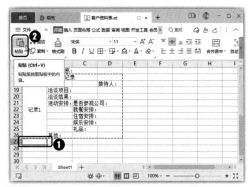

第5步 ▶ **完成信息粘贴**。按照相同的方法，❶选择A38单元格，再粘贴一次复制的内容，❷修改"记录1"为"记录2"和"记录3"，如下图所示。

6.2.2 调整资料表格式

为了使客户资料表中的信息能清晰显示，需要调整单元格的行高和列宽，并且合并部分单元格，最后套用表格样式，具体操作步骤如下。

第1步 ▶ **设置第一行单元格格式**。❶合并A1:F1单元格区域，并输入如下图所示的文字，❷将鼠标指针移动到第一行单元格行标签的下方，往下拖动鼠标增加单元格的行高。

第2步 ► **设置第一行文字格式**。增加第一行的行高后，❶选择A1单元格，❷在【开始】选项卡中设置文字的字号为【20】，❸单击【加粗】按钮，如下图所示。

第3步 ► **调整列宽**。❶按住【Shift】键的同时，单击A列列标和F列列标完成A：F列单元格区域的选中，❷将鼠标指针移动到F列的列标签的右侧，并双击，让单元格的列宽自动适应其中的文字内容，如下图所示。

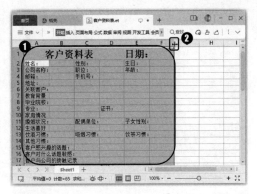

第4步 ► **手动调整列宽**。自动适应文字内容后，发现有些列的宽度不够输入内容。❶选择B：F列单元格，❷将鼠标指针移动到任意选中列的列标右侧，向右拖动，即可调整这些列的列宽为一致，如下图所示。

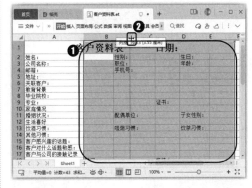

第5步 ► **打开【行高】对话框**。❶选中第2行到第46行的单元格，❷单击【开始】选项卡下的【行和列】按钮，❸在弹出的下拉菜单中选择【行高】命令，如下图所示。

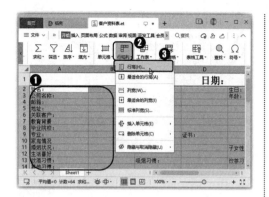

第6步 ▶ **设置行高。** 打开【行高】对话框，❶设置【行高】为【0.7】，❷在右侧的单位名称后单击下拉按钮，并在弹出的下拉列表中选择【厘米】选项，❸单击【确定】按钮，如下图所示，完成单元格的行高设置。

第7步 ▶ **设置单元格对齐方式。** 保持第2行到第46行单元格的选中状态，单击【开始】选项卡下的【左对齐】按钮≡，如下图所示。

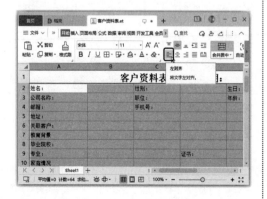

第8步 ▶ **插入行。** ❶选中第2行单元格，❷单击【开始】选项卡下的【行和列】按钮，❸在弹出的下拉菜单中选择【插入单元格】命令，❹在弹出的子菜单中选择【插入行】命令，如下图所示。

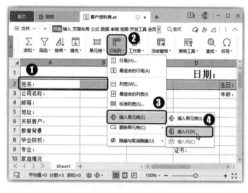

第9步 ▶ **在新插入的单元格中输入内容。** 此时会在选中行上方插入一行新的单元格，❶在最左边单元格内输入内容，❷选中A2：F2单元格区域，❸单击【开始】选项卡下的【合并居中】下拉按钮，❹在弹出的下拉菜单中选择【合并单元格】命令，如下图所示，合并之后单元格中的内容依然会保持左对齐方式。

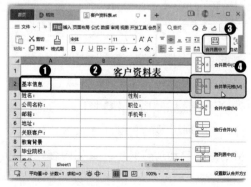

第10步▶ 按行合并单元格。❶选择B6：F6单元格区域，❷单击【合并居中】下拉按钮，❸在弹出的下拉菜单中选择【按行合并】命令，如下图所示。此时会根据不同行进行合并。

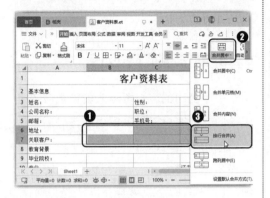

第11步▶ 分别合并多个区域的单元格。❶按住【Ctrl】键的同时，选择B10：C10和E10：F10单元格区域，❷单击【合并居中】下拉按钮，❸在弹出的下拉菜单中选择【合并单元格】命令，如下图所示。此时会分别合并不同区域的单元格。

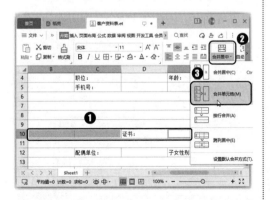

第12步▶ 按行合并单元格。❶按住【Ctrl】键的同时，选择其他需要合并的单元格区

域，❷单击【合并居中】下拉按钮，❸在弹出的下拉菜单中选择【按行合并】命令，如下图所示。

温馨提示●

　　WPS表格中提供了多种单元格合并方式，选择不同的方式可以实现不同的合并效果。多练习就可以掌握更多的技巧，从而提高制表效率。

第13步▶ 选择表格样式。❶选择A1：F47单元格区域，❷单击【开始】选项卡下的【表格样式】按钮，❸在弹出的下拉列表中选择需要套用的表格样式，如【表样式浅色15】，如下图所示。

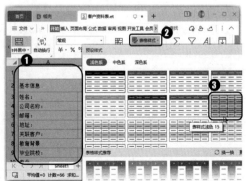

第14步 **设置表格样式套用的方式。** 打开【套用表格样式】对话框，❶选中【仅套用表格样式】单选按钮，❷根据当前表格的标题行数，在【标题行的行数】下拉列表框中设置行数值，这里表格标题只有1行，所以保持默认的设置即可，❸单击【确定】按钮，如下图所示。

第15步 **设置表格文字效果。** ❶按住【Ctrl】键的同时，选择A2、A8、A11、A13、A18、A28、A38单元格，❷在【开始】选项卡中设置字号为【12】，单击【加粗】按钮，❸单击【水平居中】按钮，❹拖动鼠标调整其中一个选中单元格的行高，即可统一调整所选单元格的行高，如下图所示。

6.2.3 制作选择下拉列表

一个公司的客户资料表的模板应该是统一的，将客户资料表模板制作好后发送给其他同事填写即可。为了便于填写，可以设置某些单元格的填写内容或填写范围，如"性别"单元格只允许填写"男"或"女"等。此时就需要用到WPS表格中的"数据有效性"或"下拉列表"功能来完成，具体操作步骤如下。

第1步 **打开【数据有效性】对话框。** ❶选中D3单元格，❷单击【数据】选项卡下的【有效性】下拉按钮，❸在弹出的下拉菜单中选择【有效性】命令，如下图所示。

第2步 **设置【数据有效性】对话框。** 打

开【数据有效性】对话框，❶在【设置】选
项卡下的【允许】下拉列表框中选择【序
列】选项，❷在【来源】参数框中输入"男,
女"，❸单击【确定】按钮，如下图所示。

第3步▶ **查看结果。**完成数据有效性设置
后，选择 D3 单元格，会出现一个下拉按
钮，单击该按钮，就会弹出可选择的下拉
列表，如下图所示。当填写这一栏客户信
息时，直接选择"男"或"女"即可。

第4步▶ **打开【插入下拉列表】对话框。**
❶选择 E10 单元格，❷单击【数据】选项

卡下的【下拉列表】按钮，如下图所示。

第5步▶ **设置"证书"下拉列表。**打开【插
入下拉列表】对话框，❶单击对话框上方
的按钮，添加下拉列表选项，❷在下方
列表框中新添加的列表选项中添加第一个
选项内容，❸使用相同的方法继续添加下
拉列表中的其他选项，❹完成该下拉列表
内容的制作后，单击【确定】按钮，如下
图所示。

第6步▶ **查看"证书"下拉列表。**完成设
置后，可以看到 E10 单元格右侧出现了一
个下拉按钮，单击该按钮，就会弹出可选
择的下拉列表，如下图所示。

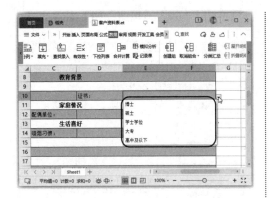

温馨提示●

通过设置【数据有效性】和【插入下拉列表】两种方法制作的下拉列表都可以用于快速输入单元格内容，只是【数据有效性】还有更强大的功能，即检验单元格内容是否符合设置的条件。

第7步► 设置**"婚姻状况"**列表。按照相同的方法，为B12单元格设置下拉列表，完成后的效果如下图所示。

第8步► 设置**"子女性别"**下拉列表。按照相同的方法，为F12单元格设置下拉列表，完成后的效果如下图所示。

6.2.4 保护客户资料表

公司的客户资料表是内部保密资料，不能随意外传。为了保护客户资料表，可以为工作簿设置密码加密，还可以设置允许编辑的区域。

1. 给工作簿加密

WPS表格允许用户对整个工作簿进行文档加密，但需要事先设置密码，具体操作步骤如下。

第1步► 打开【密码加密】对话框。❶单击【文件】按钮，❷在弹出的下拉菜单中选择【文档加密】命令，❸在弹出的子菜单中选择【密码加密】命令，如下图所示。

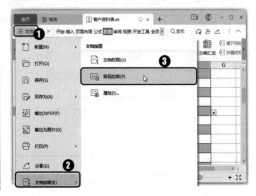

第2步▶ 设置密码。打开【密码加密】对话框，❶在【打开文件密码】文本框中输入密码"123"，❷在【再次输入密码】文本框中再次输入刚刚设置的密码，❸单击【应用】按钮，如下图所示。

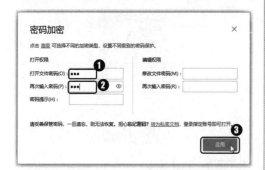

第3步▶ 查看加密结果。成功添加密码后，当关闭文档再次打开时，会弹出如下图所示的对话框，❶需要在文本框中输入正确的密码，❷单击【确定】按钮，才能打开该工作簿。

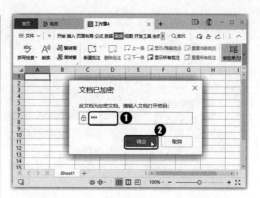

2. 设置允许编辑的区域

在客户资料表中，可以设置仅允许填表人在固定的区域内编辑信息，从而避免其他区域信息被编辑修改，具体操作步骤如下。

第1步▶ 解锁单元格。❶按住【Ctrl】键的同时，选择允许用户填写内容的所有单元格，❷单击【锁定单元格】按钮（默认情况下，表格中的所有单元格都会被锁定，单击该按钮可以在锁定/取消锁定单元格之间切换），如下图所示。

"保护工作表"功能可以通过密码对锁定的单元格进行保护，以防止工作表中的数据被更改。保护工作表实际上保护的是工作表中的单元格，针对该工作表的操作不受影响。

第2步 **打开【保护工作表】对话框。** 单击【审阅】选项卡下的【保护工作表】按钮，如下图所示。

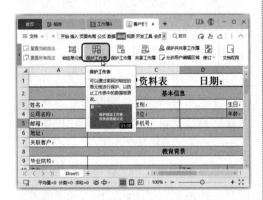

第3步 **设置保护权限选项。** 打开【保护工作表】对话框，❶ 在【允许此工作表的所有用户进行】列表框中提供了很多权限设置选项，这些权限选项决定了当前工作

表进入保护工作表状态后允许进行哪些操作，这里只选中【选定未锁定单元格】复选框，意味着其他操作都需要持有密码才能进行，❷ 在【密码】文本框中输入密码，❸ 单击【确定】按钮，如下图所示。

第4步 **确认密码。** 打开【确认密码】对话框，❶ 在文本框中再次输入刚刚设置的密码，❷ 单击【确定】按钮，如下图所示。

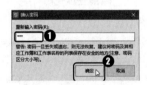

第5步 **查看加密结果。** 成功添加密码后，返回工作表中可以发现只有一开始解锁的单元格可以被选择和编辑，其他单元格都不能被选中，如下图所示。

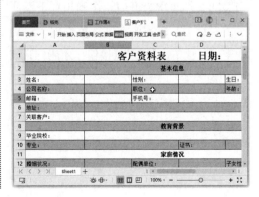

高手支招

通过前面知识点的学习，相信读者已经掌握了WPS表格中数据输入、数据引用、单元格格式调整的相关操作。下面结合本章内容，再给读者介绍一些工作中的实际经验与技巧，提高办公效率。

01 设置数据的输入范围

为了避免其他用户在表格中输入不规范的数据，可以设置数据的输入范围。当输入不符合要求的数据时，再给出提示信息。这些都可以通过设置数据有效性来实现，具体操作步骤如下。

第1步 打开【数据有效性】对话框。打开"素材文件\第 6 章\项目部人员任职审批表 .et"文件，❶选择需要设置数据有效性的D5单元格，❷单击【数据】选项卡下的【有效性】按钮，如下图所示。

第2步 设置有效性条件。打开【数据有效性】对话框，❶在【设置】选项卡下的【允许】下拉列表框中选择【整数】选项，❷在【数据】下拉列表框中选择【介于】选

项，❸在【最小值】和【最大值】参数框中分别输入该单元格允许输入的最小值和最大值，如下图所示。

第3步 设置警告信息。❶选择【出错警告】选项卡，❷在【样式】下拉列表框中选择提示信息的警告样式，这里选择【警告】选项，❸在【标题】和【错误信息】文本框中输入警告信息的标题和警告内容，❹单击【确定】按钮，如下图所示。

第4步 查看设置效果。完成数据范围设置后，如在该单元格中输入不符合要求的

内容会出现如下图所示的警告提示信息。

02 设置输入密码才能编辑的区域

在 WPS 表格中为表格内容设置允许编辑的区域，还可以通过下面的方法来加密，只有知道密码的成员才可以编辑该区域，具体操作步骤如下。

第1步 打开【允许用户编辑区域】对话框。继续上个案例，单击【审阅】选项卡下的【允许用户编辑区域】按钮，如下图所示。

第2步 新建区域。在打开的对话框中，单击【新建】按钮，如下图所示。

第3步 设置区域。打开【新区域】对话框，❶单击【引用单元格】参数框后的按钮，选择可编辑区域为整个表格有数据的区域，❷在【区域密码】文本框中输入密码"123"，❸单击【确定】按钮，如下图所示。

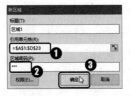

第4步 确认密码。打开【确认密码】对话框，❶再次输入密码"123"，❷单击【确定】按钮，如下图所示。

第5步 单击【保护工作表】按钮。返回【允许用户编辑区域】对话框，单击下方的【保护工作表】按钮，如下图所示。

第6步▶ 设置【保护工作表】对话框。 打开【保护工作表】对话框，❶保持默认设置，输入保护密码"234"，❷单击【确定】按钮，如下图所示。

第7步▶ 确认密码。 此时会打开【确认密码】对话框，❶再次输入密码"234"，❷单击【确定】按钮，如下图所示。

第8步▶ 查看区域密码设置效果。 回到工作表中，在限定区域内输入内容，就会弹出如下图所示的对话框，提醒输入密码后才可以编辑该区域。

03 快速将横排数据粘贴成竖排

在创建 WPS 表格时，有时需要将其他表格中的数据复制粘贴过来，以便提高信息输入效率。如果其他表格的数据是横向排列的，那么可以使用转置的粘贴功能进行粘贴，将数据的方向进行更改，具体操作步骤如下。

第1步▶ 复制数据。 打开"素材文件\第6 章\粘贴数据.et"文件，❶选择表格中的数据区域，❷单击【开始】选项卡下的【复制】按钮，或者按【Ctrl+C】组合键复制数据，如下图所示。

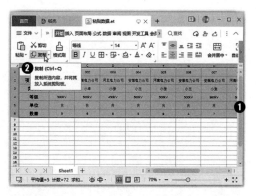

第2步▶ 单击【粘贴】下拉按钮。 ❶新建

一个空白的"Sheet 2"工作表，并选择A 1
单元格，表示要将数据粘贴到这里，❷ 单
击【开始】选项卡下的【粘贴】下拉按钮，
❸ 在弹出的下拉菜单中选择【转置】命令，
如下图所示。

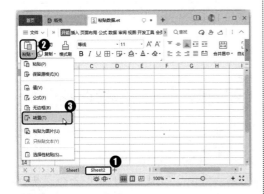

第3步 ▶ **查看粘贴结果。**如下图所示，此
时横排的数据就被粘贴成竖排了，提高了
数据输入效率。

温馨提示 ●

在【粘贴】下拉菜单中选择【选择性粘
贴】命令，可以在打开的对话框中选择更多
种类的选择性粘贴方式，如只粘贴复制的公
式、数值、格式、有效性验证等，还可以对
复制的值进行加、减、乘、除运算。

WPS

第7章

数据的计算：
公式与函数应用

本章导读

在WPS表格中的公式和函数功能十分强大。通过输入公式，可以轻松地对单元格进行加、减、乘、除计算，还可以计算出员工业绩、产品销量、资产折旧等项目数据。在WPS表格中还内置了财务、日期、统计、引用等多种类型的函数，学会函数计算，工作效率必定会大幅度提高。

知识要点

- 让假数字变成真数字
- 求和函数的使用方法
- 计算平均值
- 追踪引用和从属单元格
- 使用日期函数计算时间

- 使用逻辑函数返回值
- 单元格引用方法
- 隐藏公式保护工作表
- 审查公式找出错误

7.1 制作"产品月销售表"

产品月销售表是为了统计每个月不同产品的销量、销售金额等数据制作的表格。通过产品月销售表，可以轻松对比不同产品的销量、销售额，或者统计出产品的月销量平均值、月销售总额数据。制作产品月销售表，除了要输入基础的产品销售数据，如不同产品在不同日期下的销量、售价外，还需要进行求和、求平均值等统计。

本例将通过 WPS 表格的相关功能，介绍当我们获取到原始数据，准备进行数据分析前的一些准备工作，包括数据清洗、数据基本统计整理两大环节。产品月销售表制作完成后的效果如下图所示。实例最终效果见"结果文件\第 7 章\产品月销售表 .et"文件。

日期	A产品		B产品		C产品		日销售总额
	销量（件）	售价（元）	销量（件）	售价（元）	销量（件）	售价（元）	
9月16日	2	1021	26	2840	2	678	77238
9月17日	6	1021	21	2978	6	684	72768
9月18日	2	1021	5	2978	2	678	18288
9月19日	5	876.5	2	2840	4	678	12774.5
9月20日	4	1021	5	2978	2	678	20330
9月21日	2	1021	2	2978	5	678	11388
9月22日	5	1021	5	2840	2	555	20415
9月23日	1	1021	2	2978	5	678	10367
9月24日	2	999.7	5	2978	25	678	33839.4
9月25日	5	1021	2	2451	2	678	11363
9月26日	1	1021	5	2978	4	555	18131
9月27日	2	1021	2	2978	2	678	9354
9月28日	5	1021	10	2840	25	555	47380
9月29日	2	876.5	5	2451	26	678	31636
9月30日	5	1021	25	2978	24	678	95827
月平均值	3.93333333	992.656667	8.53333333	2862.56667	13.6	655.266667	37500.67667
月总额	118	29779.7	256	85877	408	19658	1125020.3
8-9月汇总	38616	29940.7	84768.6	86323	18458.2	1045120.9	1125020.3

7.1.1 设置表格查看方式

用于数据分析的常见表格都包含比较多的数据项，在查看这些表格内容时，总是容易看错、看漏，所以，必须掌握一定的技巧才能保证后续数据分析工作的有效开展。

1. 高亮显示当前单元格

WPS 表格中提供了阅读模式，此模式下会通过高亮显示的方式，将当前选中单元格的位置清晰明了地展现出来，防止看错数据所对应的行列。阅读模式的高亮颜色还支持自定义，具体操作步骤如下。

第1步▶ **设置高亮显示颜色**。打开"素材文件\第7章\产品月销售表.et"文件，进入"8月"工作表。❶单击【视图】选项卡下的【阅读模式】下拉按钮，❷在弹出的下拉列表中选择需要高亮显示的颜色，这里选择浅红色，如下图所示。

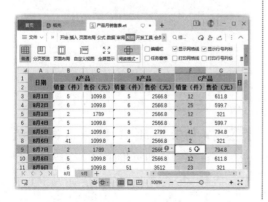

温馨提示 ▶

　　再次单击【阅读模式】按钮，可以退出阅读模式。

第2步▶ **查看效果**。即可切换到阅读模式显示表格数据，选择单元格后，所在的行和列将以设置的浅红色高亮显示，效果如下图所示。

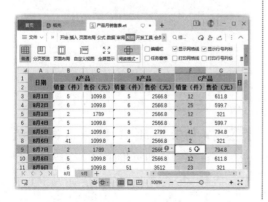

2. 冻结单元格

　　WPS表格中一列或一行可以输入的信息比较多，这会导致一个问题，即当表格内容太多时，查看数据不方便。一般表格的最上方数据和最左侧的数据都是用于说明表格数据的一种属性，也称为"表头"。当数据量比较大时，屏幕向下滚动就看不到上方的表头，或者屏幕向右就看不到左侧的表头了。

　　为了方便用户查看表头内容，WPS表格中提供了"冻结窗格"功能来冻结需要固定的区域，方便用户在不移动固定区域的情况下，随时查看工作表中距离固定区域较远的数据，具体操作步骤如下。

第1步▶ **冻结拆分单元格**。❶选择"8月"工作表，发现工作表的行标题不只在首行，❷选择标题行和列外的第一个单元格，即B3单元格，❸单击【视图】选项卡下的【冻结窗格】按钮，❹在弹出的下拉列表中选择【冻结至第2行A列】选项，如下图所示。

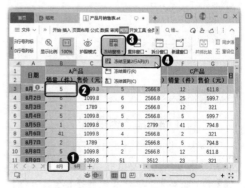

第2步 查看冻结效果。此时，所选单元格上方的多行和左侧的列被冻结起来，这时随意滑动鼠标滚轮即可查看表中的数据，被冻结的区域始终显示在界面上，如下图所示。

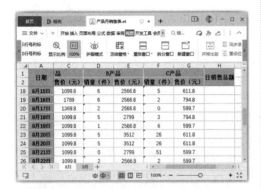

第3步 冻结"9月"工作表的单元格。❶选择"9月"工作表，❷按照相同的方法冻结前两行和第A列单元格，效果如下图所示。

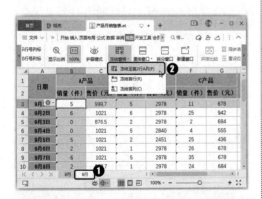

教您一招

冻结首行和首列

如果工作表中需要保持不动的单元格位于首行或首列，可以直接选择任意单元格，在【冻结窗格】下拉列表中选择【冻结首行】或【冻结首列】选项。

7.1.2 检查表格数据

为了确保数据分析的结果准确性，需要对原始数据进行检查，筛选出错误的、重复的数据。

1. 让假数字变成真数字

当导入外部数据时，经常会产生一些不能计算的"假数字"，导致统计出错。所以，在进行数据分析前，通常需要对数据的格式进行检查，尤其要注意让文本类的数据转换为数字数据，因为这类"假数字"是不能参与运算的，会导致计算结果错误。WPS表格可以一键将文本类的数字转换为真正的数字，具体操作步骤如下。

第1步 执行转换命令。❶选择"8月"工作表中要调整数据格式的单元格区域，❷单击【开始】选项卡下的【表格工具】按钮，❸在弹出的下拉菜单中选择【文本型数字转为数字】命令，如下图所示。

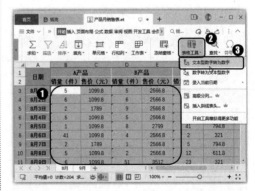

第2步 转换"9月"工作表中的数据。经过上步操作后，即可将假数字变成可以计算的真数字。使用相同的方法对"9月"工作表中相关单元格区域进行格式转换，如下图所示。

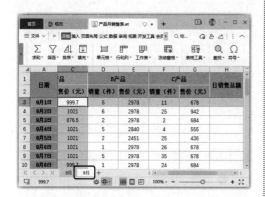

WPS表格会自动对单元格中的数据进行格式检测，当发现异常时，就会在单元格的左上方显示一个绿色小三角形标记▀，此时选择该单元格，将在左侧显示 ❶· 按钮，单击该按钮可以看到系统的错误提示信息。

2. 圈释表格中无效的数据

在编辑工作表时，还可以通过WPS表格中的圈释无效数据功能，快速找出错误或不符合条件的数据。

例如，假定本例中的商品销量最大值不会超过80，先设置数据有效性，然后通过圈释无效数据来圈出不符合条件的数据，具体操作步骤如下。

第1步 ▶ **打开【数据有效性】对话框**。❶选择"8月"工作表中要检查无效数据的所有销量单元格区域，这里选择B3：B36、D3：D36、F3：F36单元格区域，❷单击【数据】选项卡下的【有效性】按钮，如下图所示。

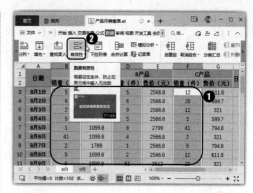

第2步 ▶ **设置有效性条件**。打开【数据有效性】对话框，❶在【允许】下拉列表框中选择允许输入的数据类型，这里选择【整数】选项，❷在【数据】下拉列表框中选择数据条件，如选择【介于】选项，❸在【最小值】和【最大值】文本框中分别输入参数值"0"和"80"，❹单击【确定】按钮，如下图所示。

第3步 ▶ **圈释无效数据**。返回工作表，❶单击【数据】选项卡下的【有效性】下拉按钮，❷在弹出的下拉列表中选择【圈释无效数据】选项，如下图所示。

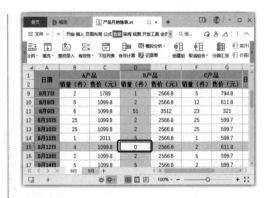

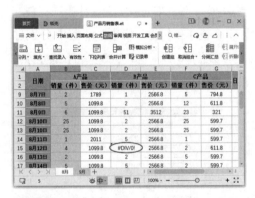

第4步► **查看检测结果。** 操作完成后即可对设置了数据有效性的单元格区域进行检测，并将无效数据标示出来，如下图所示。

第5步► **修改错误数据。** 这里检测到的第一处无效数据是一个错误值，通过查看具体数据后，发现是输入错误，可以用"0"来代替，便选择错误的单元格，重新输入"0"，如下图所示。

第6步► **圈释"9月"工作表中的无效数据。** ❶选择"9月"工作表，使用相同的方法对B3：B33、D3：D33、F3：F33单元格区域进行数据有效性设置，❷单击【数据】选项卡下的【有效性】下拉按钮，❸在弹出的下拉列表中选择【圈释无效数据】选项，如下图所示。此时，会对超过设置数据有效性范围的"100"进行标示。

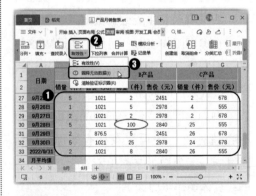

第7步► **修改错误数据。** 通过查看具体数据后，发现是输入错误，需要用"10"来代替，便选择错误的单元格，重新输入"10"，如下图所示。

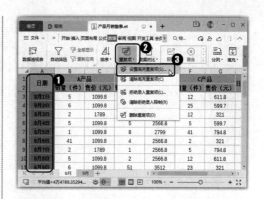

3. 高亮显示区域中的重复项

在统计数据的过程中，同一份数据可能由于获取渠道的不同而进行了多次统计，在输入数据时，也可能因为操作失误重复输入了数据等造成数据表中的数据存在重复现象。

所以，需要检查重复项。当数据量多、查找的内容比较复杂时，就是一项复杂的工作。WPS 表格中提供了高亮显示重复数据的功能，可以一键为区域中的重复内容填充单元格颜色，具体操作步骤如下。

第1步▶ **设置高亮显示重复项。**❶在 "8月" 工作表中找到应该是唯一值的列，这里选择 A 列，❷单击【数据】选项卡下的【重复项】按钮，❸在弹出的下拉菜单中选择【设置高亮重复项】命令，如下图所示。

第2步▶ **确认检测区域。**打开【高亮显示重复值】对话框，❶确认需要检查重复项的数据区域，❷单击【确定】按钮，如下图所示。

> **温馨提示▶**
>
> 如果要准确无误地找出重复的身份证号、银行卡号等长数字，需要选中【高亮显示重复值】对话框中的【精确匹配 15 位以上的长数字】复选框。

第3步▶ **查看检测结果。**即可对这列中的重复数据填充橙色，如下图所示。高亮显示后，就方便人工进一步检测具体的数据，以便确定是不是重复项数据。

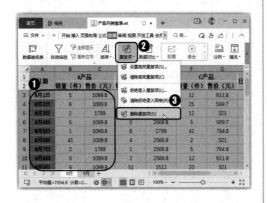

4.删除区域中的重复数据

在进行数据分析前，删除重复项数据是一项必做操作，否则就会影响后续的分析结果。如果数据项比较规范、简单，就可以让系统自动进行判断并删除工作表中的重复数据，具体操作步骤如下。

第1步 执行【删除重复项】命令。❶选择第3~36行单元格，❷单击【数据】选项卡下的【重复项】按钮，❸在弹出的下拉菜单中选择【删除重复项】命令，如下图所示。

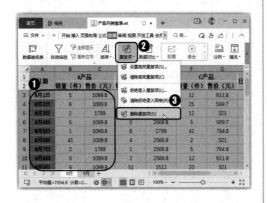

温馨提示

这里因为表格中存在合并单元格的现象，而【删除重复项】操作不支持合并单元格检测。所以需要在执行命令前，选择排除合并单元格外的单元格区域。

第2步 设置包含重复项检测的列。打开【删除重复项】对话框，❶在【列】列表框中选择需要进行重复项检查的列，❷单击【删除重复项】按钮，如下图所示。

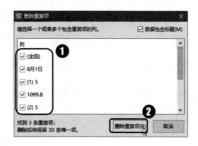

第3步 确认删除重复项。WPS表格将对选中的列进行重复项检查，检查完成后会弹出提示对话框告知检查结果，单击【确定】按钮即可删除重复项，如下图所示。

第4步 删除空白行。这里执行删除重复项后只是删除了相关数据，在所选单元格区域最后留下了空白的行单元格，❶选择多余的三行空白单元格，并在其上右击，❷在弹出的快捷菜单中选择【删除】命令，如下图所示。

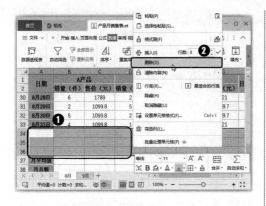

5. 处理其他错误数据

数据表中可能还存在一些不符合逻辑的数据。除了通过一些技术手段来检查，最终可能还是需要逐一核对数据，在这个过程中也可以灵活使用后面要介绍的公式、条件格式等方法来实现快速判断，这里就不展开介绍了。

例如，检查到"9 月"工作表中存在一处逻辑错误，9 月并不存在 31 日，所以这项数据肯定是错误的。❶选择第 33 行单元格，并在其上右击，❷在弹出的快捷菜单中选择【删除】命令即可，如下图所示。

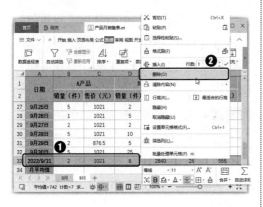

7.1.3 使用公式函数统计表格数据

利用 WPS 表格进行求和、求平均计算是最常用到的计算公式。一般的表格数据都会在具体分析前先做简单的统计，以便从统计结果中发现某些浅显的数据规律。

1. 计算月总额

WPS 表格中提供了自动求和功能，只需要执行求和命令后，即可自动选中数据进行求和计算。当需要求和的单元格位置是连续的时，可以使用自动求和计算。例如，要计算月销售总额，具体操作步骤如下。

第1步 **显示出编辑栏**。在进行公式编辑时，最好显示出编辑栏，方便查看具体的公式内容。在【视图】选项卡中选中【编辑栏】复选框即可显示出编辑栏，如下图所示。

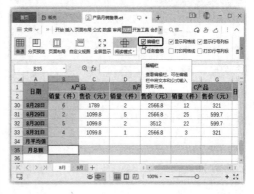

第2步 **单击【自动求和】按钮**。❶选择"8 月"工作表中的 B35 单元格，❷单击【公式】选项卡下的【自动求和】按钮，如下图所示。

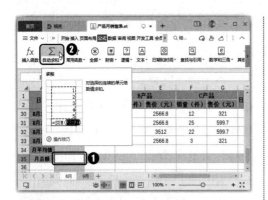

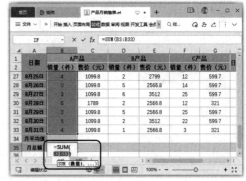

第3步▶ 查看数据框选区域。 执行自动求和命令后，会选中该单元格上方的单元格区域，表示要计算这些单元格区域中的数据之和，效果如下图所示。

第5步▶ 查看计算结果。 按下【Enter】键即可完成求和计算，计算结果如下图所示。

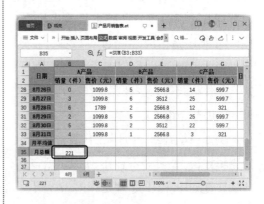

2. 计算日销售总额

当需要进行求和计算的单元格是分散的，或者要对单元格中的数据进行复杂的运算再求和计算时，可以输入公式。例如，要输入公式计算日销售总额，具体操作步骤如下。

第4步▶ 修改单元格区域。 在本例中，B34单元格是计算月平均值的单元格，不应该被求和计算。因此，按住鼠标左键不放，拖动选择B3：B33单元格区域，或者修改公式中的"B34"为"B33"，如下图所示。

第1步▶ 输入公式。 将输入法切换到英文输入状态下，❶选择H3单元格，❷在编辑栏中输入公式"=B3*C3+D3*E3+F3*G3"，如下图所示。符号"*"代表相乘，符号"+"代表相加。

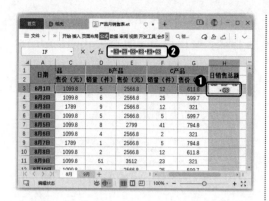

第2步▶ 完成计算。输入公式后，按【Enter】键即可完成求和计算，结果如下图所示。

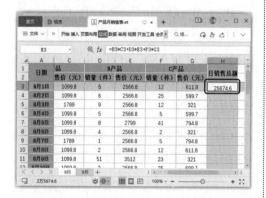

温馨提示●

在输入公式时，只需要保证是在英文输入法状态下即可，英文大写、小写结果相同。

3. 复制公式

在产品销售表中，往往不只有一个单元格数据需要进行求和计算。此时不用每个单元格都输入公式，只需要完成一行或一列中的某个单元格求和计算，再运用公式复制功能，就能快速完成单元格数据的同种求和计算，具体操作步骤如下。

第1步▶ 显示出填充控制柄。选择H3单元格，将鼠标指针移动到该单元格右下方，此时鼠标指针会变成黑色十字形状，也称为"填充控制柄"，如下图所示。

第2步●复制公式。按住鼠标左键不放，往下拖动选中需要复制公式的单元格区域，如下图所示。

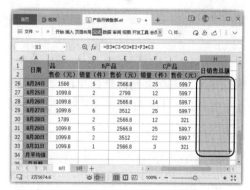

第3步●查看计算结果。释放鼠标左键后，所选中的单元格即可成功复制求和计算公式，并计算出对应的结果，如下图所示。

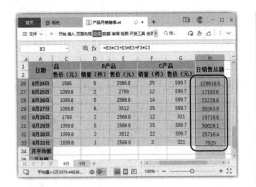

第4步▶ 继续复制公式。 按照相同的方法，向右拖动填充控制柄，将B35单元格中的公式复制到C35：H35单元格区域，计算出其他产品的月总额，如下图所示。

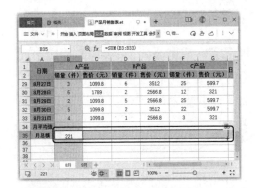

第5步▶ 复制单元格。 ❶选择H3单元格，❷单击【开始】选项卡下的【复制】按钮，如下图所示。

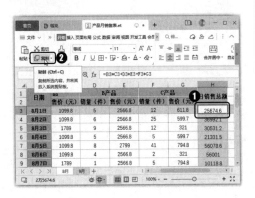

第6步▶ 选择只粘贴公式。 ❶选择"9月"工作表，❷选择需要复制公式的H3单元格，❸单击【开始】选项卡下的【粘贴】下拉按钮，❹在弹出的下拉菜单中选择【公式】命令，如下图所示。

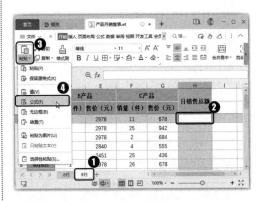

第7步▶ 复制公式。 经过上一步操作后，即可将公式复制到选择的单元格中，并计算出结果。使用前面介绍的方法，拖动填充控制柄，复制H3单元格中的公式到H4：H32单元格区域，如下图所示。

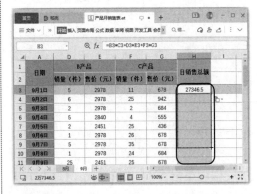

第8步▶ 输入并复制公式。 ❶在B34单元格中输入公式"=SUM(B3：B32)"，❷拖动填充控制柄，复制公式到C34：H34单元格区域，如下图所示。

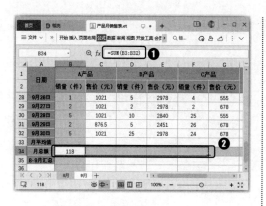

4. 计算 8~9 月汇总

当需要求和的单元格位于不同的工作表时，对于 WPS 表格初学者来说，很难准确输入公式，此时可以通过【函数参数】对话框的方式，参照提示进行求和计算，具体操作步骤如下。

第1步▶ 打开【插入函数】对话框。❶选择 "9 月" 工作表中的 B35 单元格，❷单击【公式】选项卡下的【插入函数】按钮，如下图所示。

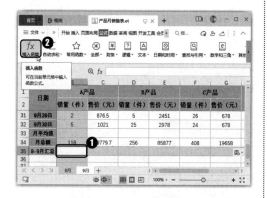

温馨提示●

单击编辑栏中的【插入函数】图标 *fx*，也可以打开【插入函数】对话框。

第2步▶ 选择函数。打开【插入函数】对话框，❶选择【常用函数】类别，❷选择【SUM】函数，❸单击【确定】按钮，如下图所示。

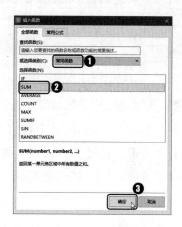

第3步▶ 设置第一个函数参数。打开【函数参数】对话框，❶【数值 1】表示求和计算的第一项数据，将文本插入点定位到其中，❷单击其后的 █ 按钮，如下图所示。

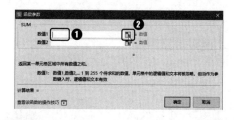

第4步▶ 设置第一个函数参数。返回工作表，❶切换到 "8 月" 工作表，❷选择 C 35 单元格，❸单击折叠对话框中的 █ 按钮，如下图所示。

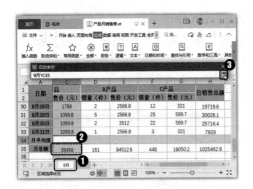

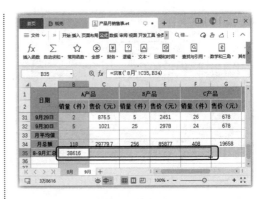

第5步 ▶ **设置第二个函数参数。** 返回【函数参数】对话框，可以看到【数值1】参数框中出现了所选择的单元格。❶按照同样的方法，将文本插入点定位到【数值2】参数框中，选择"9月"工作表中的B34单元格，❷单击【确定】按钮，如下图所示。

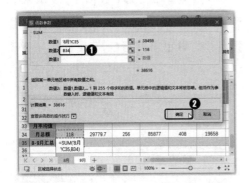

第6步 ▶ **复制公式。** 此时可以看到B35单元格中计算出了不同工作表中A产品在8月和9月的销量数据之和。拖动填充控制柄将B35单元格中的公式复制到C35：H35单元格区域，如下图所示，后面的单元格也会自动完成跨表格求和计算。

5. 计算产品销售平均值

为了直观地对比产品销售情况，最好在销售统计表中计算出销售平均值。此时就需要用到"AVERAGE"函数。与自动求和一样，可以利用自动求平均值功能，计算出单元格数据的平均值大小，具体操作步骤如下。

第1步 ▶ **选择平均值计算方式。** ❶选择"9月"工作表中的B33单元格，❷单击【公式】选项卡下的【自动求和】下拉按钮，❸在弹出的下拉列表中选择【平均值】选项，如下图所示。

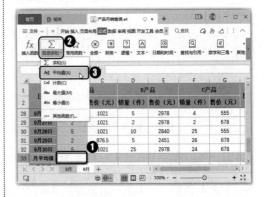

第2步 **确定计算区域**。自动求值，会自动选中需要计算的单元格上面或左边的所有有数字的单元格，因此这里会自动选中B33单元格上面的单元格，如下图所示。

第3步 **复制公式**。确定计算区域后，按【Enter】键完成平均值计算。拖动填充控制柄将B33单元格中的公式复制到C33：H33单元格区域，完成所有的平均值计算，如下图所示。

6. 输入公式计算平均值

熟悉函数的结构后，可以直接输入函数进行计算。在WPS表格中使用函数时，会根据前后参数的相关性，动态地提示参数的输入范围/含义，帮助用户更快地输入正确的参数、减少公式出错的概率。下面通过输入公式计算9月的月平均值，具体操作步骤如下。

第1步 **输入公式**。❶选择"8月"工作表中的B34单元格，❷将输入法切换到英文状态，在编辑栏中输入公式"=AVERAGE(B3：B33)"，如下图所示。

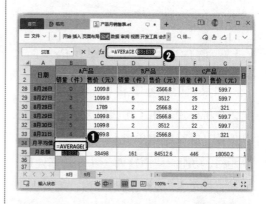

教您一招

显示公式，检查公式是否有误

在WPS表格中利用公式完成数据计算后。当计算的项目较多时，容易出现错误，错误的原因可能是单元格区域输入错误或公式输入错误。此时可以显示公式，检查公式的正确性。其方法是，单击【公式】选项卡下的【显示公式】按钮。这样表格中所有进行公式计算的单元格便能显示公式，方便检查了。

第2步 **复制公式**。公式输入完成后，按【Enter】键即可计算出结果。通过拖动填充控制柄将B34单元格中的公式复制到

C34：H34单元格区域，完成所有的月平均值计算，如下图所示。

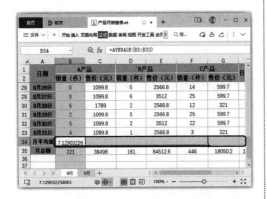

7.1.4 追踪引用和从属单元格

如果想要观察表格中的公式使用情况，分析公式使用了哪些单元格数据，可以使用"追踪引用单元格"和"追踪从属单元格"功能。使用这两个功能的好处是，如果直接单击有公式的单元格，就会进入公式输入状态，出现不小心修改公式，导致公式错误的情况，可以对这些情况进行检查。

1. 追踪引用单元格

追踪引用单元格可以查看单元格中和公式引用了哪些单元格的数据，包括跨表格数据计算，具体操作步骤如下。

第1步 **单击【追踪引用单元格】按钮**。❶选择"8月"工作表中的H33单元格，❷单击【公式】选项卡下的【追踪引用单元格】按钮，如下图所示。

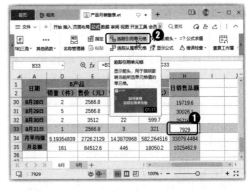

第2步 **查看引用情况**。此时会有一条带箭头的蓝色线，指示该公式引用了哪些单元格的数据，如下图所示。

2. 跨表格追踪引用

如果公式引用的数据来源于其他表格，就需要进行数据定位才能查看不同的表格中有哪些数据被公式引用，具体操作步骤如下。

第1步 **单击【追踪引用单元格】按钮**。❶选择"9月"工作表中的B35单元格，❷单击【公式】选项卡下的【追踪引用单元格】按钮，如下图所示。

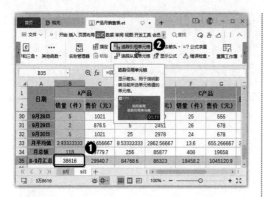

第2步 双击黑线。该单元格引用了其他表格中的数据，此时会出现一条黑线，双击这条黑线，如下图所示。

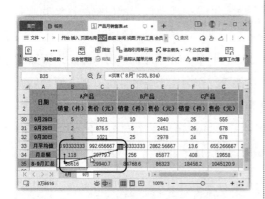

第3步 设置【定位】对话框。打开【定位】对话框，❶选中要引用的表格，❷单击【确定】按钮，如下图所示。

第4步 查看引用的跨表格单元格。此时就会定位到其他表格中被引用的数据单元

格上，如下图所示。

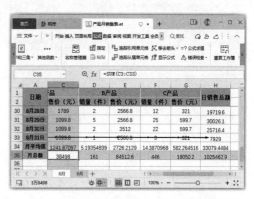

3. 追踪从属单元格

追踪从属单元格可以查看单元格中的数据被哪些公式引用，具体操作步骤如下。

第1步 单击【追踪从属单元格】按钮。❶选择"8 月"工作表的 B 29 单元格，❷单击【公式】选项卡下的【追踪从属单元格】按钮，如下图所示。

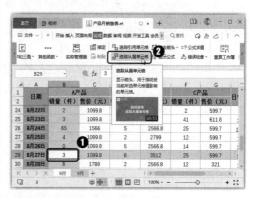

第2步 查看从属结果。此时可以看到该单元格中的数据从属于哪些单元格中的公式，如下图所示。查看从属单元格，同样可以跨表格查看，方法类似，这里就不再举例说明了。

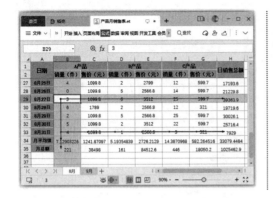

7.2 制作并打印"员工工资条"

在实际工作中，为了准确记录员工的薪资情况，企业会按单位、部门编制核算员工工资，并制作员工薪资表。在薪资表中，会根据考勤、业绩、工龄等项目列出"应发工资""代扣款项""实发工资"三大部分。薪资表制作完成后，通常一式三份，一份由劳动工资部门查存，一份裁剪成工资条发给员工，一份由单位保管，作为发工资的凭证，也方便日后核算。在用Excel表格制作薪资表时，要灵活利用各类函数，快速计算员工工龄、奖金等项目。

本例将通过Excel提供的函数功能，制作员工薪资表和员工工资条。制作完成后的效果如下图所示。实例最终效果见"结果文件\第7章\员工薪资表.et"文件。

2021年6月工资明细											
工号	姓名	岗位	绩效评分	工龄	社保扣费	公积金扣费	基本工资	绩效奖金	工龄工资	岗位津贴	实发工资
XS1021	刘通	总经理	50	0	280	400	3500	0	0	2500	5320
2021年6月工资明细											
工号	姓名	岗位	绩效评分	工龄	社保扣费	公积金扣费	基本工资	绩效奖金	工龄工资	岗位津贴	实发工资
XS1022	张飞	助理	68	0	360	800	3500	680	0	1000	4020
2021年6月工资明细											
工号	姓名	岗位	绩效评分	工龄	社保扣费	公积金扣费	基本工资	绩效奖金	工龄工资	岗位津贴	实发工资
XS1023	王宏	秘书	84	3	280	400	3500	1000	600	1000	5420
2021年6月工资明细											
工号	姓名	岗位	绩效评分	工龄	社保扣费	公积金扣费	基本工资	绩效奖金	工龄工资	岗位津贴	实发工资
XS1024	李湘	主任	85	6	280	800	3500	1000	1200	1500	6120
2021年6月工资明细											
工号	姓名	岗位	绩效评分	工龄	社保扣费	公积金扣费	基本工资	绩效奖金	工龄工资	岗位津贴	实发工资
XS1025	赵强	部长	95	2	280	400	3500	1000	400	1500	5520
2021年6月工资明细											
工号	姓名	岗位	绩效评分	工龄	社保扣费	公积金扣费	基本工资	绩效奖金	工龄工资	岗位津贴	实发工资
XS1026	秦薇	组员	68	5	280	400	3500	680	1000	500	5000
2021年6月工资明细											
工号	姓名	岗位	绩效评分	工龄	社保扣费	公积金扣费	基本工资	绩效奖金	工龄工资	岗位津贴	实发工资
XS1027	赵璐	组员	85	0	280	800	3500	1000	0	500	3920
2021年6月工资明细											
工号	姓名	岗位	绩效评分	工龄	社保扣费	公积金扣费	基本工资	绩效奖金	工龄工资	岗位津贴	实发工资
XS1028	王帆	组员	74	3	280	600	3500	740	600	500	4460
2021年6月工资明细											
工号	姓名	岗位	绩效评分	工龄	社保扣费	公积金扣费	基本工资	绩效奖金	工龄工资	岗位津贴	实发工资
XS1029	赵奇	组员	85	2	280	500	3500	1000	400	500	4620
2021年6月工资明细											
工号	姓名	岗位	绩效评分	工龄	社保扣费	公积金扣费	基本工资	绩效奖金	工龄工资	岗位津贴	实发工资
XS1030	张慧	组员	40	3	360	400	3500	0	600	500	3840
2021年6月工资明细											
工号	姓名	岗位	绩效评分	工龄	社保扣费	公积金扣费	基本工资	绩效奖金	工龄工资	岗位津贴	实发工资
XS1031	李达海	组员	65	4	360	400	3500	650	800	500	4690

7.2.1 计算员工工龄及工龄工资

根据员工入职时间的不同，员工的工龄也不同。很多企业设置有工龄工资，因此在制作员工薪资表时，应当将员工的工龄工资计算进去。

1. 计算工龄

计算员工工龄可以使用DATEDIF函数，作用是返回两个日期之间的年/月/日间隔数。其语法是DATEDIF(start_date, end_date,unit)，其中start_date为一个日期，它代表时间段内的第一个日期或起始日期（起始日期必须在1900年之后）；end_date为一个日期，它代表时间段内的最后一个日期或结束日期；而unit为所需信息的返回类型，当unit的值为"Y"时表示计算年数，当unit的值为"M"时表示计算月数，当unit的值为"D"时，表示计算天数，具体操作步骤如下。

第1步 ▶ **输入工龄计算公式**。打开"素材文件\第7章\员工薪资表.et"文件，在F3单元格中输入公式"=DATEDIF(E3, TODAY(),"Y")"。公式输入完成后，按【Enter】键即可完成该单元格对应的员工工龄计算，如下图所示。

> **温馨提示** ▶
>
> TODAY函数返回当前日期的序列号（不包括具体的时间值），其语法结构为TODAY()。该函数不需要设置参数。

第2步 ▶ **复制公式**。❶完成第一个工龄计算后，选择F3单元格，通过拖动填充控制柄的方式往下复制公式，便能完成员工薪资表的所有员工工龄计算，❷单击出现的【自动填充选项】按钮，❸在弹出的下拉列表中选择【不带格式填充】单选按钮，如下图所示。

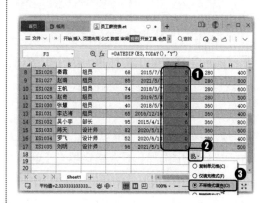

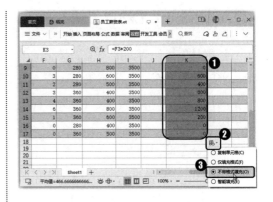

在使用与日期相关的公式时，需要注意的是，区分DATEDIF函数和DATE函数的不同。DATE函数的作用是返回代表特定日期的序列号。

2. 计算工龄工资

计算员工的工龄工资，只需要用工龄年限乘以每年的工龄工资即可，具体操作步骤如下。

第1步 ▶ **计算工龄工资**。在K3单元格中输入公式"=F3*200"，计算工龄工资，如下图所示。该公式表示，用F3单元格的工龄年限乘以每年应得的工资200元。

第2步 ▶ **完成工龄工资计算**。❶计算完第一个工龄工资后，往下复制公式，完成员工薪资表的所有工龄工资计算，❷单击出现的【自动填充选项】按钮 ，❸在弹出的下拉列表中选择【不带格式填充】单选按钮，如下图所示。

7.2.2 计算员工绩效奖金

计算员工绩效奖金，需要用到IF函数。该函数根据指定的条件来判断其"真"（TRUE）、"假"（FALSE），根据逻辑计算的真假值，从而返回相应的内容。其语法结构为IF(logical_test,value_if_true,value_if_false)，其中logical_test表示计算结果为TRUE或FALSE的任意值或表达式。

本例在计算员工绩效时，计算标准是：绩效评分小于60分，绩效奖金为0；评分在60分到80分，绩效奖金为绩效乘以10；评分大于80分，绩效奖金为1000元，具体操作步骤如下。

第1步 ▶ **输入公式计算绩效奖金**。在J3单元格中输入公式"=IF(D3<60,0,IF(D3<80,D3*10,1000))"。该公式表示，如果D3单元格中的绩效评分值小于60，那么返回"0"；如果绩效评分在60分到80分，返回D3单元格的数据乘以10的结果；除以上两种情况外，均返回"1000"的数值。

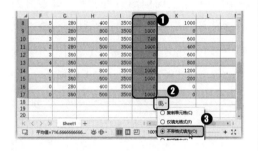

第2步 **完成绩效奖金计算。**❶完成第一个绩效奖金计算后，复制公式，计算完所有绩效奖金值，❷单击出现的【自动填充选项】按钮，❸在弹出的下拉列表中选中【不带格式填充】单选按钮，如下图所示。

7.2.3 计算员工岗位津贴

在企业中，不同岗位的员工有不同的补助标准。如果直接在薪资表中，根据员工的岗位来输入岗位标准，容易输入错误。并且，在员工数量较多的情况下，又比较费时。此时可以使用VLOOKUP函数来快速填写不同岗位的津贴补助。

VLOOKUP函数是WPS表格中的一个纵向查找函数，其功能是按列查找，最终返回该列所需查询列序所对应的值。该函

数参数较多，为了避免出错，可以打开函数参数对话框来设置参数，具体操作步骤如下。

第1步 **新建工作表。**单击WPS表格工作簿下面的【新建工作表】按钮+，如下图所示。

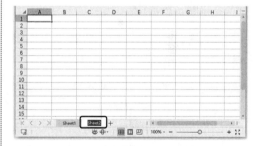

第2步 **重命名工作表。**此时便成功新建一张工作表，双击新建工作表的标签，进入可编辑状态，如下图所示。

教您一招

删除工作表

如果要删除工作表，可以在工作表标签上右击，在弹出的快捷菜单中选择【删除工作表】命令，即可成功删除这张工作表。

第3步 **复制岗位名称。**❶输入"岗位津贴标准"，即可重命名工作表名称，❷回到"Sheet1"工作表中，❸选择C3：C17单元格

区域，即选择所有的岗位名称，❹单击【开始】选项卡下的【复制】按钮，如下图所示。

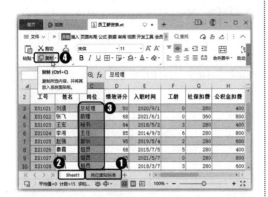

第4步 ▶ **执行【删除重复项】命令。**❶切换到"岗位津贴标准"工作表中，选择A2单元格，按【Ctrl+V】组合键粘贴复制数据，❷在A1和B1单元格中输入表头内容，❸由于复制过来的岗位中有重复名称，这里需要删除，单击【数据】选项卡下的【重复项】按钮，❹在弹出的下拉菜单中选择【删除重复项】命令，如下图所示。

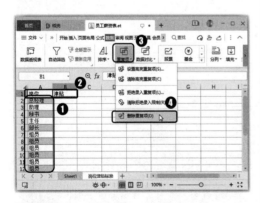

第5步 ▶ **设置【删除重复项】对话框。**打开【删除重复项】对话框，❶选中【岗位】复选框，❷单击【删除重复项】按钮，如下图所示。

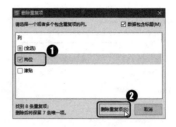

第6步 ▶ **确定删除项。**此时会弹出对话框，单击【确定】按钮，确定删除重复项，如下图所示。

第7步 ▶ **输入岗位对应的津贴。**❶在B列中输入不同岗位对应的津贴数据，❷选择A1：B1单元格区域，❸在【开始】选项卡中设置合适的字体格式，如下图所示。

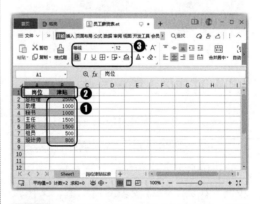

第8步 ▶ **打开【插入函数】对话框。**❶返回"Sheet 1"表，❷选择L3单元格，❸单击编辑栏中的【插入函数】按钮，如下图所示。

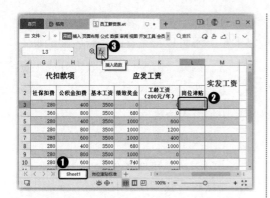

第9步 ▶ 选择函数。打开【插入函数】对话框，❶选择【查找与引用】类别，❷选择【VLOOKUP】函数，❸单击【确定】按钮，如下图所示。

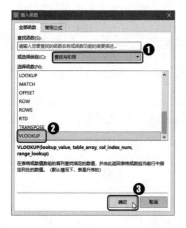

第10步 ▶ 设置函数参数。打开【函数参数】对话框，❶进行如下图所示的设置，❷单击【确定】按钮。该函数参数设置表示，寻找"Sheet1"表中C3单元格的数据在"岗位津贴标准"工作表中的位置，并根据这个位置返回第2列的数据。

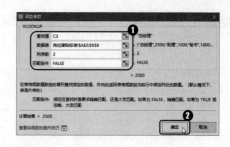

第11步 ▶ 完成津贴输入。设置完L3单元格的函数参数后，就会在该单元格中自动填充上该行岗位对应的津贴，❶使用拖动填充控制柄的方式完成其他津贴数据的输入，❷单击出现的【自动填充选项】按钮，❸在弹出的下拉列表中选中【不带格式填充】单选按钮，如下图所示。

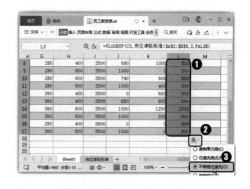

7.2.4　计算实发工资

完成薪资表中代扣款项和应发工资的计算输入后，便可计算实发工资。其原理是将所有的应发工资相加，再减去所有的代扣款项，具体操作步骤如下。

第1步 ▶ 输入公式。在M3单元格中输入公式"=I3+J3+K3+L3-G3-H3"，按【Enter】键即可完成该单元格的实发工资计算，如下图所示。

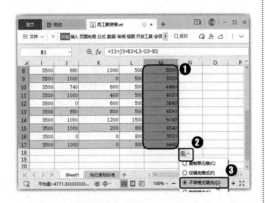

第2步 ► **复制公式**。完成第一项实发工资计算后，❶使用拖动填充控制柄的方式完成所有员工的实发工资计算，❷单击出现的【自动填充选项】按钮 🗐▼，❸在弹出的下拉列表中选中【不带格式填充】单选按钮，如下图所示。

> **温馨提示** ►
>
> 在复制公式时，选中单元格复制公式到其他单元格时会因为公式中的相对单元格引用而自动改变公式的行数、列数。此时可双击单元格，选中公式进行复制。

7.2.5 制作工资条

在上面的步骤中已经完成了员工薪资

表的制作。但是由于员工的薪资是比较隐私的事，不可以将完整的薪资表发给每个员工看。因此，需要将薪资表拆分成工资条，方便发给对应的员工。制作工资条，需要用到引用函数。

1. 新建表输入内容

工资条是以薪资表为基础制作的，这里需要新建一张工作表来制作工资条，具体操作步骤如下。

第1步 ► **新建工作表**。❶新建一张工作表，并命名为"工资条"，❷在工资条中输入标题和表头信息，如下图所示。这里需要用到合并单元格功能，并适当进行格式设置。

第2步 ► **输入第一个编号数据**。在"工号"列下方的第一个单元格中输入薪资表中的第一个编号，如下图所示，其他信息将根据此编号来进行引用。

2. 引用数据

将薪资表中的数据制作成工资条，如果手动输入，效率十分低下。此时可以使用VLOOKUP函数，来自动引用薪资表中的数据。其方法是，输入了员工编号后，根据这个编号，引用编号右边单元格中的数据信息，从而快速将薪资表中的数据复制到工资条中。

VLOOKUP函数是WPS表格中的一个纵向查找函数，其功能是按列查找，最终返回该列所需查询列序所对应的值，具体操作步骤如下。

第1步 引用"**姓名**"**数据**。❶ 为了便于理解，将"Sheet1"工作表重命名为"工资表"，❷ 在"姓名"下方的第一个单元格中输入公式"=VLOOKUP(A3,工资表!\$A\$1：\$M\$17,2,0)"，完成该单元格的数据引用，如下图所示。

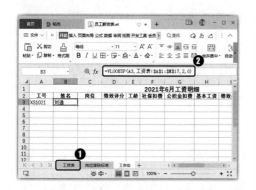

第2步 引用"**岗位**"**数据**。在"岗位"下方的第一个单元格中输入公式"=VLOOKUP(A3,工资表!\$A\$1：\$M\$17,3,0)"，完成岗位数据信息的引用，如下图所示。

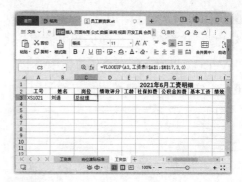

第3步 引用"**绩效评分**"**数据**。在"绩效评分"下方的第一个单元格中输入公式"=VLOOKUP(A3,工资表!\$A\$1：\$M\$17,4,0)"，完成绩效评分数据信息的引用，如下图所示。

第4步 引用"**工龄**"**数据**。在"工龄"下方的第一个单元格中输入公式"=VLOOKUP(A3,工资表!\$A\$1：\$M\$17,6,0)"，完成工龄数据信息的引用，如下图所示。

第5步▶ 引用"社保扣费"数据。在"社保扣费"下方的第一个单元格中输入公式"=VLOOKUP(A3,工资表!\$A\$1：\$M\$17,7,0)"，完成社保扣费数据信息的引用，如下图所示。

第6步▶ 引用其他数据。使用相同的方法，在VLOOKUP函数中改变引用的列数，分别完成其他列数据信息的引用，完成后的效果如下图所示。

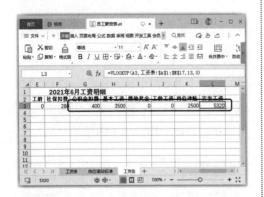

温馨提示◀

VLOOKUP函数的语法规则是VLOOKUP(lookup_value,table_array,col_index_num,range_lookup)。其中，lookup_value为需要在数据表第一列中进行查找的数值；table_

array为需要在其中查找数据的数据表；col_index_num为table_array中查找数据的数据列序号；range_lookup为逻辑值，指明VLOOKUP函数查找时是精确匹配的，还是近似匹配的。本例中输入逻辑值为"0"表示精确匹配，需要精确返回符合条件的单元格内容。

3. 工资条格式设置

第一张工资条的数据引用完成后，需要设置一下数据格式及工资条的样式。完成格式和样式设置后，就可以通过复制的方法快速完成所有员工的工资条制作，具体操作步骤如下。

第1步▶ ❶选择A2：L2单元格区域，❷单击【开始】选项卡下的【填充颜色】按钮右侧的下拉按钮，❸从弹出的颜色列表中选择【橙色，着色4，浅色60%】作为单元格的填充底色，如下图所示。

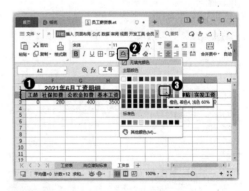

第2步▶ 设置边框线。❶选择A1：L3单元格区域，❷单击【开始】选项卡下的【水平居中】按钮，适当调整单元格行高，❸单击【边框】按钮右侧的下拉按钮，❹从弹出的下拉菜单中选择【所有框线】选项，如下图所示。

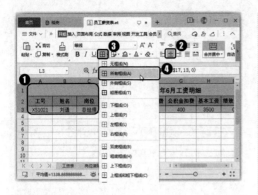

第3步 ▶ **复制工资条**。完成第一条工资条的格式及样式设置后，❶保持单元格区域的选中状态，将鼠标指针移动到 L3 单元格的右下角，❷当鼠标指针变成填充控制柄时往下拖动鼠标，如下图所示。

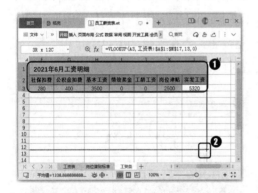

第4步 ▶ **查看工资条复制效果**。下图所示为工资条完成复制后的效果。

第5步 ▶ **复制标题**。工资条复制后，标题的日期发生了更改，这里通过复制的方法来快速更改。❶选择 A1 单元格，按【Ctrl+C】组合键进行复制，❷选择 A4 单元格，按【Ctrl+V】组合键粘贴标题，❸用同样的方法依次选择其他工资条标题所在的单元格，并复制标题。完成标题复制后，便完成了工资条制作，效果如下图所示。

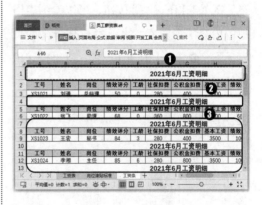

7.2.6 打印工资条

完成工资条制作后，需要将工资条打印出来，再用剪刀剪成一条一条的工资条发给不同的员工。打印 WPS 表格前，需要进行打印预览，看看是否能完全打印数据，具体操作步骤如下。

第1步 ▶ **单击【文件】按钮**。❶单击【文件】按钮，❷在弹出的下拉菜单中选择【打印】命令，❸在弹出的子菜单中选择【打印预览】命令，如下图所示。

第2步 ▶ **预览打印效果**。进入打印预览状态，❶单击【下一页】按钮，可以看到表格中的内容因为宽度太大，每行被分为两页显示了，❷单击【返回】按钮，退出打印预览状态，如下图所示。

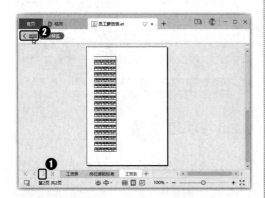

第3步 ▶ **设置纸张方向**。❶单击【页面布局】选项卡下的【纸张方向】按钮，❷在弹出的下拉菜单中选择【横向】命令，如下图所示。

第4步 ▶ **设置打印区域**。当通过填充公式制作工资条时，常常会多填充一些行，这时就需要设置打印输出的区域，将公式计算结果返回"#N/A"的部分排除打印范围。❶选择需要打印的单元格区域，❷单击【页面布局】选项卡下的【打印区域】下拉按钮，❸在弹出的下拉菜单中选择【设置打印区域】命令，如下图所示。

温馨提示 ●

　　单击【页面布局】选项卡下的【页边距】按钮，在弹出的下拉菜单中选择【自定义页边距】命令，可以在打开的对话框中进行更详细的页面布局设置。

第5步▶ 设置缩放打印。为了保证同一行内容能打印在一张纸上，❶可以单击【页面布局】选项卡下的【打印缩放】按钮，❷在弹出的下拉菜单中选择【将所有列打印在一页】命令，如下图所示。

第6步▶ 预览打印效果。❶使用前面介绍的方法，再次进入打印预览状态，发现已经让行中的所有内容显示在同一页中，❷单击【直接打印】按钮即可开始打印，如下图所示。

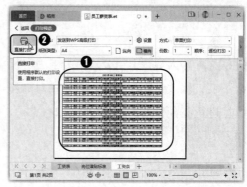

高手支招

通过前面知识点的学习，相信读者已经掌握了 WPS 表格中公式和函数的使用技巧。下面结合本章内容，再给读者介绍一些工作中的实际经验与技巧，提高办公效率。

01　单元格的混合引用

在使用公式计算表格数据时，可能出现单元格"不听话"的情况。例如，在复制公式时，单元格的行或列发生改变，没有实现理想的计算效果。此时，就需要灵活地使用单元格的混合引用了。在引用单元格时，添加"$"符号表示绝对引用，在复制公式时不发生列或行的改变。

第1步▶ 输入相对引用公式。打开"素材文件\第 7 章\单元格混合引用 .et"文件，在 D2 单元格中输入相对引用的公式

"=B2*C2"，如下图所示。

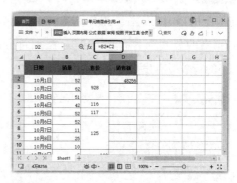

第2步▶ 复制公式查看结果。往下拖动填充控制柄复制公式，其结果如下图所示，D4 单元格中的公式变成了"=B4*C4"。

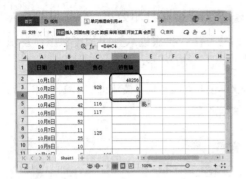

第3步 **输入混合引用公式**。为了固定行数不变，修改D2单元格中的公式对C列数据进行混合引用，公式为"=B2*C\$2"，如下图所示。

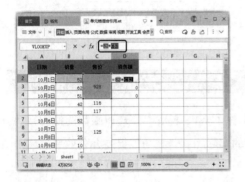

第4步 **复制公式查看结果**。往下拖动填充控制柄复制公式，结果如下图所示，D4单元格的公式为"=B4*C\$2"。添加符号"\$"的行数没有发生改变。

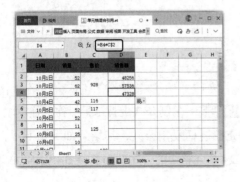

02 检查公式错误判断错误值类型

在工作表中输入公式时，常常出现错误，此时可以检查公式错误，找到修改方法，具体操作步骤如下。

第1步 **打开【错误检查】对话框**。打开"素材文件\第7章\公式错误.et"文件，❶选择公式错误的D2单元格，❷单击【公式】选项卡下的【错误检查】按钮，如下图所示。

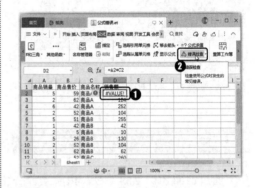

第2步 **显示计算步骤**。打开【错误检查】对话框，在其中可以看到关于公式错误的提示，初步判断公式错误的原因。单击【显示计算步骤】按钮可以进一步查看错误，如下图所示。

第3步 **查看计算步骤**。在【公式求值】对话框中单击【求值】按钮，可以一步一步看到具体的公式计算过程，从而找出错

误所在。例如，在下图中，显示公式计算步骤是"5*"商品A""，其中"5"是数字，而"商品A"是文本，这便是公式发生错误的原因所在。

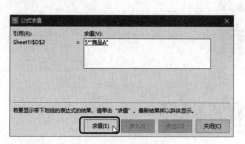

第4步 **修改公式**。判断出公式的错误所在后，修改公式，校正数据计算即可，如下图所示。

03 拒绝输入重复数据

在制作花名册、物料清单等表格时，往往要求每个名称、编码是唯一的。此时，可以根据要求设置某个区域的单元格数据具有唯一性，不能输入重复数据，具体操作步骤如下。

第1步 **打开【拒绝重复输入】对话框**。打开"素材文件\第7章\员工信息查询

表.et"文件，❶单击【数据】选项卡下的【重复项】按钮，❷在弹出的下拉菜单中选择【拒绝录入重复项】命令，如下图所示。

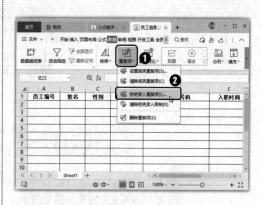

第2步 **设置拒绝输入重复值的区域**。打开【拒绝重复输入】对话框，❶设置要求输入唯一值的单元格区域，这里选择A列，❷单击【确定】按钮，如下图所示。

第3步 **查看效果**。操作完成后，在A列输入重复员工编号时，就会出现错误提示的警告，如下图所示。

WPS

第8章

数据的基本分析：
数据的排序、筛选与汇总

本章导读

WPS表格可记录的数据量庞大，在查看数据时，要想快速实现数据分析，就需要合理利用WPS表格中的排序、筛选与汇总功能。通过这些功能，可以快速对比数据之间的大小，筛选出目标数据，排除干扰数据项，还可以分类汇总数据项。

知识要点

- 简单排序的方法
- 自定义排序的方法
- 按日期、姓名排序
- 简单筛选数据
- 设置自定义条件筛选数据

- 高级筛选数据的条件设置方法
- 将筛选出来的数据复制到新的区域
- 汇总分析表格数据
- 二次汇总数据
- 汇总多张工作表

8.1 排序分析"销售记录表"

为了统计不同商品在不同时间段内的销量、销售金额、销售员、销售单价等信息，销售部门往往会制作产品销售记录表。完成销售记录表制作后，在查看记录时，根据查看目的的不同，需要对记录表中的各项数据进行排序分析。通过排序功能，发现销量最高的商品是哪些、销量最差的商品又是哪些；哪几位销售员的业绩最高、哪几位销售员的业绩最差；哪些时间段里的哪些商品销售额最高，而哪些商品的销售额又最低等。通过排序分析，可以掌握当前的整体局面，制定未来的销售策略，从而实现更大的盈利。

本例将通过 WPS 表格中的简单排序、多条件排序功能，分析产品销售记录表，完成分析后的效果如下图所示。实例最终效果见"结果文件\第 8 章\销售记录表 .et"文件。

销售日期	销售员	商品编码	商品名称	商品种类	销售数量（件）	单价（元）	销售额（元）
8月6日	王林	IY512487	咖啡	食品	789	25.9	20435.1
7月1日	王林	IY512487	薯片	食品	526	26	13676
7月1日	王林	BY215499	卸妆乳	化妆品	521	26.4	13754.4
7月1日	王林	LS215739	卫生纸	日用品	521	29.7	15473.7
7月3日	王林	IY512490	乳液	化妆品	426	36.35	15485.1
8月6日	王林	IY512489	衣架	日用品	236	26.4	6230.4
8月7日	王林	BY215500	面霜	化妆品	125	109.7	13712.5
8月6日	李梦露	IY512492	手套	日用品	957	56.9	54453.3
8月6日	李梦露	LS215793	酱油	食品	425	26.4	11220
7月4日	李梦露	IY512488	咖啡	食品	251	23	5773
8月7日	李梦露	LS215789	椰子糖	食品	241	20.3	4892.3
7月1日	李梦露	BY215498	巧克力	食品	236	21.7	5121.2
8月6日	李梦露	LS215794	薯片	食品	124	25.6	3174.4
8月6日	李梦露	IY512487	薯片	食品	124	26	3224
7月1日	张强	LS215789	椰子糖	食品	957	20.3	19427.1

8.1.1 处理分析用的表格数据

对表格数据进行分析前，需要先对表格数据进行整理，如检查原始数据是否存在错误、是否有重复项等（第 7 章中专门用一个案例对这种类型的操作进行了介绍）。此外，还需要检查是否有合并单元格的现象。

在数据分析时，最好采用基本的二维表格，不能出现合并单元格、空行空列等。本例中的表格就出现了合并单元格现象，需要处理。一般情况下，会备份原始表格数据，复制一个工作表专门进行数据分析，具体操作步骤如下。

第1步 复制工作表。打开"素材文件\第 8 章\销售记录表 .et"文件，❶将"Sheet 1"

工作表重命名为"原始数据"，❷按住【Ctrl】键的同时，拖动鼠标将"原始数据"工作表标签向右进行复制，如下图所示。

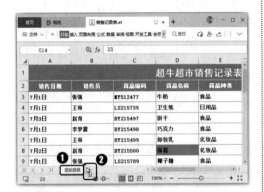

第2步 ▶ **处理合并单元格。**本例中的合并单元格是比较常见的一种情况，即表头上方合并单元格用于放置表格名称，这种在作为输出表格时是比较标准的格式，但不利于数据分析。在数据分析时，如果需要保留表格标题，可以在工作表标签中显示。这里直接进行删除，❶将复制得到的工作表重命名为"分析数据"，❷选择第一行单元格，并在其上右击，❸在弹出的快捷菜单中选择【删除】命令，如下图所示。

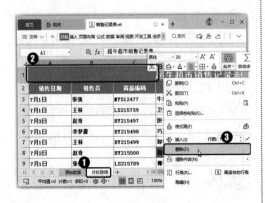

8.1.2 简单排序

WPS表格具有简单排序功能，可以针对某列数据按数据的大小、日期、姓名、单元格颜色进行快速排序，从而快速对比某列数据的大小变化，或者是将符合条件的信息排列到一起。

1. 按数值大小排序

对单元格的列进行数据大小的排序是最常用到的排序功能，具体操作步骤如下。

第1步 ▶ **降序排序。**❶选择F列中的任意单元格，❷单击【数据】选项卡下的【排序】下拉按钮，❸在弹出的下拉菜单中选择【降序】命令，如下图所示。

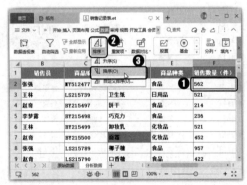

第2步 ▶ **升序排序。**如下图所示，此时表格中的数据就按照商品销量从大到小的顺序进行排序了，方便对比各项商品的销量。❶选择H列中的任意单元格，并在其上右击，❷在弹出的快捷菜单中选择【排序】命令，❸在弹出的子菜单中选择【升序】命令，如下图所示。

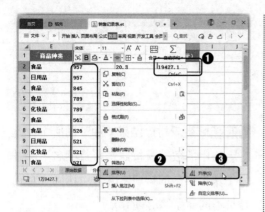

第3步 ▶ **查看升序排序结果。** 如下图所示，此时表格中的数据就按照商品销售额从小到大的顺序进行排列，方便对比出不同商品的销售额高低。

2. 按日期排序

WPS 表格可以按照日期顺序进行排序，方便对比不同商品在相同日期内的销售情况，具体操作步骤如下。

第1步 ▶ **对日期进行升序排序。** ❶ 选择 A 列中的任意单元格，❷ 单击【开始】选项卡下的【排序】下拉按钮，❸ 在弹出的下拉菜单中选择【升序】命令，如下图所示。

第2步 ▶ **查看日期排序结果。** 如下图所示，此时表格中的数据就按照日期从前面到后面的顺序进行排序了，如下图所示。

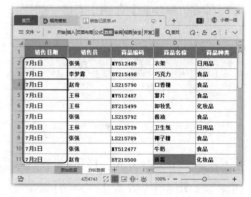

3. 按姓名排序

WPS 表格可以按照姓名的首字母进行排序，将不同销售员的销售记录集中排序到一起。默认情况下，对汉字进行排序是根据拼音首字母的先后顺序进行排序的，如果要根据笔画多少进行排序，需要进行自定义设置，具体操作步骤如下。

第1步 ▶ **执行【自定义排序】命令。** ❶ 单击【数据】选项卡下的【排序】下拉按钮，❷ 在弹出的下拉菜单中选择【自定义排序】命令，如下图所示。

第5步 **查看排序结果**。如下图所示，此时表格中的数据就按照销售员姓名笔画进行了从少到多的排序，方便对比同一个销售员不同商品的销售情况。

第2步 **设置排序关键字**。打开【排序】对话框，❶在【主要关键字】下拉列表框中选择【销售员】选项，表示对该列数据进行排序，❷单击【选项】按钮，如下图所示。

第3步 **设置排序方式**。打开【排序选项】对话框，❶选中【方式】栏中的【笔画排序】单选按钮，❷单击【确定】按钮，如下图所示。

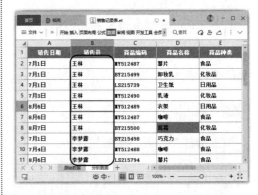

4. 按颜色排序

在使用WPS表格记录商品的销售数据时，可以将重点商品、需要特殊关注的商品设置单元格颜色。在查看商品销售记录时，可以根据单元格排序，快速找到重点关注商品，查看其数据，具体操作步骤如下。

第1步 **使用颜色排序**。按照前面介绍的方法打开【排序】对话框，❶在【主要关键字】下拉列表框中选择【商品名称】选项，表示对该列数据进行排序，❷在【排序依据】下拉列表框中选择【单元格颜色】选项，❸在【次序】下拉列表框中选择需要排序的单元格填充颜色，❹单击【确定】按

第4步 **设置排序依据**。返回【排序】对话框，❶保持【排序依据】为【数值】，设置【次序】为【升序】，❷单击【确定】按钮，如下图所示。

钮，如下图所示。

第2步 ► **查看排序结果**。如下图所示，此时表格中的数据就将"商品名称"列中所有填充了橙色的单元格数据集中在前面显示，方便数据查看。

	A	B	C	D	E
1	销售日期	销售员	商品编码	商品名称	商品种类
2	8月7日	王林	BY215500	面霜	化妆品
3	8月6日	李梦蕾	HY512492	手套	日用品
4	7月2日	赵奇	BY215500	面霜	化妆品
5	7月4日	赵奇	LS215791	手套	日用品
6	7月1日	王林	HY512487	薯片	食品
7	7月1日	王林	BY215499	卸妆乳	化妆品
8	7月1日	王林	LS215739	卫生纸	日用品
9	7月3日	王林	HY512490	乳液	化妆品
10	8月6日	王林	HY512489	衣架	日用品
11	8月6日	王林	HY512487	咖啡	食品

8.1.3 多条件排序

简单排序只是针对某列数据进行排序，WPS表格可以进行更复杂的多条件排序。其原理是，对A列数据进行某种规则排序后，再对B列或更多列数据进行排序，从而实现多种规则的排序。

1. 对同一日期下的商品销量排序

查看商品销售记录表，可以按照日期排序后，再按照销量排序。其目的是分析同一日期下的商品销量排序情况，具体操作步骤如下。

第1步 ► **选择排序主要关键字**。按照前面介绍的方法打开【排序】对话框，❶在【主要关键字】下拉列表框中选择【销售日期】选项，表示对该列数据进行排序，❷保持【排序依据】为【数值】，设置【次序】为【升序】，❸单击【添加条件】按钮，如下图所示。

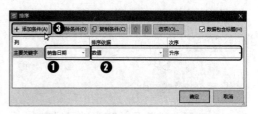

第2步 ► **添加次要关键字**。❶在新增加的【次要关键字】下拉列表框中选择【销售数量（件）】选项，表示当主要关键字（销售日期）相同时，再对该列数据进行排序，❷保持【排序依据】为【数值】，设置【次序】为【降序】，❸单击【确定】按钮，如下图所示。

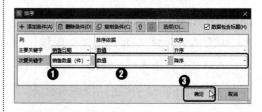

第3步 ► **查看排序结果**。如下图所示，此时表格中的数据就按照日期进行升序排序，然后在此基础上，再对同一日期的数据按照销售数量进行从大到小排序。方便分析同一日期下，销量最大的商品和最小的商品是什么。

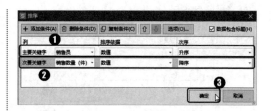

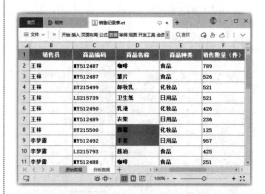

第2步 ▶ **查看排序结果**。如下图所示，表格中的数据就按照销售员的姓名进行排序。同一销售员的销售商品又按照销量从大到小进行排序。

　　在【排序】对话框中，可以设置多个排序条件，如3个、4个，或者更多。

2. 对同一销售员的商品销量排序

　　多条件排序可以设置不同的排序条件，还可以按照销售员的姓名排序后，再按照销量排序，具体操作步骤如下。

第1步 ▶ **设置排序条件**。按照前面介绍的方法打开【排序】对话框，❶在【主要关键字】下拉列表框中选择【销售员】选项，保持【排序依据】为【数值】，设置【次序】为【升序】，❷在【次要关键字】下拉列表框中选择【销售数量（件）】选项，保持【排序依据】为【数值】，设置【次序】为【降序】，❸单击【确定】按钮，如下图所示。

按行排序

　　WPS表格数据不仅可以按列排序，还可以按行排序。其方法是，单击【排序】对话框中的【选项】按钮，再选中【按行排序】单选按钮。

8.2　筛选分析"年度人力资源规划表"

　　为了实现企业发展的目标，人力资源部门需要合理规划企业不同岗位的人员分配，从而确保各类岗位人员配置正确，实现企业、员工的利益最大化。在规划不同岗位的人员时，需要制作人力资源规划表，表格中除了列出不同岗位的人员需求外，往往还会对人员的学历、年龄、经验、性别等事项进行规划。企业的规模越大，人力资源规划表的内容就越多，在查看人力资源规划时，需要根据查看目的快速筛选出符合需求的信息。

本例将通过 WPS 表格中提供的自动筛选、自定义筛选、高级筛选功能，来查看人力资源规划表，制作完成后的效果如下图所示。实例最终效果见"结果文件\第 8 章\年度人力资源规划表 .et"文件。

序号	部门	岗位名称	学历	专业	经验要求（年）	年龄区间（岁）	性别	人数（人）	月薪（元）	上班时长
UY00188	质检部	质检员	高中以上	不限	1年以上	20-35	不限	5	5000	9
UY00191	仓库部	仓库员	高中以上	不限	1年以上	20-28	男	4	4500	12
UY00192	仓库部	配货员	高中以上	不限	1年以上	20-28	男	5	4500	8
UY00193	仓库部	采购员	高中以上	不限	不限	20-28	男	3	4500	8
				经验要求（年）	性别		学历		经验要求（年）	上班时长
				不限	男		本科以上			
									3年以上	
										>8

序号	部门	岗位名称	学历	专业	经验要求（年）	年龄区间（岁）	性别	人数（人）	月薪（元）	上班时长
UY00179	人事部	人事经理	本科以上	人力资源管理	5年以上	30-48	女	1	9000	8
UY00181	人事部	厨师	初中	不限	3年以上	25-50	不限	2	5000	8
UY00182	人事部	保洁	初中	不限	1年以上	35-48	不限	3	4000	10
UY00183	财务部	财务经理	本科以上	会计专业	5年以上	30-50	女	1	12000	8
UY00186	质检部	质检主管	大专以上	机电专业	3年以上	25-48	男	1	9000	8
UY00187	质检部	质检助理	大专以上	不限	1年以上	20-28	不限	2	5500	8
UY00188	质检部	质检员	高中以上	不限	1年以上	20-35	不限	5	5000	9
UY00189	仓库部	仓库主管	大专以上	物流管理	3年以上	30-48	男	1	9000	8
UY00191	仓库部	仓库员	高中以上	不限	1年以上	20-28	男	4	4500	12
UY00194	客服部	客服主管	本科以上	不限	3年以上	30-50	男	1	9000	8
UY00197	工艺部	工艺主管	大专以上	机电专业	3年以上	30-48	男	1	11000	8
UY00201	生产部	生产主管	本科以上	机电专业	3年以上	35-48	男	2	12000	8

8.2.1 处理分析用的表格数据

对表格数据进行分析前，需要先对表格数据进行检查和整理。本例中的表格出现了合并单元格现象，为便于后期分析需要适当处理，具体操作步骤如下。

第1步 复制工作表。打开"素材文件\第 8 章\年度人力资源规划表 .et"文件，❶将"Sheet 1"工作表重命名为"原始数据"，❷在工作表标签上右击，在弹出的快捷菜单中选择【复制工作表】命令，如下图所示。

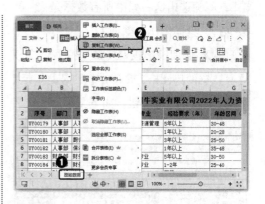

第2步 处理合并单元格。❶将复制得到的工作表重命名为"分析数据"，❷选择第一行单元格，并在其上右击，❸在弹出的快捷菜单中选择【删除】命令，如下图所示。

221

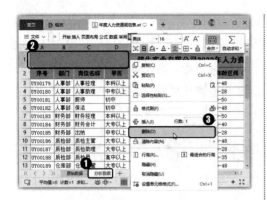

8.2.2 自动筛选

WPS表格中提供了方便的自动筛选功能，目的是针对某列数据，快速筛选出一定数据范围，或者其他条件范围内的数据，从而排除不必要信息的干扰。

1. 按单元格的值进行筛选

选择某单元格，可以按照单元格中的数据进行筛选。例如，单元格中的数据是"3"，就筛选出这一列中所有数据是"3"的数据行，具体操作步骤如下。

第1步 ▶ **添加筛选按钮。**❶选择表格中任意有数据的单元格，❷单击【数据】选项卡下的【自动筛选】按钮，如下图所示。

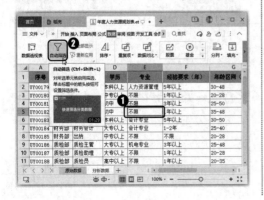

第2步 ▶ **按单元格的值筛选。**此时第一行单元格中每个字段右侧都添加上了筛选按钮⯆。❶选择I6单元格，并在其上右击，❷在弹出的快捷菜单中选择【筛选】命令，❸在弹出的子菜单中选择【按内容筛选（可以多选）】命令，如下图所示。

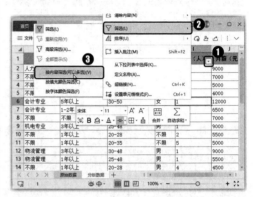

第3步 ▶ **查看筛选结果。**此时表格中就按照I6单元格的值筛选出该列所有值是"1"的数据，效果如下图所示。

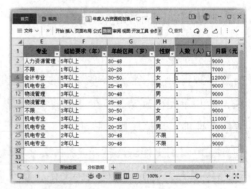

2. 自动筛选某类数据

WPS表格在筛选数据时，还可以筛选出单元格列中的某类数据，具体操作步骤如下。

第1步 ▶ **清除筛选。**❶单击 I1 单元格的筛选按钮 ⊤，❷在弹出的下拉菜单中单击【清空条件】按钮，如下图所示，从而清除之前步骤的筛选，显示出完整的表格数据。

在【筛选】下拉菜单中，自动显示了每个筛选类别的个数，数据整体情况一目了然。此外，还支持按计数排序、导出计数等功能，帮助我们快速找到想要的数据。

第2步 ▶ **选择筛选类型。**❶单击 D1 单元格的筛选按钮，❷在弹出的下拉菜单中找到【高中以上】选项，并单击其后的【仅筛选此项】按钮，如下图所示。

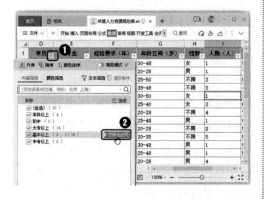

筛选同一列中的多类数据

单击【筛选】按钮后，在弹出的下拉菜单中选中需要筛选的多类数据前的复选框，然后单击【确定】按钮，就可以筛选出这几类数据了。

第3步 ▶ **查看筛选结果。**此时，表格中将 D 列中所有学历要求是"高中以上"的数据都筛选出来了，效果如下图所示。

8.2.3 自定义筛选

WPS 表格可以进行自定义筛选，自行设置筛选条件。自定义筛选可以根据文本的内容进行筛选，也可以根据数据的范围进行筛选。

1. 文本自定义筛选

在进行文本自定义筛选时，可以筛选出包含某文本、等于某文本等形式的内容，具体操作步骤如下。

第1步 ▶ **清除筛选。**单击【数据】选项卡下的【自动筛选】按钮，使其处于取消选中状态，即可清除筛选，显示完整表格数据，如下图所示。

第2步 ▶ 打开【自定义自动筛选方式】对话框。❶再次单击【数据】选项卡下的【自动筛选】按钮，进入筛选状态，❷单击C1单元格的筛选按钮，❸在弹出的下拉菜单中单击【文本筛选】按钮，❹在弹出的下拉列表中选择【包含】命令，如下图所示。

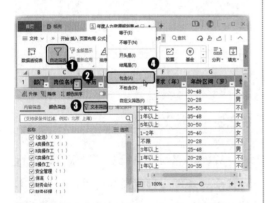

第3步 ▶ 设置筛选条件。打开【自定义自动筛选方式】对话框，❶设置筛选条件为包含"助理"的岗位，❷单击【确定】按钮，如下图所示。

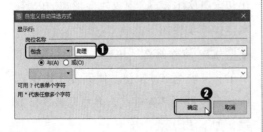

温馨提示 ●

在输入WPS表格数据时，要统一规范输入。例如，"六月"和"6月"，虽然意思相同，但是对于WPS表格来说就是两类数据。在筛选时，会出现"六月"和"6月"两个筛选选项。

第4步 ▶ 查看筛选结果。如下图所示，C列中所有含有"助理"的岗位数据就被筛选出来了。

第5步 ▶ 清除筛选。❶单击C1单元格的筛选按钮，❷在弹出的下拉菜单中单击【清空条件】按钮，从而清除之前步骤的筛选，显示出完整的表格数据，如下图所示。

第6步 ▶ 打开【自定义自动筛选方式】对话框。❶单击C1单元格的筛选按钮，❷在弹出的下拉菜单中单击【文本筛选】按钮，❸在弹出的下拉列表中选择【自定义筛选】命令，如下图所示。

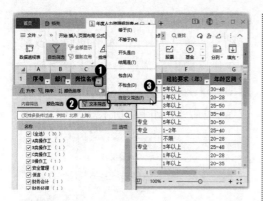

第7步 ● **设置筛选条件**。打开【自定义自动筛选方式】对话框，❶可以利用"与"和"或"逻辑连接词进行筛选，设置筛选条件如下图所示，该条件表示筛选出岗位名称中包含"助理"或"经理"文字的数据，❷单击【确定】按钮。

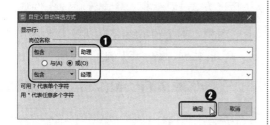

第8步 ● **查看筛选条件**。结果如下图所示，C列数据筛选出所有包含"助理"或"经理"文字的岗位。

第9步 ● **设置筛选条件**。❶单击两次【数据】选项卡下的【自动筛选】按钮，显示出完整的表格数据，并重新进入筛选状态，❷单击C1单元格的筛选按钮，❸在弹出的下拉菜单中的搜索框输入"*理"，如下图所示。

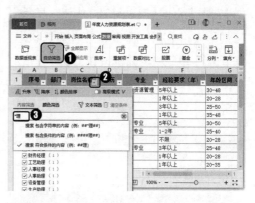

第10步 ● **查看筛选结果**。按【Enter】键后，C列数据便筛选出文本末尾包含"理"字的岗位信息，如下图所示。

温馨提示 ●

"*"符号代表任意多个字条，"*理"就代表筛选出"理"字前面有任意文字的内容；而"？"代表单个字符，"？理"代表筛选出"理"字前面有一个字的内容。

2. 数据自定义筛选

数据自定义筛选可以设置数据筛选的数值范围，以及使用"与"和"或"逻辑词进行筛选，具体操作步骤如下。

第1步 ▶ **选择筛选条件。**❶单击两次【数据】选项卡下的【自动筛选】按钮，显示出完整的表格数据，并重新进入筛选状态，❷单击J1单元格的筛选按钮，❸在弹出的下拉菜单中单击【高于平均值】按钮，如下图所示。

第2步 ▶ **查看筛选结果。**如下图所示，表格中便筛选出所有月薪超过平均值的数据。

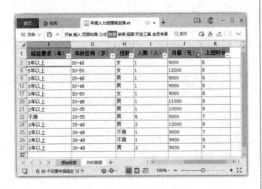

第3步 ▶ **打开筛选对话框。**保持前面的筛选结果，❶单击K1单元格的筛选按钮，❷在弹出的下拉菜单中单击【数字筛选】按钮，❸在弹出的下拉列表中选择【小于或等于】命令，如下图所示。

第4步 ▶ **设置筛选条件。**打开【自定义自动筛选方式】对话框，❶设置筛选条件如下图所示，表示筛选出上班时长小于或等于"7"的数据，❷单击【确定】按钮。

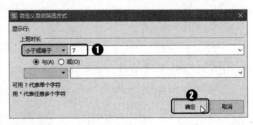

第5步 ▶ **查看筛选结果。**结果如下图所示，此时表格中的数据就在筛选出月薪超过平均值的数据基础上，再次筛选出上班时长小于或等于7的数据。

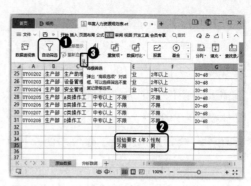

8.2.4 高级筛选

利用WPS表格中的高级筛选功能，可以设置更灵活多样的筛选条件，并且将筛选出来的数据在新的区域显示。

1. "与"条件的高级筛选

WPS表格可以在单元格中输入筛选条件，再通过条件将数据筛选出来。如果要进行"与"条件筛选，即筛选满足所有列出的条件的数据，就需要将条件并列放置在一排中，具体操作步骤如下。

第1步 输入筛选条件。❶单击两次【数据】选项卡下的【自动筛选】按钮，显示出完整的表格数据，并重新进入筛选状态，❷在表格下方空白的区域内，输入如下图所示的筛选条件（注意，输入的标题应该与数据区域的标题字段相同），该条件表示筛选出"经验要求（年）"为"不限"，以及"性别"为"男"的数据，❸单击【数据】选项卡下的启动【高级筛选】对话框按钮。

第2步 设置【高级筛选】对话框。打开【高级筛选】对话框，❶在【列表区域】参数框中输入用于筛选的原始数据所在区域，❷在【条件区域】参数框中输入设置的条件所在区域，❸选中【选择不重复的记录】复选框，❹单击【确定】按钮，如下图所示。

第3步 查看筛选结果。如下图所示，在表格原数据区域中，便筛选出了工作经验要求不限、性别为男的岗位数据。

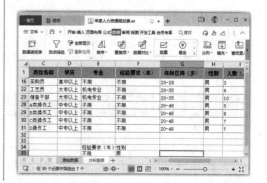

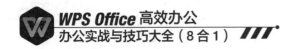
2."或"条件的高级筛选

如果要进行"或"条件筛选，即筛选只要满足多个条件中的其中一项的数据，就需要将条件分别放置在不同的排序中，具体操作步骤如下。

第1步 ▶ **输入筛选条件**。❶单击两次【数据】选项卡下的【自动筛选】按钮，显示出完整的表格数据，并重新进入筛选状态。❷在表格下方空白位置输入如下图所示的筛选条件，❸单击【数据】选项卡下的启动【高级筛选】对话框按钮。

第2步 ▶ **设置【高级筛选】对话框**。打开【高级筛选】对话框，❶选中【将筛选结果复制到其他位置】单选按钮，❷设置筛选的相关参数，在【复制到】参数框中输入筛选结果要放置的第一个单元格位置，❸选中【选择不重复的记录】复选框，❹单击

【确定】按钮，如下图所示。

第3步 ▶ **查看筛选结果**。如下图所示，筛选出来的数据复制到新的区域中，筛选结果是满足学历在本科以上、经验在 3 年以上，或者上班时长超过 8 小时，三个条件中的其中一个的数据。

> **温馨提示** ▶
>
> WPS表格中的高级筛选功能可以将筛选结果复制到其他区域，不影响原区域数据的显示，是其比较重要的功能。

8.3 汇总分析"管理费用明细表"

管理费用明细表是会计部门进行记录、用来定期向企业管理部门报告企业生产经营活动时所产生的各项费用情况。在管理费用明细表中，会记录各项费用产生的时间、项目、部门、费用金额、人员数量、总费用金额等项目。企业的运营项目是复杂的，涉及的费用明细也比较多，在这种情况下，要想查看某个日期、某个部门、某个项目的费用明细，就需要用到分类汇总功能。

本例将通过WPS表格中提供的分类汇总功能，分析管理费用明细表。分析效果如下图所示。实例最终效果见"结果文件\第8章\管理费用明细表.et"文件。

1234		时间	项目	部门	费用金额（元）	人员数量	总费用金额（元）
	1	时间	项目	部门	费用金额（元）	人员数量	总费用金额（元）
	3		办公费 汇总				3,600
	6		保险费 汇总				750
	8		服装费 汇总				1,860
	10		其他 汇总				125
	12		正式人员工资 汇总				4,000
	15		住宿费 汇总				1,580
	16			行政部 汇总			11,915
	18		办公费 汇总				486
	20		办公用品 汇总				400
	22		餐补 汇总				120
	24		兼职人员工资 汇总				10,000
	27		交通费 汇总				3,345
	29		其他 汇总				864
	32		通讯费 汇总				688
	36		招待费 汇总				10,505
	38		住宿费 汇总				1,605
	39			市场部 汇总			28,013
	41		办公用品 汇总				50
	43		餐补 汇总				950
	46		服装费 汇总				896
	48		兼职人员工资 汇总				21,000
	50		交通费 汇总				1,570
	53		培训费 汇总				22,780
	55		其他 汇总				480
	58		通讯费 汇总				5,050
	60		正式人员工资 汇总				15,000
	61			运营部 汇总			67,776
	62			总计			107,704

8.3.1 按日期汇总

在分类汇总管理费用明细时，可以按照日期汇总，分析不同日期下的费用总金额是多少，具体操作步骤如下。

第1步 ▶ **对日期进行升序排序**。打开"素材文件\第8章\管理费用明细表.et"文件，❶在A列中的任意单元格上右击，❷在弹出的快捷菜单中选择【排序】命令，❸在弹出的子菜单中选择【升序】命令，如下图所示。

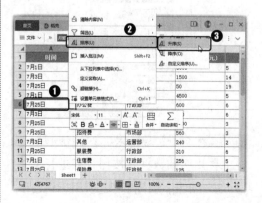

温馨提示

　　在数据分类汇总前要进行排序，其目的是把相同的分类项集中在一起，避免汇总时出现杂乱情况。需要对哪项数据进行分类，就要对这项数据进行排序。

第2步 ▶ **打开【分类汇总】对话框。** 单击【数据】选项卡下的【分类汇总】按钮，如下图所示。

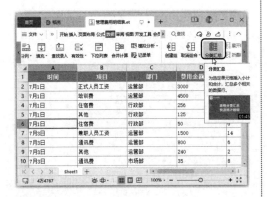

第3步 ▶ **设置【分类汇总】对话框。** 打开【分类汇总】对话框，❶设置【分类字段】为【时间】,【汇总方式】为【求和】,❷在【选定汇总项】列表框中选中【总费用金额（元）】复选框，❸单击【确定】按钮，如下图所示。

第4步 ▶ **查看汇总结果。** 如下图所示，表格中费用明细数据就按照日期进行汇总，并且统计出相同日期下的总费用金额之和。

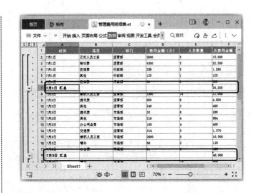

第5步 ▶ **查看2级汇总。** 单击表格左侧显示栏上方的【2】按钮②，可以查看2级汇总，效果如下图所示。

第6步 ▶ **查看1级汇总。** 如果不想看太多的详细数据，只想查看所有日期的费用金额汇总数据，就直接单击【1】按钮①即可，效果如下图所示。

8.3.2 按部门不同项目汇总

在对表格数据进行分析汇总时，可以进行二次分类汇总，以便更直观地统计分析数据。例如，在分类汇总管理费用明细时，可以对同一部门下的使用费用金额进行求和分类汇总，然后对同一项目下的使用费用金额进行求和分类汇总，具体操作步骤如下。

第1步 **删除汇总**。前面已经进行了汇总，需要先清除汇总数据，❶单击【数据】选项卡下的【分类汇总】按钮，❷打开【分类汇总】对话框，单击【全部删除】按钮，清除汇总数据，如下图所示。

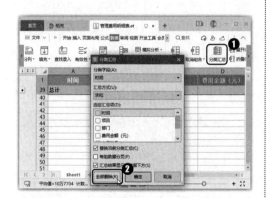

第2步 **打开【排序】对话框**。删除汇总数据后，表格就恢复了原样，如下图所示，此时可以进行新的数据汇总。要对"部门"和"项目"数据进行嵌套分析汇总，就需要提前对这两列数据进行排序。❶单击【数据】选项卡下【排序】下拉按钮，❷在弹出的下拉菜单中选择【自定义排序】命令，如下图所示。

第3步 **设置排序条件**。打开【排序】对话框，❶按下图所示设置排序条件，❷单击【确定】按钮。

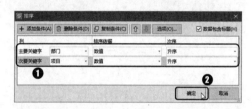

第4步 **设置【分类汇总】对话框**。❶单击【数据】选项卡下的【分类汇总】按钮，❷打开【分类汇总】对话框，设置【分类字段】为【部门】,【汇总方式】为【求和】，在【选定汇总项】列表框中选中【总费用金额（元）】复选框，❸单击【确定】按钮，如下图所示。

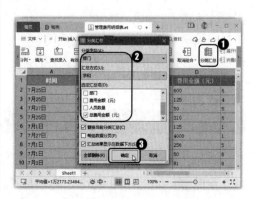

第5步 ▶ **再次打开【分类汇总】对话框。** 此时便实现了第一次分类汇总。❶再次单击【分类汇总】按钮，❷打开【分类汇总】对话框，设置【分类字段】为【项目】，【汇总方式】为【求和】，在【选定汇总项】列表框中选中【总费用金额（元）】复选框，❸取消选中【替换当前分类汇总】复选框，❹单击【确定】按钮，如下图所示。

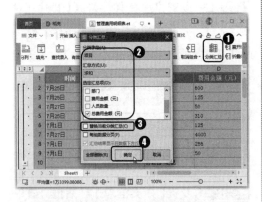

温馨提示 ●

如果不取消选中【分类汇总】对话框中的【替换当前分类汇总】复选框，直接进行分类汇总的结果将替换上一次的分类汇总结果。要实现二次或更多次分类汇总，就要记得取消选中【替换当前分类汇总】复选框。

第6步 ▶ **查看二次汇总结果。** 此时工作表中的数据便实现了二次分类汇总，结果如下图所示。如果不想看那么详细的汇总数据，可以单击左边的【减号】按钮⊟，收缩汇总数据，查看粗略汇总数据。例如，单击【2】按钮②下方的第一个【减号】按钮⊟。

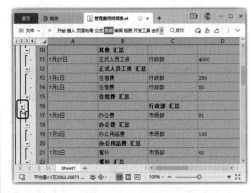

第7步 ▶ **查看粗略的汇总数据。** 数据收缩后，可以粗略地查看行政部的费用金额汇总。继续单击数字【3】按钮下方的【减号】按钮⊟，可以收缩3级汇总中的对应项目，如下图所示。

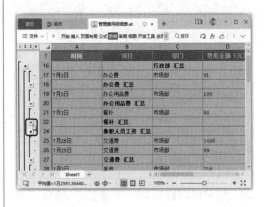

高手支招

通过前面知识点的学习，相信读者已经掌握了WPS表格中数据排序、筛选与汇总技巧。下面结合本章内容，再给读者介绍一些工作中的实际经验与技巧，提高办公效率。

01 往筛选区域精准地粘贴数据

有时候需要在表格中筛选后的区域复制相同的数据，使用 WPS 表格中的新功能可以快速准确地实现，再也不怕将数据粘贴到隐藏行中导致数据错乱了，具体操作步骤如下。

第1步 ▶ **设置筛选条件**。打开"素材文件\第8章\客户订单明细.et"文件，❶单击【数据】选项卡下的【自动筛选】按钮，❷单击 C 1 单元格的筛选按钮，❸在弹出的下拉菜单中单击【VIP】后的【仅筛选此项】按钮，如下图所示。

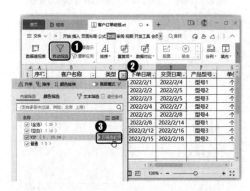

第2步 ▶ **设置粘贴方式**。此时将筛选出所有 VIP 客户的数据。❶在 K 2 单元格中输入文本并复制，❷选择该列中剩余的其他单元格，并在其上右击，❸在弹出的快捷菜单中选择【粘贴值到可见单元格】命令，如下图所示。

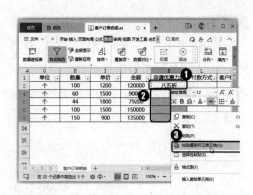

第3步 ▶ **查看粘贴结果**。单击【数据】选项卡下的【自动筛选】按钮，取消筛选效果后，可以看到刚刚粘贴的数据只粘贴到了筛选的那些可见单元格中，如下图所示。

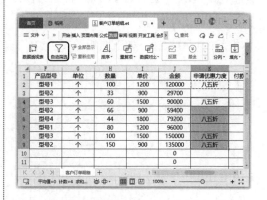

02 汇总多张工作表

一个工作簿中可以有多张工作表，如在记录销售数据时，不同的工作表记录不同日期的销售数据，工作表中的字段相同，都是由"销量""销量额"组成的。此时，可以通过"合并计算"功能快速统计所有工作表中不同日期的商品销量总和及销量额总和数据，具体操作步骤如下。

233

第1步 ▶ **打开【合并计算】对话框。** 打开"素材文件\第8章\销售记录.et"文件，❶新建一张空白工作表，用来放置合并计算后的内容，❷单击【数据】选项卡下的【合并计算】按钮，如下图所示。

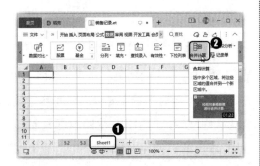

第2步 ▶ **设置【合并计算】对话框。** 打开【合并计算】对话框，单击【引用位置】文本框后的折叠按钮，如下图所示。

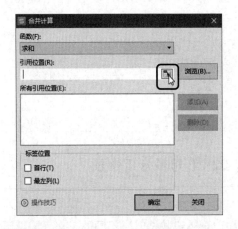

第3步 ▶ **设置引用位置。** ❶切换到"5.1"工作表，❷选择A1:C9单元格区域，❸单击【展开】按钮，如下图所示。

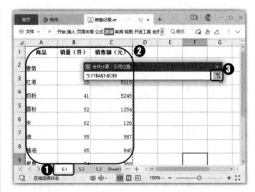

第4步 ▶ **添加第一个引用位置。** 返回【合并计算】对话框，单击【添加】按钮，将刚刚设置的位置添加到【所有引用位置】列表框中，如下图所示。

第5步 ▶ **添加其他引用位置。** ❶使用相同的方法，分别引用"5.2"和"5.3"工作表中的A1:C9单元格区域，然后单击【添加】按钮，❷此时已经完成了需要合并计算的区域选择，在【标签位置】栏中选中【首行】和【最左列】复选框，❸单击【确定】按钮，如下图所示。

第6步 ▶ **查看计算结果**。结果如下图所示，三张工作表中的数据便被计算到新的工作表中了。

03 通过信息表快速查找输入对应数据

日常使用表格时，常常需要根据某个数据值查找该数据项的其他值，如知道某个人的姓名，要查找他的联系电话。那么在信息表中就可以制作一个查询表，让其可以根据输入的数据查找并输入对应的其他值，以前我们会使用VLOOKUP函数来实现，但使用时有一定限制。现在使用WPS表格中的"查找录入"功能就可以方便完成了。

【查找录入】是根据表头的相同字段，将一个表格中的数据匹配填充到另一个表格中的。例如，要根据员工编号查找并输入对应的姓名、所属部门和联系电话，具体操作步骤如下。

第1步 ▶ **打开【查找录入】对话框**。打开"素材文件\第8章\员工信息查询表.et"文件，单击【数据】选项卡下的【查找录入】按钮，如下图所示。

第2步 ▶ **选择要输入的数据表**。打开【查找录入】对话框，❶单击【选择要录入的数据表】文本框后的 按钮，并选择工作表中要输入的数据表（包含表头）所在的区域，❷单击【下一步】按钮，如下图所示。

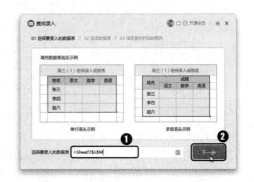

第3步 选择数据源。❶单击【选择数据源】文本框后的按钮，并选择工作表中要查找匹配的数据源表格（包含表头）所在区域，❷单击【下一步】按钮，如下图所示。

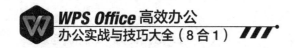

第4步 查看自动分配查找/结果列表。系统会根据前面设置的填充数据表格和数据源区域，自动分配查找/结果列表（也可以手动调整进行设置），确认无误后，单击【确定】按钮，如下图所示。

第5步 查看查询表格结果。返回工作表，即可看到查询表格中已经根据输入的员工编号自动输入了后面的几列数据，如下图所示。

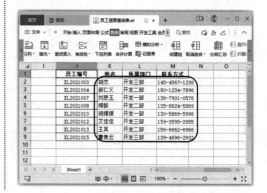

WPS

第 9 章

数据的可视化分析：
统计图表与透视表应用

本章导读

　　WPS表格不仅可以记录数据，还可以实现数据的可视化分析，如对符合条件的数据进行突出显示，以及将数据转换成图表、数据透视表、数据透视图。这些操作都可以更加直观地分析数据，方便进一步分析与处理数据以提取出有效的信息并形成最终决策。在制作图表时，不同类型的数据要选择不同的图表。在使用透视表时，也要根据分析目的选择字段。

知识要点

- 突出显示符合条件的数据
- 插入图表的方法
- 图表样式更改
- 图表布局元素编辑
- 常用图表的特性

- 数据透视表创建方法
- 透视表字段设置技巧
- 透视表值汇总方式调整
- 数据透视图创建方法
- 如何分析数据透视图

9.1 条件格式分析"KPI 绩效表"

KPI绩效表是对企业员工的工作业绩、工作能力、工作态度及其他工作事项进行考核和统计的表格。通过KPI绩效表，可以查看企业或部门员工的整体考核情况，也可以判断员工是否适合目前的岗位。由于KPI绩效表的考核项比较多，当员工数量也比较多时，就可以使用条件格式来快速分析员工的绩效考核情况。例如，通过条件格式，标出绩效及格的员工；通过条件格式，标出某项考核分类为 20~30 分的员工。条件格式其实也是筛选数据的一种方式，通过突出显示的方式，筛选出符合需求的数据项。

本例将通过WPS表格中提供的条件格式功能，分析企业员工的KPI绩效表。分析完成的效果如下图所示。实例最终效果见"结果文件\第 9 章\KPI绩效表 .et"文件。

部门	姓名	销量	退货量	销售额	客户维护	新客户挖掘	拜访客户	品质创意	问题发现	总KPI
销售部	张强	19.50	8.15	19.08	7.80	6.50	3.28	4.28	4.57	73.15
销售部	赵龙	20.40	9.24	17.12	9.75	8.50	4.23	4.82	4.79	78.84
运营部	李梦霖	28.80	8.45	13.00	6.30	7.40	4.83	3.73	4.28	76.78
运营部	刘小霜	27.45	9.00	13.00	5.40	5.10	4.75	4.78	3.73	73.21
品牌部	李林	18.75	5.60	12.40	3.75	6.20	3.75	3.73	4.78	58.95
品牌部	张来	15.60	5.40	10.40	9.30	5.30	4.20	4.28	1.25	55.73
销售部	王强	15.90	6.20	8.40	7.80	6.20	3.70	4.60	3.15	55.95
运营部	刘田	20.40	5.20	10.40	6.30	4.20	4.25	4.70	3.25	58.70
运营部	赵涵东	24.45	10.00	19.00	7.80	8.50	4.80	4.70	4.25	83.50
品牌部	王凡泽	28.38	8.56	10.20	7.65	7.40	4.25	4.25	3.70	74.39
销售部	周文馥	22.35	5.24	10.40	6.30	9.65	3.70	4.20	4.25	66.09
运营部	李小文	25.56	5.26	16.00	15.00	10.00	5.00	5.00	5.00	81.42
运营部	赵来一	18.72	5.24	11.36	9.30	9.68	2.10	3.70	4.25	64.35
品牌部	夏天阳	25.26	5.16	14.96	7.65	7.42	2.60	4.80	0.00	67.85
运营部	李情垦	15.63	6.39	19.12	7.65	9.63	3.15	4.25	1.82	67.64
品牌部	何旭东	12.93	8.68	14.90	7.80	5.22	2.63	3.70	4.78	60.03
品牌部	吴泽	18.75	8.69	17.12	9.30	4.10	2.28	4.25	4.73	69.22
销售部	陈学天	25.62	8.14	14.00	7.80	5.20	4.50	3.10	3.28	71.64
运营部	周汉文	20.34	7.50	16.80	6.30	6.30	4.55	2.70	0.75	65.24
运营部	李梦其	25.68	10.00	20.00	15.00	5.30	4.10	3.40	2.13	85.61
品牌部	徐念露	13.50	8.50	19.08	9.30	8.50	3.75	3.35	1.78	67.76
销售部	陈顺文	19.62	8.50	16.80	12.60	7.00	4.25	2.85	2.55	74.17
运营部	罗夏天	18.72	9.40	19.34	13.65	4.80	4.75	2.90	2.55	76.11
运营部	李芷若	30.00	10.00	17.14	12.60	8.56	4.00	4.75	4.50	91.55
品牌部	夏召正	13.71	8.20	13.56	11.25	9.58	4.50	3.70	2.62	67.12

9.1.1 按数值突出显示

条件格式最常用到的功能就是按条件突出显示符合要求的数据，具体操作步骤如下。

第1步▶ 选择条件。 打开"素材文件\第 9 章\KPI绩效表 .et"文件，❶选择K2：K26 单元格区域，❷单击【开始】选项卡下的【条件格式】按钮，❸在弹出的下拉菜单中选择【突出显示单元格规则】命令，❹在弹出的子菜单中选择【大于】命令，如下图所示。

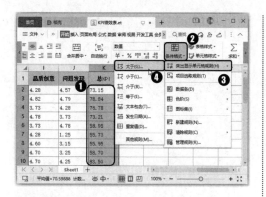

第2步 **设置条件**。打开【大于】对话框，❶设置条件，❷单击【确定】按钮，如下图所示。

第3步 **查看结果**。此时的效果如下图所示，K列中所有总KPI分数大于60分的数据均被填充上浅红色底色，从而突出显示，方便查看。

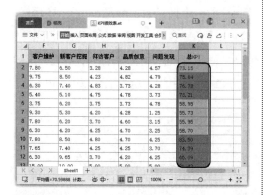

第4步 **选择条件**。❶选择C2：C26单元格区域，❷单击【条件格式】按钮，❸在弹出的下拉菜单中选择【突出显示单元格规则】命令，❹在弹出的子菜单中选择【介

于】命令，如下图所示。

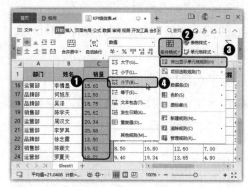

第5步 **设置条件**。打开【介于】对话框，❶设置条件如下图所示，❷单击【确定】按钮。

第6步 **查看结果**。如下图所示，C列单元格的销量KPI分数，便以黄色填充的方式突出显示分数介于20分到27分的数据了。

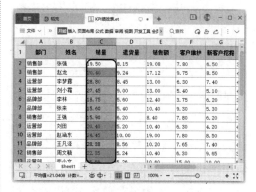

9.1.2 按文本突出显示

条件格式突出显示数据不仅对数值类数据有效，还对文本类数据有效。例如，

在本案例中可以突出显示某个部门、某个员工的姓名，具体操作步骤如下。

第1步▶ 选择条件。 ❶选择A列单元格，❷单击【条件格式】按钮，❸在弹出的下拉菜单中选择【突出显示单元格规则】命令，❹在弹出的子菜单中选择【文本包含】命令，如下图所示。

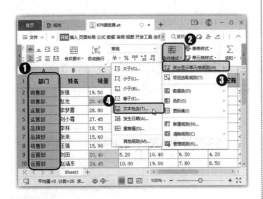

第2步▶ 设置条件。 打开【文本中包含】对话框，❶设置条件如下图所示，❷单击【确定】按钮。

第3步▶ 清除规则。 如下图所示，A列单元格中所有包含"销售部"文本的数据便被突出显示了。❶单击【条件格式】按钮，❷在弹出的下拉菜单中选择【清除规则】命令，❸在弹出的子菜单中选择【清除整个工作表的规则】命令，即可清除前面步骤中突出显示的数据格式。

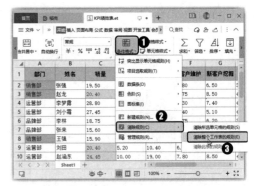

温馨提示●

在【清除规则】下拉菜单中选择【清除所选单元格的规则】命令，只会清除所选单元格中设置的条件格式规则。

9.1.3 突出显示最前/最后的数据

条件格式还可以进行内部计算，然后突出显示前10项最大或后10项最小的数据，以及高于/低于平均值的数据，无须另行计算，具体操作步骤如下。

第1步▶ 选择条件。 ❶选择K列单元格，❷单击【条件格式】按钮，❸在弹出的下拉菜单中选择【项目选取规则】命令，❹在弹出的子菜单中选择【前10%】命令，如下图所示。

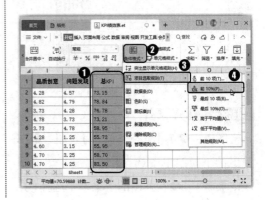

第2步 **设置条件**。打开【前10%】对话框，❶设置条件如下图所示，❷单击【确定】按钮。

第3步 **查看结果**。如下图所示，此时选择的K列数据中，数值大小位于该列数据前5%的数据就被突出显示出来了。

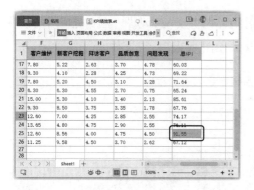

第4步 **选择条件**。❶选择G2：G26单元格区域，❷单击【条件格式】按钮，❸在弹出的下拉菜单中选择【项目选取规则】命令，❹在弹出的子菜单中选择【低于平均值】命令，如下图所示。

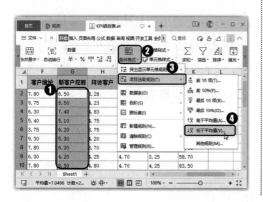

第5步 **设置条件**。打开【低于平均值】对话框，❶设置条件如下图所示，❷单击【确定】按钮。

第6步 **查看结果**。如下图所示，此时选择的G列数据中，所有低于平均值的新客户挖掘数据便被突出显示出来了。

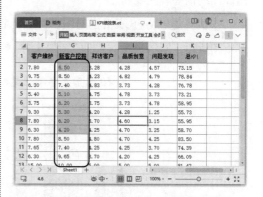

教您一招

更多条件格式的方式

　　在【条件格式】下拉菜单中选择【数据条】命令，可以用不同长短的数据条来展示单元格中的数据；选择【色阶】命令，可以根据单元格中数据的大小填充不同的单元格底色；选择【图标集】命令，可以根据单元格中数据的大小在数据前添加不同的图标以示区别。

9.2 制作"销售收入变动图"

企业在销售商品的同时会详细记录不同商品的销售数据。为了清楚直观地对比不同商品的销售变动情况，需要将WPS表格中的数据转换成图表。转换成图表的销售收入数据，可以直观地对比出不同时间段内不同商品的收入大小，还能对比出连贯时间段内同一商品的销售收入变动。

在WPS表格中，有柱形图、折线图、饼图等多种类型的图表。要想表现销售收入变动，其关注点在于销售收入的大小和变化趋势上。因此，选择柱形图最为合适，通过柱形的高低可以直观地对比出商品的销售收入大小，通过多个柱形的高低变化，可以对比出商品的销售收入变动。

本例将通过WPS表格中的图表功能，制作商品销售收入变动图。制作完成后的效果如下图所示。实例最终效果见"结果文件\第9章\销售收入表.et"文件。

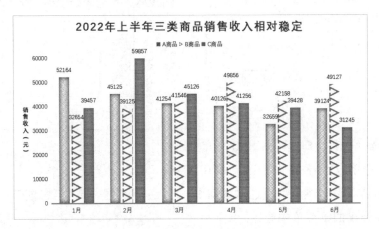

9.2.1 插入柱形图表

柱形图表用于显示各项数据之间的大小对比，以及一段时间内的数据变化。在用WPS表格制作柱形图表时，要正确地输入初始数据，再根据这些数据创建图表。在输入数据时，数据的摆放位置会影响到图表的创建效果，具体操作步骤如下。

第1步 ▶ 输入数据。❶打开WPS表格，新建一个空白工作簿并以"销售收入表"为名进行保存，❷在表格中输入如下图所示的数据。

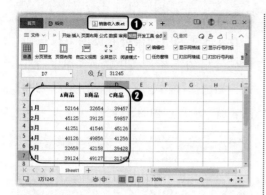

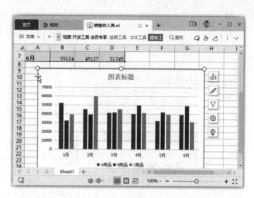

第2步 ▶ **选择图表类型。** ❶ 选择用于创建图表的数据所在的单元格区域，表示要用这些数据创建图表，❷ 单击【插入】选项卡下的【插入柱形图】按钮 ⟟⟟ ，❸ 在弹出的下拉列表中选择【簇状柱形图】选项，如下图所示。

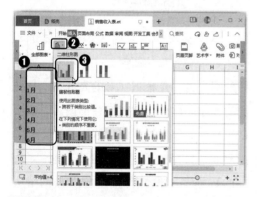

第3步 ▶ **查看创建的柱形图。** 如下图所示，此时便利用表格中的数据成功创建了柱形图。选择图表后，通过拖动鼠标调整图表的位置，直到将图表放置在空白处。为了让柱形图的表意更加明确、更加符合实际需求，接下来需要调整柱形图的布局元素。

教您一招 ▶

更改创建好的图表类型

利用表格中的数据创建图表后，如果觉得图表的类型不符合需要，不用删除图表后重新创建，只需要选择图表后，单击【图表工具】选项卡下的【更改类型】按钮，即可重新选择图表类型。

9.2.2 使用系统预置的样式

成功创建柱形图后，可以使用系统预置的样式快速美化柱形图。WPS 表格在美化柱形图时，可以使用系统预置的配色、预置的布局方式、预置的图表样式，具体操作步骤如下。

第1步 ▶ **选择配色。** ❶ 选择创建好的柱形图，❷ 单击【图表工具】选项卡下的【更改颜色】按钮，❸ 在弹出的下拉菜单中选择一种配色，如下图所示，此时图表就会应用这种配色。

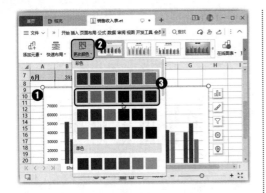

第2步 ▶ **选择布局。**❶单击【图表工具】选项卡下的【快速布局】按钮，❷在弹出的下拉菜单中选择一种布局，如选择【布局1】，如下图所示，此时图表就会应用这种布局。

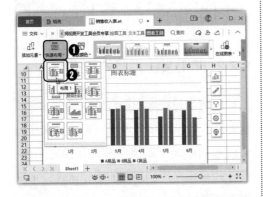

温馨提示▶

图表是由不同的布局元素组成的，包括标题、图例、网格线、数据标签、坐标轴等。不同的布局元素有不同的作用，只有根据实际需求，选择恰当的布局元素，并调整布局元素的格式，才能使一张图表数据信息准确传达。对于新手来说，直接选择系统预置的布局方式，可以在很大程度上避免元素选择上的错误。

第3步 ▶ **选择图表样式。**❶单击【图表工具】选项卡中列表框右侧的下拉按钮，❷在弹出的下拉列表中选择一种图表样式，如选择【样式2】，如下图所示，此时图表就会应用这种图表样式。

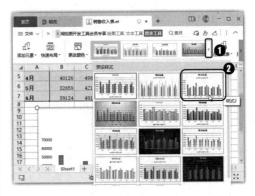

9.2.3 设置纵轴坐标

不同类型的图表因为表现形式的不同，对布局元素的调整方式也不同。对于柱形图来说，是根据柱形的高低来对比数据的大小。因此，创建好柱形图后，需要审视Y轴的坐标轴数值设置，是否方便对比和读取柱形的数据。设置要点是，将Y轴的数据范围设置得接近柱形条的最大值，具体操作步骤如下。

第1步 ▶ **打开【属性】任务窗格。**❶选中图表，❷单击图表右侧出现的【设置图表区域格式】按钮 ⚙，如下图所示。

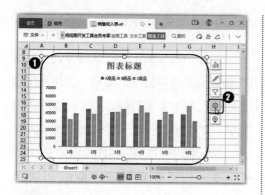

第2步 ▶ **设置 Y 轴坐标范围**。即可打开【属性】任务窗格，❶ 选择图表中的 Y 轴，可以看到任务窗格中的设置内容变成 Y 轴坐标相关的参数了，❷ 在【坐标轴选项】选项卡下单击【坐标轴】按钮，❸ 在【坐标轴选项】栏中的【最大值】文本框中输入"60000"，如下图所示。

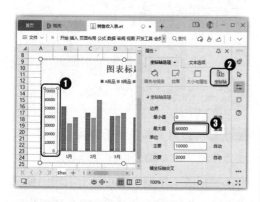

温馨提示 ▶

在本例中，创建图表后，默认的 Y 轴范围为 0~70000，而数据范围为 31245~59857。也就是说，数据条的数值都在 60000 以下，选用 60000 为最大值，已经适合图表数据显示了，而且不会在图表上方留下太多空白。但是，有人会说这里的数据条在 30000 以上、60000 以下，是否应该将最小值调整为 30000，这样可以突出数据对比。注意，如果将柱形图的最小值调整为非零，会导致数据失真，有些明明差距不大的数值，体现到柱形图上就会有很大的落差。所以，不建议对柱形图的最小值进行调整。

第3步 ▶ **查看效果**。按【Enter】键确认输入后，坐标轴的最大值就变成了 60000，同时会自动调整图表的效果，如下图所示。

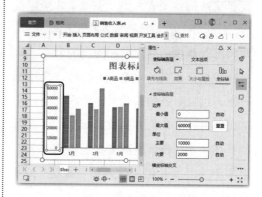

9.2.4　设置柱形图数据标签

图表数据标签的作用是显示不同数据项的具体数值大小。例如，柱形图，光凭肉眼很难准确地看出不同柱形条的具体数据。在柱形条上方添加数据标签，就能让观众快速地看到柱形条代表的数据值，具体操作步骤如下。

第1步 ▶ **选择数据标签**。❶ 单击【图表工具】选项卡下的【添加元素】按钮，❷ 在弹出的下拉菜单中选择【数据标签】命令，❸ 在弹出的子菜单中选择【数据标签外】命令，如下图所示。

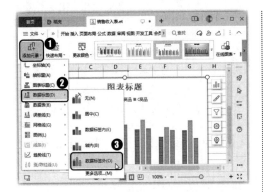

第2步▶ 调整图表大小。添加了数据标签后，柱形条上方的数据标签显示比较拥挤，此时可以❶拖动鼠标增加图表的大小，从而让数据标签显示完整、不拥挤，这样既可以通过柱形条的高低对比数据大小，又可以通过柱形条上方的数据标签了解数据的具体大小，❷修改图表标题为"2022年上半年三类商品销售收入相对稳定"，完成后的效果如下图所示。

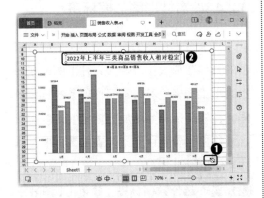

温馨提示●

　　数据标签的位置还可以选择在柱形条内、柱形条旁边等位置，但是居于柱形条上方，最方便阅读。

9.2.5 设置坐标轴标题

　　图表中的X轴代表什么内容，一般通过坐标轴的内容就可以知道了，但是Y轴代表什么却不那么明确。为了让读者清晰地明白图表中数据代表的内容，可以添加坐标轴标题进行说明，具体操作步骤如下。

第1步▶ 添加坐标轴标题。❶单击【图表工具】选项卡下的【添加元素】按钮，❷在弹出的下拉菜单中选择【轴标题】命令，❸在弹出的子菜单中选择【主要纵向坐标轴】命令，如下图所示。

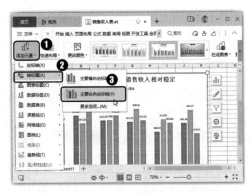

第2步▶ 打开【属性】任务窗格。此时，就会在图表中Y轴坐标的左侧显示出一个坐标轴标题文本框，❶在其上右击，❷在弹出的快捷菜单中选择【设置坐标轴标题格式】命令，如下图所示。

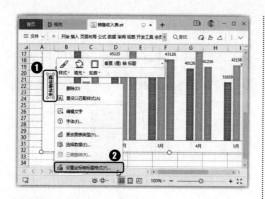

第3步 ▶ 调整文字方向。❶在【属性】任务窗格中，选择【文本选项】选项卡，❷单击【文本框】按钮，❸在【对齐方式】栏中的【文字方向】下拉列表框中选择【竖排】选项，如下图所示。

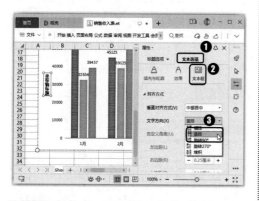

第4步 ▶ 输入Y轴标题。❶在坐标轴标题文本框中输入Y轴坐标轴标题文字"销售收入（元）"，❷在【开始】选项卡中设置标题的字体和字号，❸单击【开始】选项卡下的启动【字体设置】对话框按钮」，如下图所示。

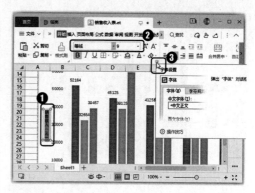

第5步 ▶ 设置标题文字间距。打开【字体】对话框，❶选择【字符间距】选项卡，❷在【间距】下拉列表框中选择【加宽】选项，并设置【度量值】为【1.5】磅，❸单击【确定】按钮，如下图所示。

第6步 ▶ 查看效果。此时，Y轴的标题文字便可加宽间距，不至于显得太拥挤，效果如下图所示。

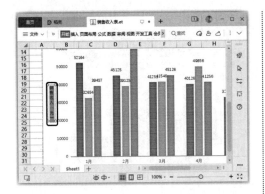

温馨提示●

图表中的文字内容都可以在【开始】选项卡中设置字体格式，这样可以让图表元素格式更统一，让图表整体效果更协调。

9.2.6 设置柱形条填充

在制作柱形图时，要考虑柱形条的填充样式区别是否明显。例如，图表是黑白显示的，就需要为柱形条设置不同纹理的填充，方便区分，具体操作步骤如下。

第1步● **设置填充图案。** ❶选择代表A商品数据系列的柱形条，❷单击【绘图工具】选项卡下的【填充】下拉按钮，❸在弹出的下拉菜单中选择【图案】命令，❹在弹出的子菜单中选择一种图案样式，如下图所示。

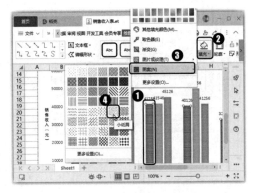

温馨提示●

在对图表内容进行操作时，可以在选择图表元素的基础上右击，在弹出的快捷菜单中选择相应命令来快速实现。

第2步● **设置填充图片。** ❶选择代表B商品数据系列的柱形条，❷单击【填充】下拉按钮，❸在弹出的下拉菜单中选择【图片或纹理】命令，❹在弹出的子菜单中选择【本地图片】命令，如下图所示。

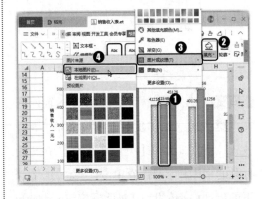

第3步● **打开【属性】任务窗格。** ❶打开"素材文件\第9章\图片1.png"文件，随后可以看到将该图片填充到柱形条中的效果，但此时的图片是根据柱形条的高度进

行拉伸的，并不是需要的效果，❷单击图表右侧显示出的【设置图表区域格式】按钮，如下图所示。

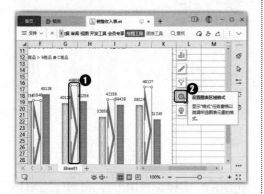

温馨提示●

在设置柱形条填充时，需要注意的是，不能设置得太花哨，否则会让图表失去简洁美。其原则是，只要能突出柱形条的不同即可，不用花心思设计复杂的图案。

第4步● **设置图片填充方式。**❶在【属性】任务窗格中，单击【填充与线条】按钮○，❷在【填充】栏中选中【层叠】单选按钮，如下图所示，即可让柱形条中的图案以层叠的方式显示。

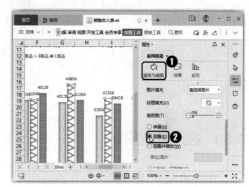

9.3 制作"产品利润趋势图"

企业为了实现更大利润收益，需要记录不同时间段下产品的利润数据，通过分析数据，发现产品的利润波动。如果要分析数据的波动，通常情况下，会将数据制作成折线图，通过折线的趋势来分析产品的利润趋势。

在WPS表格众多的图表中，柱形图不仅可以表现趋势，还可以表现数据大小；而折线图不同，折线图的重点完全在趋势上。所以，在分析数据时，如果仅仅是为了分析趋势，就需要选择折线图而非柱形图。将表格中的数据制作成折线图后，还需要调整折线图布局元素的格式，让趋势更明显；设置折线的格式，让折线之间有所区分，或者在折线上标出产品利润的最大值。

本例将通过WPS表格中提供的图表功能，来制作产品利润趋势图。制作完成后的效果如下图所示。实例最终效果见"结果文件\第9章\产品利润表.et"文件。

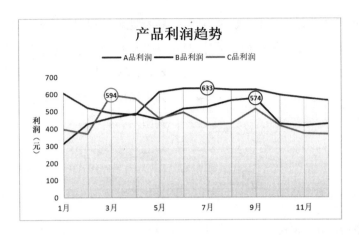

9.3.1 插入折线图

WPS表格中插入图表的方式都相同，首先在表格中输入数据，然后选择图表类型插入即可。本例在【图表】对话框中选择图表类型，插入折线图后可以应用系统预置样式，快速美化图表，具体操作步骤如下。

第1步 ▶ **打开【图表】对话框。** 打开"素材文件\第9章\产品利润表.et"文件，❶选择表格中包含数据的任意单元格，❷单击【插入】选项卡下的【全部图表】按钮，❸在弹出的下拉列表中选择【全部图表】选项，如下图所示。

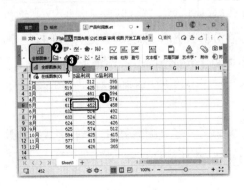

第2步 ▶ **选择折线图。** 打开【图表】对话框，❶选择【折线图】选项卡，❷在右侧可以选择折线图的子类型，这里保持默认的折线图样式，单击【插入图表】按钮，如下图所示。

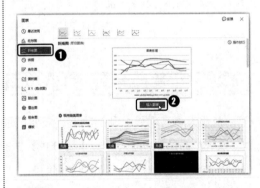

第3步 ▶ **应用样式。** 返回工作表编辑区域，即可看到插入的折线图。在【图表工具】选项卡中的列表框中选择合适的图表样式，如下图所示，即可快速美化图表。

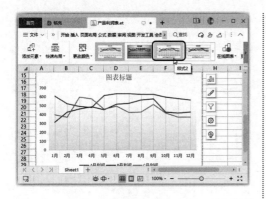

9.3.2 设置坐标轴标题

与柱形图一样，如果折线图的Y轴所代表的数据需要说明，就可以添加坐标轴标题，具体操作步骤如下。

第1步 ▶ **添加坐标轴标题**。❶选中图表，❷单击图表右侧显示出的【图表元素】按钮，❸在弹出的下拉列表中单击【轴标题】右侧的下拉按钮，❹在弹出的下拉菜单中选中【主要纵坐标轴】复选框，如下图所示。

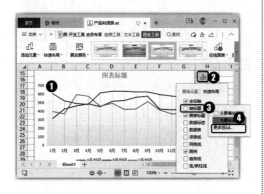

第2步 ▶ **显示出【属性】任务窗格**。即可在图表中显示出纵坐标轴标题，保持坐标轴标题文本框的选中状态，单击图表

右侧的【设置图表区域格式】按钮，如下图所示。

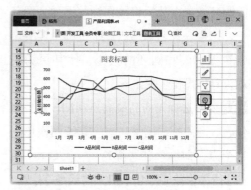

第3步 ▶ **设置坐标轴标题格式**。显示出【属性】任务窗格，❶选择【文本选项】选项卡，❷单击【文本框】按钮，❸在【对齐方式】栏中的【文字方向】下拉列表框中选择【竖排】选项，❹在坐标轴标题文本框中输入"利润（元）"，❺在【开始】选项卡中设置文字的字体和大小，并单击【加粗】按钮，如下图所示。

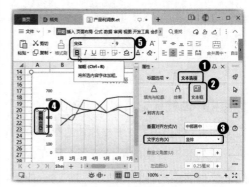

9.3.3 设置折线图数据标签

折线图的数据标签用来显示折线点的具体数据大小，为了避免折线图内容

太多可以设置只显示最高点的数据标签。在本例中，将为最高点添加比较大的空心圆环效果，然后将数据标签添加到圆环中，产生一种艺术感。这个过程中需要调整数据标签和圆环的大小，使其更为美观，具体操作步骤如下。

第1步▶ 选择A商品最高点利润。❶找到代表A商品折线的最高点，连续两次单击这个点，即可单独选择这一点，❷在【属性】任务窗格中单击【填充与线条】按钮，❸选择【标记】选项卡，❹在【数据标记选项】栏中选中【内置】单选按钮，❺在【类型】下拉列表框中选择【圆形】标记，如下图所示。

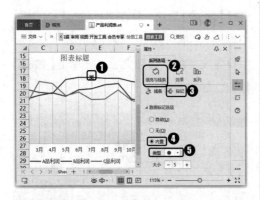

第2步▶ 设置标记填充色。❶在【填充】栏中选中【纯色填充】单选按钮，❷单击颜色下拉列表框右侧的下拉按钮，❸在弹出的下拉列表中选择【白色，背景1】，如下图所示。

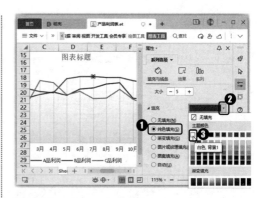

第3步▶ 设置标记轮廓颜色和宽度。❶选中【实线】单选按钮，❷在下方的【颜色】下拉列表框中选择需要的轮廓颜色，❸在【宽度】数值框中设置轮廓的宽度为【1.00磅】，如下图所示。

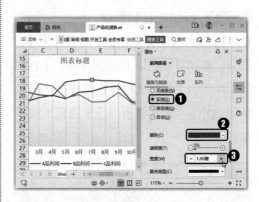

第4步▶ 设置标记大小。目前，数据标记还是太小了，无法让数据标签显示在其中，在【数据标记选项】栏中的【大小】数值框中增大标记的大小，如下图所示。

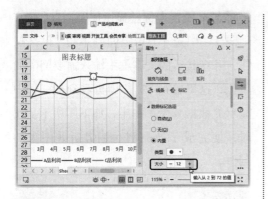

第5步 **设置数据标签**。继续选择A商品折线最高点，❶单击【图表工具】选项卡下的【添加元素】按钮，❷在弹出的下拉菜单中选择【数据标签】命令，❸在弹出的子菜单中选择【居中】命令，如下图所示。

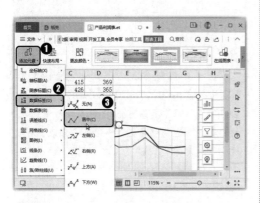

第6步 **设置标签格式**。选择添加好的标签数字，在【开始】选项卡中设置数字的字号大小，单击【加粗】按钮，如下图所示，完成"A商品"最高点的数据标签设置。此时，可能需要反复调整数据标签和数据点标记的外框大小，使效果更完美。

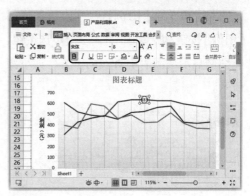

第7步 **设置B、C商品的数据标签**。按照同样的方法，设置B商品和C商品的数据标签，完成后的效果如下图所示。

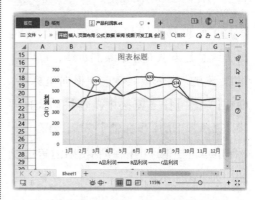

9.3.4 调整折线图布局细节

完成折线图的数据标签设置后，只需要输入图表标题、调整图例位置、线条格式，即可完成折线图制作，具体操作步骤如下。

第1步 **设置图表标题和图例**。❶在图表标题中输入标题文字，并进行字体格式设置，❷选中图例，❸单击最右侧的任务窗格栏中的【属性】按钮，显示出【属性】任务窗格，❹单击【图例选项】选项卡下的【图例】按钮 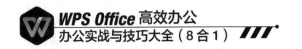，❺选中【靠上】单选按钮，让图例显示在图表中折线的上方，如下图所示。

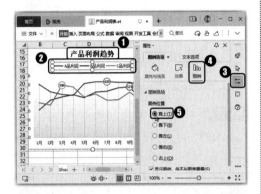

第2步 ▶ **调整折线起始位置。** 默认创建的折线总是不从 0 开始绘制折线，可以通过以下方式来修改。❶选中横向坐标轴，❷在【属性】任务窗格中单击【坐标轴选项】选项卡下的【坐标轴】按钮，❸在【坐标轴位置】栏中选中【在刻度线上】单选按钮，如下图所示。

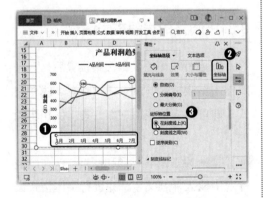

第3步 ▶ **设置坐标轴显示间距。** 在【标签间隔】栏中选中【指定间隔单位】单选按钮，并在其后的文本框中输入需要间隔的单位，这里输入"2"，即可看到坐标轴中显示的数据减少了一半，如下图所示。此时，便完成了产品利润趋势折线图表的制作。

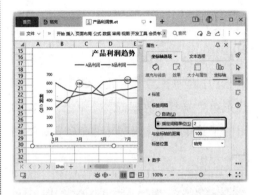

温馨提示 ▶

图表的各种参数设置几乎包含在【属性】任务窗格中，平时可以在选择图表元素后，在【属性】任务窗格中查看该元素对应的参数，一边调整参数，一边查看图表效果，这样学习起来也比较直观。

9.4 制作"商品月度销售情况表"

企业在销售商品时，会详细统计每个月不同商品的销售数据。在商品月度销售数据表中，包含商品的销量、销售地、销售员、销售额、退货量等数据。在记录商品销售数据时，可以用最简单的格式记录数据，不用担心后期查看数据时，不能按照特定的分类进行查看。因为WPS表格中有数据透视表功能，可以按照数据分析需求，将数据进行分类整理，形成数据透视表。将数据制作成数据透视表后，还可以插入数据透视图，利用图表直观有效地分析商品销售情况，分析在不同的月份下商品的销售趋势、同一种商品在不同城市的销售情况、不同销售员销售商品的能力，从而发现问题，调整策略，增加商品销量。

本例将通过WPS表格中提供的数据透视表功能，制作商品月度销售数据透视表。制作完成后的效果如下图所示。实例最终效果见"结果文件\第 9 章\商品月度销售表 .et"文件。

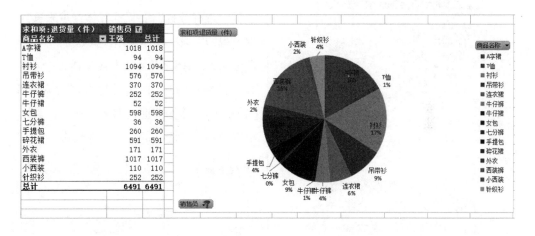

9.4.1 创建数据透视表

利用数据透视表分析数据的第一步是要将原始数据制作成透视表，具体操作步骤如下。

第1步▶ 打开【创建数据透视表】对话框。

打开"素材文件\第 9 章\商品月度销售表 .et"文件，❶选择表格中任意有数据的单元格，表示要用这些数据创建透视表，❷单击【插入】选项卡下的【数据透视表】按钮，如下图所示。

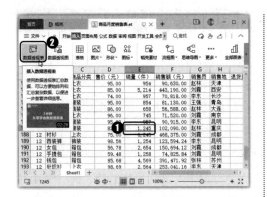

第2步 ▶ **创建透视表。** ❶ 打开【创建数据透视表】对话框，确定选择的单元格区域是表格中的所有数据区域，❷ 单击【确定】按钮，如下图所示。

第3步 ▶ **查看创建成功的透视表。** 数据透视表创建成功后，效果如下图所示。此时看不到任何表格内容，是因为还没有选择要查看的数据字段。

9.4.2 设置透视表字段

商品月度销售表的数据字段比较多，有商品名称、商品分类、销量、销售额等。如果不选择字段，透视表就不会显示任何数据。透视数据需要根据具体需求来选择要透视的字段，具体操作步骤如下。

第1步 ▶ **选择字段。** 在【数据透视表】任务窗格中，同时选中【月份】【商品名称】【销量（件）】复选框，如下图所示，表示要查看不同月份下不同商品的销量。

第2步 ▶ **移动字段位置。** ❶ 在【数据透视表区域】栏中的【在下面区域中拖动字段】窗格中的【值】列表框中选择【求和项：月

份】选项，❷并按住鼠标左键不放，将其拖动到【列】列表框中，如下图所示。

第3步▶ 完成字段设置。此时，在【在下面区域中拖动字段】窗格中，各字段的位置如下图所示，表格中也展现了相应的透视表内容。

第4步▶ 打开【值字段设置】对话框。❶在【值】列表框中选择【求和项：销量（件）】选项，并在其上右击，❷在弹出的快捷菜单中选择【值字段设置】命令，如下图所示。

第5步▶ 选择计算类型。打开【值字段设置】对话框，❶在列表框中选择【平均值】选项，作为计算类型，❷单击【确定】按钮，如下图所示，表示要对销量计算平均值。

第6步▶ 完成字段设置。❶如下图所示，在【数据透视表】任务窗格中，【值】变成平均值的计算方式，完成字段设置，❷单击【数据透视表】任务窗格右上方的【关闭】按钮，关闭该任务窗格。

第7步▶ 查看数据透视表。 如下图所示，数据透视表中显示了不同月份下不同商品的销量，以及不同商品在不同月份下的销量平均值。

9.4.3 灵活查看透视表

数据透视表的功能十分强大，可以帮助灵活地查看各项数据。例如，以求和的方式、求平均值的方式、求最大值的方式查看数据。如果选择的字段比较多，还可以折叠、展开查看数据。在查看数据时，也需要掌握筛选方法，以明确地分析数据。

1. 更改值的汇总依据

数据透视表可以以不同的方式汇总数据，默认情况下是求和的方式，可以根据数据分析目的灵活更改，具体操作步骤如下。

第1步▶ 选择值汇总方式。 ❶在数据透视表中任意数据单元格上右击，❷在弹出的快捷菜单中选择【值汇总依据】命令，❸在弹出的子菜单中选择【最大值】命令，如下图所示。

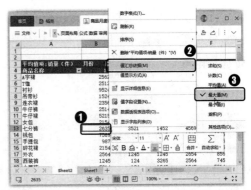

第2步▶ 查看数据汇总结果。 更改数据汇总方式后，结果如下图所示，由原来的平均值变成最大值。从而可以快速地找到不同月份下，商品的销量最大值是多少。

更改值的数据格式

在【值汇总依据】的子菜单中选择【其他选项】命令，在打开的【值字段设置】对话框中，单击【数字格式】按钮，即可打开【设置单元格格式】对话框，从而设置值的数据格式，如设置其显示两个小数点位数。

2. 活动字段的展开与折叠

在选择数据透视表字段时，如果字段之间有包含关系，就可以使用【折叠】按钮查看数据。例如，商品名称是包含于商品分类中的，可以单击【折叠】按钮，查看不同商品分类下不同商品的销售数据，具体操作步骤如下。

第1步▶ 打开【数据透视表】任务窗格。
❶在数据透视表中的任意数据单元格上右击，❷在弹出的快捷菜单中选择【显示字段列表】命令，如下图所示。

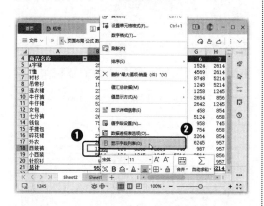

第2步▶ 选择字段。显示出【数据透视表】任务窗格，同时选中【月份】【商品名称】【商品分类】【销量（件）】复选框，如下图所示。

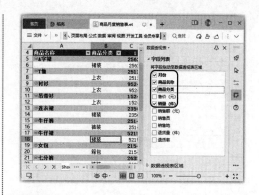

第3步▶ 单击折叠按钮。如下图所示，单击【折叠】按钮▭，可以收起该分类下的商品名称。

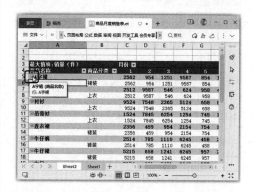

第4步▶ 折叠整个字段。将商品分类下的商品名称数据收起后，如果需要展开商品名称数据，就可以单击【展开】按钮▦。❶在任意一个折叠按钮上右击，❷在弹出的快捷菜单中选择【展开/折叠】命令，❸在弹出的子菜单中选择【折叠整个字段】命令，如下图所示。

第5步 ▶ **查看数据**。将所有商品分类下的商品名称数据收起后，效果如下图所示。

第2步 ▶ **查看经过筛选的月份数据**。如下图所示，对月份数据进行筛选后，便只显示1月份的商品销售数据了。

3. 筛选数据透视表

数据透视表的数据项目和数据量往往比较大，如果想要根据目的查看数据，可以使用筛选功能，排除暂时不需要查看的数据项目，具体操作步骤如下。

第1步 ▶ **选择月份**。❶单击"月份"字段右侧的筛选按钮⛛，❷在弹出的下拉菜单中的列表框中单击月份"1"后的【仅筛选此项】按钮，如下图所示。

第3步 ▶ **清除筛选**。❶单击"月份"字段右侧的筛选按钮，❷在弹出的下拉菜单中选择【清空条件】命令，清除筛选结果，如下图所示。

第4步 调整值汇总方式。如果想要筛选不同商品的销售数据，可以先将值汇总方式调整为【求和】，方便对比商品销量。❶在任意数据透视表的单元格中右击，❷在弹出的快捷菜单中选择【值汇总依据】命令，❸在弹出的子菜单中选择【求和】命令，如下图所示。

第5步 筛选商品类型。❶单击"商品名称"字段右侧的筛选按钮，❷在弹出的下拉列表中选择需要分析的商品类型，❸单击【确定】按钮，如下图所示。

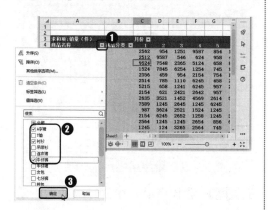

第6步 查看筛选结果。如下图所示，即可筛选出三种商品在不同月份下的销售数据，以及这三种商品的销量总和。

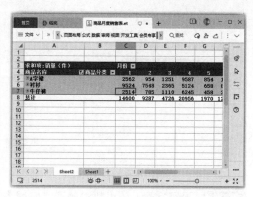

9.4.4 通过数据透视图分析数据

将数据创建成数据透视表后，数据依然不够直观，从表格中纯粹的数据很难分析出商品具体的销售情况。如果将透视表制作成透视图，可以更直观地看出商品销售情况。在将透视表数据制作成透视图时，要根据分析的目的选择恰当的图表。

1. 折线图分析销量趋势

在分析商品销售数据时，常常会分析商品的销售趋势。此时，就需要用到折线图，通过折线走势发现商品销售趋势，具体操作步骤如下。

第1步 添加字段。显示出【数据透视表】任务窗格，在列表框中同时选中【月份】【商品名称】【销量（件）】复选框，如下图所示。

第2步 ▶ **设置字段**。在【数据透视表区域】栏中的【在下面区域中拖动字段】窗格中设置字段的位置如下图所示。

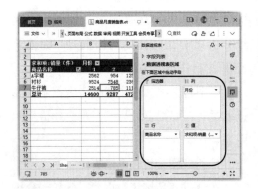

第3步 ▶ **创建透视图**。❶选择透视表中的任意单元格，表示要用这些数据创建透视图，❷单击【图表工具】选项卡下的【数据透视图】按钮，如下图所示。

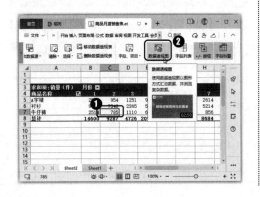

第4步 ▶ **选择图表类型**。打开【图表】对话框，❶选择【折线图】选项卡，❷在右侧可以选择折线图的子类型，这里保持默认的折线图样式，单击【插入图表】按钮，如下图所示。

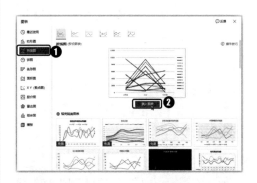

第5步 ▶ **切换行/列**。在创建的折线图中，X轴是商品名称，但是实际需要X轴是月份，此时可以切换图表的行/列显示。单击【图表工具】选项卡下的【切换行列】按钮，如下图所示。

第6步 ▶ **选择商品**。在创建成功的折线图中，由于商品名称太多，因此折线图十分杂乱，可以选择性地查看特定的商品。❶单击图表中的【商品名称】按钮，❷在弹出的下拉菜单中的列表框中选择商品类型，❸单击【确定】按钮，如下图所示。

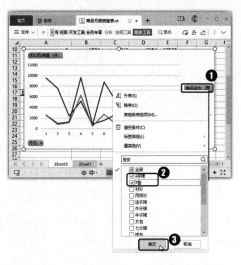

第7步▶ 分析折线图。此时折线图效果如下图所示，将鼠标指针放到折线点上，会显示具体的数据。从图中可以发现，A字裙商品和T恤商品在一年 12 个月中的销量趋势变化。

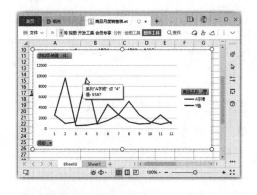

第8步▶ 清除筛选。❶单击图表中的【商品名称】按钮，❷在弹出的下拉菜单中选择【清空条件】命令，如下图所示，清除筛选后，可以继续进行其他分析操作。

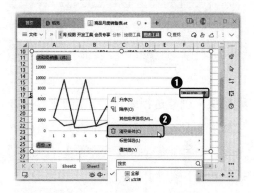

2. 饼图分析销售员退货数据

　　在分析商品销售数据时，可以分析不同销售员的退货量，查看哪个销售员的退货占比最大，同一销售员哪类商品退货占比最大。分析占比数据，就需要选择饼图，具体操作步骤如下。

第1步▶ 设置字段。❶选择"Sheet 1"工作表，❷选择任意包含数据的单元格，❸单击【插入】选项卡下的【数据透视图】按钮，如下图所示。

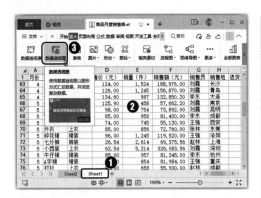

第2步 ▶ **创建透视图**。打开【创建数据透视图】对话框，❶确定选择的单元格区域是表格中的所有数据区域，❷单击【确定】按钮，如下图所示。

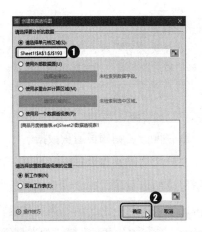

第3步 ▶ **设置字段**。即可根据这些数据创建一个数据透视表和数据透视图，在【数据透视表】任务窗格中的【字段列表】栏中的列表框中选中【商品名称】【销售员】【退货量（件）】复选框，如下图所示。

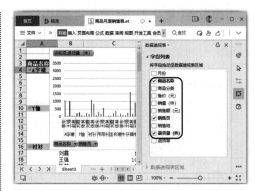

第4步 ▶ **移动字段位置**。❶在【数据透视表区域】栏中的【在下面区域中拖动字段】窗格中的【行】列表框中选择【商品名称】选项，❷并按住鼠标左键不放，将其拖动到【列】列表框中，如下图所示。

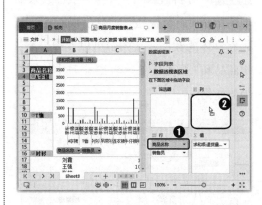

第5步 ▶ **打开【更改图表类型】对话框**。❶选中创建的柱形透视图，❷单击【图表工具】选项卡下的【更改类型】按钮，如下图所示。

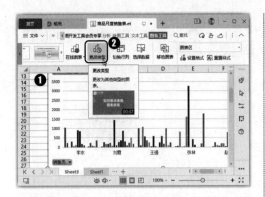

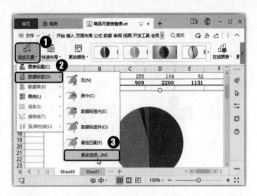

第6步 更改图表类型。打开【更改图表类型】对话框，❶选择【饼图】选项卡，❷在右侧可以选择饼图的子类型，这里保持默认的饼图样式，单击【插入图表】按钮，如下图所示。

第8步 分析创建的饼图。❶单击最右侧的任务窗格栏中的【属性】按钮，显示出【属性】任务窗格，❷在【标签选项】选项卡下单击【标签】按钮 ，❸在【标签选项】栏中选中【类别名称】【百分比】【显示引导线】复选框，如下图所示。可以看到，饼图显示了A字裙商品中，在不同销售员销售时的退货量占比，其中由销售员"李东"销售的A字裙退货量占比最大，达到了48%。

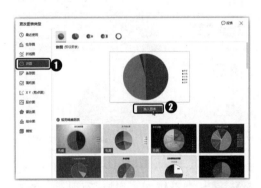

第7步 添加数据标签。保持图表的选中状态，❶单击【图表工具】选项卡下的【添加元素】按钮，❷在弹出的下拉菜单中选择【数据标签】命令，❸在弹出的子菜单中选择【更多选项】命令，如下图所示。

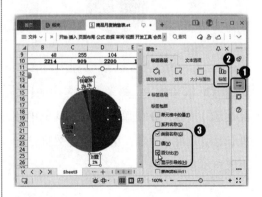

第9步 查看其他商品的退货量占比。❶单击图表中的【商品名称】按钮，❷在弹出的下拉菜单中的列表框中单击【牛仔裤】右侧的【仅筛选此项】按钮，如下图所示。

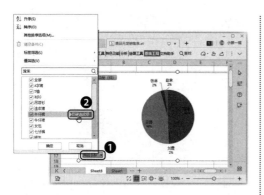

第10步▶ 分析饼图。此时关于牛仔裤商品的退货量情况如下图所示。由图中分析得知，在所有销售员中，由"张林"销售的牛仔裤商品退货量占比最大，达到了72%。

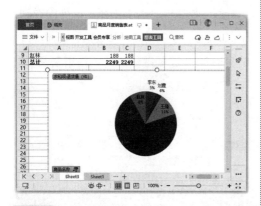

第11步▶ 清除筛选。❶单击图表中的【商品名称】按钮，❷在弹出的下拉菜单中选择【清空条件】命令，清除筛选数据，如下图所示。

第12步▶ 切换行/列。如果想要查看同一销售员在销售不同商品时的退货量占比，就需要切换行/列。单击【图表工具】选项卡下的【切换行列】按钮，如下图所示。

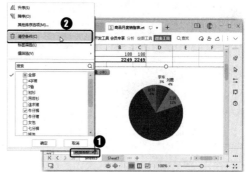

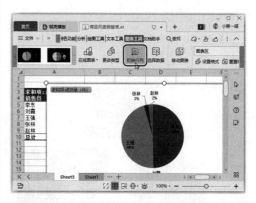

第13步▶ 查看饼图。切换行/列后，效果如下图所示，此时可以分析同一销售员在销售不同商品时，哪种商品的退货量最大。由图中分析得知，"李东"销售的A字裙退货量占比最大，达到了23%。

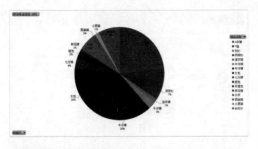

第14步▶ 选择销售员。❶单击图表中的【销售员】按钮，❷在弹出的下拉菜单中的列表框中选择其他销售员，这里单击【王强】右侧的【仅筛选此项】按钮，如下图所示。

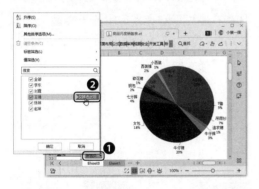

第15步▶ 查看其他销售员的退货量占比。下图所示为销售员王强销售商品的退货量占比。从图中可以发现，该销售员销售的衬衫退货量占比最大，达到了17%。

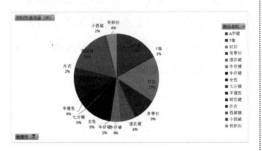

3. 雷达图分析城市销量

如果想要分析不同城市的商品销售情况，可以使用雷达图。雷达图可以将不同的数据项目集中在一个圆形的图表上，通过数据向外扩散的程度来判断数据的大小和变化趋势，具体操作步骤如下。

第1步▶ 单击【数据透视图】按钮。❶选择"Sheet1"工作表，❷选择任意包含数据的单元格，❸单击【插入】选项卡下的【数据透视图】按钮，如下图所示。

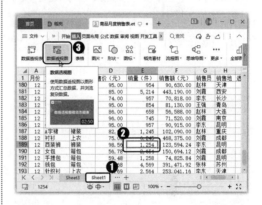

第2步▶ 设置字段。打开【创建数据透视图】对话框，保持默认设置，单击【确定】按钮后即可创建新的数据透视图和数据透视表。在【数据透视表】任务窗格中的【字段列表】栏中的列表框中选中【商品名称】【销量（件）】【销售地】复选框，如下图所示。

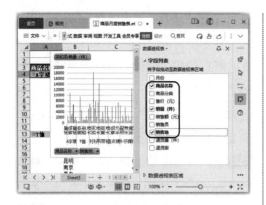

第3步 移动字段位置。❶在【数据透视表区域】栏中的【在下面区域中拖动字段】窗格中的【行】列表框中选择【商品名称】选项，❷并按住鼠标左键不放，将其拖动到【列】列表框中，如下图所示。

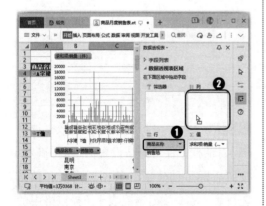

第4步 打开【更改图表类型】对话框。❶选择创建的柱形透视图，❷单击【图表工具】选项卡下的【更改类型】按钮，如下图所示。

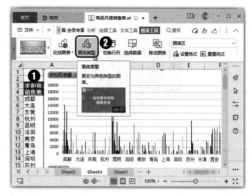

第5步 更改图表类型。打开【更改图表类型】对话框，❶选择【雷达图】选项卡，❷在右侧可以选择雷达图的子类型，这里保持默认的雷达图样式，单击【插入图表】按钮，如下图所示。

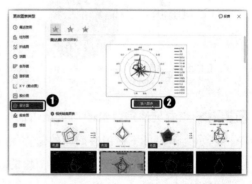

第6步 增加图表区域。为了更清晰地分析雷达图数据，可以拖动鼠标调整图表大小，增加图表区域，并将图表放置到表格中的空白位置，如下图所示。

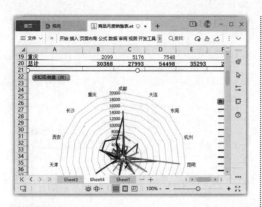

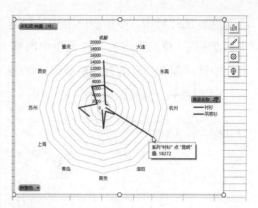

第7步▶ 选择商品名称。❶单击图表中的【商品名称】按钮，❷在弹出的下拉菜单中选择需要分析的商品名称，❸单击【确定】按钮，如下图所示。

第9步▶ 清除筛选。❶单击图表中的【商品名称】按钮，❷在弹出的下拉菜单中选择【清空条件】命令，如下图所示。

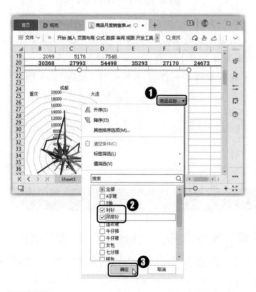

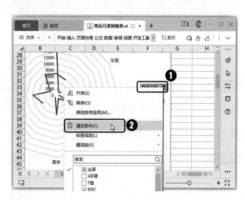

第8步▶ 分析雷达图。此时的雷达图效果如下图所示。图中显示了衬衫和吊带衫在不同城市的销量情况，断线的地方表示该城市没有该商品的销量。将鼠标指针移动到数据点上，会显示具体的城市销量数据。

第10步▶ 切换行/列。单击【图表工具】选项卡下的【切换行列】按钮，如下图所示。

第11步● **选择城市**。❶单击图表中的【销售地】按钮，❷在弹出的下拉菜单中的列表框中选择需要分析的目的地城市，❸单击【确定】按钮，如下图所示。

的销量越大。

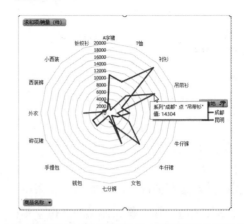

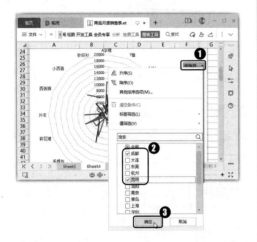

第12步● **分析城市销售情况**。结果如下图所示。从图中可以分析成都和昆明这两个南方城市的商品销售情况。在雷达图中，线条往外扩散的程度越大，代表这种商品

教您一招●

快速应用图表样式

数据透视图也可以具有美观度，具体设置方法与图表的设置方法相同，只需要在【图表工具】选项卡中进行设置即可。例如，要为数据透视图应用图表样式，可以在【图表工具】选项卡中的列表框中选择一种图表样式。

高手支招

通过前面知识点的学习，相信读者已经掌握了WPS表格中条件格式运用、图表制作、数据透视表创建的方法。下面结合本章内容，再给读者介绍一些工作中的实际经验与技巧，提高办公效率。

01 使用公式规定条件格式的规则

在使用条件格式突出显示单元格数据时，可以通过公式来设置条件，如此便能更加灵活，具体操作步骤如下。

第1步● **打开【新建格式规则】对话框**。打开"素材文件\第9章\人力资源规划表.et"文件，❶选择J3：J32单元格区域，❷单击【开始】选项卡下的【条件格式】按钮，❸在弹出的下拉菜单中选择【新建规

则】命令，如下图所示。

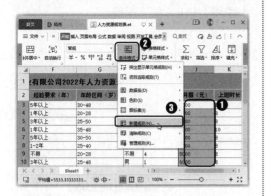

第2步▶ 设置【新建格式规则】对话框。
打开【新建格式规则】对话框，❶在【选择规则类型】列表框中选择【使用公式确定要设置格式的单元格】选项，❷在【编辑规则说明】栏中的【只为满足以下条件的单元格设置格式】文本框中输入公式"=$J3>5000"，该公式表示突出显示J列月薪值大于5000的数，❸单击【格式】按钮，如下图所示。

第3步▶ 设置格式。打开【单元格格式】对话框，❶选择【图案】选项卡，❷在【颜色】栏中选择浅蓝色，❸单击【确定】按钮，如下图所示。

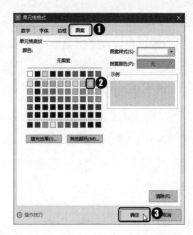

第4步▶ 查看效果。返回【新建格式规则】对话框，单击【确定】按钮，确定新建的规则，即可看到表格效果如下图所示。在J列单元格数据中，所有月薪大于5000的数据的单元格便填充上浅蓝色底色。

02 创建更美观的在线图表

WPS表格中提供了在线图表功能，可以创建出更多效果的图表。例如，本例中要创建一个个性的组合图表，将产量制作成柱形图，将人员数量制作成折线图。制作要点是，设置其中一个图表的坐标轴为次坐标轴，具体操作步骤如下。

第1步 ▶ **选择图表类型**。打开"素材文件\第9章\产量影响因素分析表.et"文件，❶选择A1：A13单元格区域，❷单击【插入】选项卡下的【全部图表】按钮，❸在弹出的下拉菜单中选择【在线图表】命令，❹在弹出的子菜单中选择【组合图】选项，❺在下方选择【免费】选项，在右侧选择需要的图表类型，如下图所示。

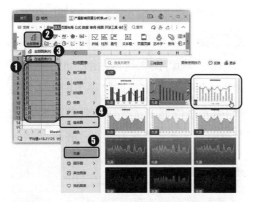

第2步 ▶ **打开【更改图表类型】对话框**。❶选中创建的组合图，❷单击【图表工具】选项卡下的【更改类型】按钮，如下图所示。

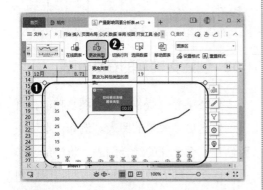

第3步 ▶ **更改图表类型**。打开【更改图表类型】对话框，❶在右侧的【人员】右侧选中【次坐标轴】对应的复选框，❷单击【插入图表】按钮，如下图所示。

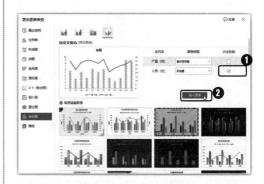

第4步 ▶ **添加轴标题**。此时图表右边会多出一条次坐标轴Y轴，这是折线图数据所对应的坐标轴。❶修改图表标题，❷单击图表右侧的【图表元素】按钮，❸在弹出的下拉菜单中选中【轴标题】复选框，如下图所示，即可在图表中添加三个轴标题文本框。

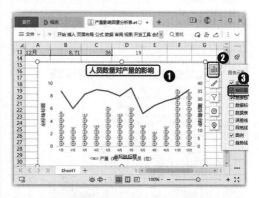

第5步 ▶ **修改图表细节**。❶在左右两侧的轴标题文本框中输入合适的说明文本，❷选择下方的轴标题文本框和图例，按【Delete】键删除，❸调整绘图区的大小，使右侧的坐标轴和轴标题都能清楚显示，完成后的效果如下图所示。

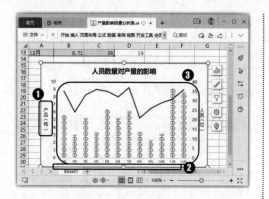

03 使用切片器查看数据透视表

在查看数据透视表和数据透视图的数据时，还可以使用切片器来筛选数据，具体操作步骤如下。

第1步 ▶ **打开切片器**。打开"素材文件\第9章\销售数据.et"文件，❶选择"Sheet2"工作表，❷单击【插入】选项卡下的【切片器】按钮，如下图所示。

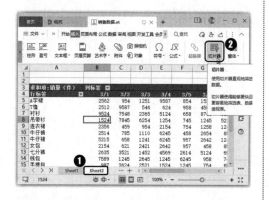

第2步 ▶ **选择切片器选项**。打开【插入切片器】对话框，❶选中需要进行筛选的字段对应的复选框，❷单击【确定】按钮，如下图所示。

第3步 ▶ **筛选销售地**。此时将根据选择的字段插入对应的切片器。❶拖动鼠标将切片器移动到表格的空白位置，❷在"销售地"切片器中选择需要筛选的数据，如选择【深圳】选项，如下图所示。

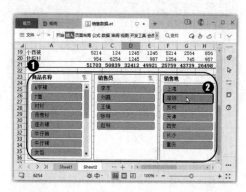

第4步 ▶ **查看数据筛选结果**。此时透视表中就筛选出了销往深圳的商品数据，如下图所示。

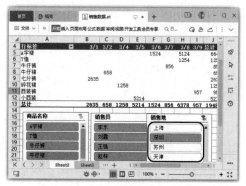

第5步 ▶ **查看数据、清除筛选。**❶在"商品名称"切片器中，按住【Ctrl】键的同时，选择多个商品名称，此时表格中就筛选出了销往深圳的对应的商品类别数据，❷单击"销售地"切片器右上方的【清除筛选器】按钮，如下图所示。

第6步 ▶ **查看清除筛选结果。**即可清除"销售地"字段的数据筛选，效果如下图所示。此时表格中就筛选出了所有销售地对应的商品类别数据。

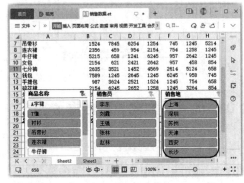

第 4 篇

演示文稿篇

WPS演示是WPS Office中的重要组件之一，可以制作和播放多媒体演示文稿，帮助用户以可视化、动态化的方式呈现工作成果，广泛应用于演讲、教学、汇报、会议、培训、广告宣传、商品演示等场合。通过它可以制作出图文并茂、色彩丰富、生动形象的演示文稿，帮助用户传递信息、有效表达观点和沟通交流。本篇将列举多个实际案例对WPS演示的使用方法和技巧进行介绍。

WPS

第10章

演示文稿的创建与编辑

本章导读

　　演示文稿是日常办公中用户观点表达的重要辅助工具，WPS演示是一款编辑演示文稿的软件。利用该软件，用户可以通过设置母版来快速完成演示文稿的样式设计，提高制作效率。此外，还可以自由添加、删除幻灯片，并在幻灯片页面中编辑文字、图片、智能图形等形式多样的内容。

知识要点

- 创建演示文稿
- 编辑母版版式
- 编辑幻灯片内容
- 智能美化演示文稿

10.1 制作"部门工作报告"演示文稿

在工作中，经常需要向上级、企事业主管部门汇报某段时间的工作情况。比较正规一点的工作汇报，通常需要制作成演示文稿，在会议中作报告。工作报告通常包括固定时间段内的工作总结、工作中的成绩和不足之处、未来的工作展望等项目。例如，季度工作报告、年终工作报告等阶段性工作报告。在使用演示文稿汇报工作时，不应该有长篇的文字，而需要将文字转化为精简的语言再配上示意图进行展示。

本例将通过WPS演示提供的演示文稿创建编辑功能，制作部门工作报告演示文稿。制作完成后的效果如下图所示。实例最终效果见"结果文件\第10章\部门工作报告.dps"文件。

10.1.1 创建演示文稿

制作工作报告前，首先要在WPS演示中创建一份符合需求的演示文稿，再进行保存，具体操作步骤如下。

第1步 创建空白演示文稿。启动WPS Office软件，❶单击【新建】按钮，❷在新界面中选择【演示】选项卡，❸在下方单击【新建空白演示】按钮，如下图所示。

第2步 ▶ **保存演示文稿**。此时，将创建一个空白演示文稿。❶单击快速访问工具栏中的【保存】按钮，❷在打开的【另存为】对话框中，选择文稿的保存路径，输入演示文稿的保存名称，单击【保存】按钮就完成了演示文稿的保存，保存后的文稿命名为保存时输入的文稿名称，如下图所示。

10.1.2 设置母版

当工作报告演示文稿中包含的内容比较多时，为了提高演示文稿的制作效率，应该合理地运用母版。母版的作用是，事先设计好一个演示文稿模板，将这份演示文稿中某类页面中的相同元素都提前设计好。例如，在本例中，所有内容页的左上角都有一个背景图片，其标题格式相同，那么就在母版中将这些元素设计好，后期直接利用即可，不需要重复编辑设计。

1. 设置母版背景

一份演示文稿之所以能赏心悦目，很大程度上取决于好看的背景。母版的背景设计可以直接更改母版背景，或者是在母版上插入图片来完成，但是选择背景的时

候需要根据不同版式的大致内容排布效果来确定，具体操作步骤如下。

第1步 ▶ **进入母版视图**。单击【视图】选项卡下的【幻灯片母版】按钮，如下图所示。

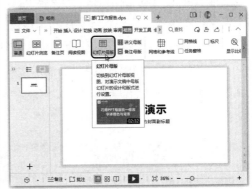

第2步 ▶ **删除页面中的占位符**。即可进入幻灯片母版编辑状态，❶在左侧窗格中选择第一个幻灯片母版下的第一张"标题幻灯片"版式，❷在幻灯片版式中选中下方多余的占位符，如下图所示，再按【Delete】键删除这些占位符。

第3步 ▶ **打开【对象属性】窗格**。单击【幻灯片母版】选项卡下的【背景】按钮，如下图所示。

第4步 ▶ **设置图片填充方式。**显示出【对象属性】任务窗格，❶选中【图片或纹理填充】单选按钮，❷在【图片填充】下拉列表中选择【在线文件】选项，如下图所示。

第5步 ▶ **选择背景图片。**❶在打开的对话框的搜索框中输入搜索关键字，如"几何图形"，❷单击其后的【搜索】按钮，❸在搜索到的页面中选择需要作为背景的图片，❹单击【插入图片】按钮，如下图所示。

第6步 ▶ **重命名版式。**此时这张版式已经设置好了背景，为了不与其他版式混淆，可以为版式重命名。❶选择幻灯片版式，在其上右击，❷在弹出的快捷菜单中选择【重命名版式】命令，如下图所示。

第7步 ▶ **输入版式名。**打开【重命名】对话框，❶输入版式名称，❷单击【重命名】按钮，如下图所示。

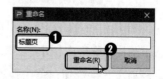

第8步 ▶ **查看命名效果。**完成版式重命名后，将鼠标指针移动到幻灯片版式上，就

279

会看到该版式显示了新名称，如下图所示。

第9步 **插入图片**。❶选择第二张幻灯片版式，❷单击【插入】选项卡下的【图片】下拉按钮，❸在弹出的下拉列表的搜索框中输入搜索关键字，如"三角形"，❹单击【搜索】按钮，❺在搜索到的页面中选择需要作为背景的图片，如下图所示。

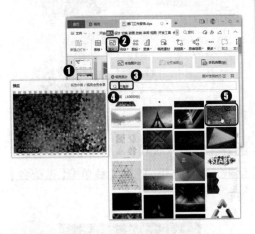

第10步 **选择裁剪图片的形状**。图片插入后，❶选中图片，❷单击【图片工具】选项卡下的【裁剪】下拉按钮，❸在弹出的下拉菜单中选择【裁剪】命令，❹在弹出的

子菜单中选择需要裁剪的形状，这里选择【直角三角形】选项，如下图所示。

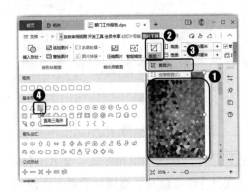

第11步 **拖动裁剪图片**。此时便进入了裁剪状态，被裁减部分会显示为阴影效果。拖动右下角的裁剪控制点到合适的位置，如下图所示，即可在裁剪形状的同时调整裁剪后的最终区域。

第12步 **旋转图片**。❶单击【图片工具】选项卡下的【旋转】按钮，❷在弹出的下拉菜单中选择【垂直翻转】命令，如下图所示。

第13步 **绘制形状。** ❶单击【插入】选项
卡下的【形状】按钮，❷在弹出的下拉菜单
中选择【矩形】选项，如下图所示。

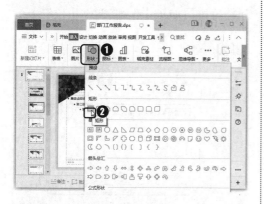

第14步 **设置形状的填充效果。** ❶拖动鼠
标在裁剪后的图片上绘制一个矩形，❷单
击右侧的【属性】按钮，显示出【对象属
性】任务窗格，❸在【填充】栏中选择【渐
变填充】单选按钮，如下图所示。

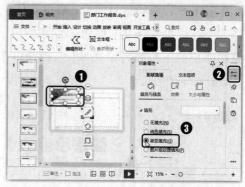

第15步 **设置渐变效果。** ❶设置渐变样式
和角度，❷删除多余的渐变色块，并设置
剩余色块的填充色均为白色，如下图所示。

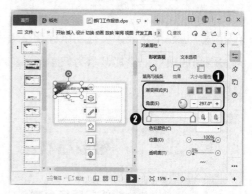

第16步 **设置形状轮廓。** 在【线条】栏中
选择【无线条】单选按钮，使矩形轮廓为
无色，如下图所示。

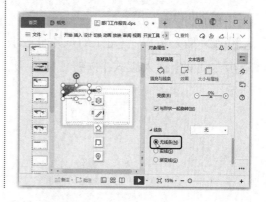

第17步 执行编辑顶点命令。❶单击【绘图工具】选项卡下的【编辑形状】按钮，❷在弹出的下拉列表中选择【编辑顶点】选项，如下图所示。

第18步 编辑形状效果。拖动鼠标调整矩形右下角的顶点，使其显示为三角形，如下图所示。

第19步 插入版式。单击【幻灯片母版】选项卡下的【插入版式】按钮，如下图所示。

第20步 删除页面中的占位符。即可插入一张默认的幻灯片版式，按【Ctrl+A】组合键全选幻灯片版式中的占位符，如下图所示，再按【Delete】键删除这些占位符。

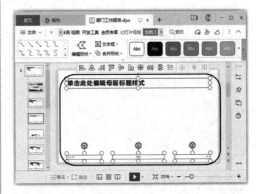

第21步 重命名版式。❶插入合适的背景图片，❷选择第三张幻灯片版式，并在其上右击，❸在弹出的快捷菜单中选择【重命名版式】命令，❹打开【重命名】对话框，输入版式名称，❺单击【重命名】按钮，如下图所示。

第22步 ▶ **移动版式**。❶选中"目录页"幻灯片版式，❷按住鼠标左键不放，往上拖动版式，将版式移动到"标题页"幻灯片版式的后面，如下图所示。

第23步 ▶ **查看版式移动效果**。释放鼠标左键后，即可调整幻灯片版式到该位置，如下图所示，已完成了三张幻灯片版式的背景设计。

2.编辑母版版式

完成幻灯片版式的背景设计后，需要编辑其中的占位符。不同幻灯片版式下包含的占位符有所不同，根据需要设置好其中的格式，可以避免重复编辑，具体操作步骤如下。

第1步 ▶ **设置标题格式**。❶选择"标题页"幻灯片版式，❷选中标题占位符，❸在【开始】选项卡下单击【字体】列表框右侧的下拉按钮，❹弹出的下拉列表中包含了很多字体样式，那些网络上的字体只需要单击下载下来即可使用，如下图所示。

第2步 ▶ **设置颜色**。❶单击【开始】选项卡下的【字体颜色】下拉按钮，❷在弹出的下拉菜单中选择【取色器】命令，如下图所示。

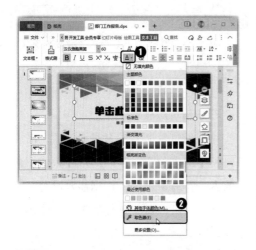

第3步▶ 吸取颜色。此时鼠标指针将变成吸管形状，将鼠标指针移动到需要吸取颜色的位置并单击，如下图所示，即可设置文字颜色为该处的颜色。

温馨提示●

为了保证演示文稿色调统一，通常会从背景中选择合适的颜色来设计演示文稿中各种对象的颜色。

第4步▶ 设置副标题格式。❶选中副标题占位符，❷用相同的方法在【开始】选项卡中设置字体、字号和颜色，完成后的效果如下图所示。

教您一招●

在版式中添加占位符

占位符可以是文本、图片、图表等不同的内容元素。在版式特定的位置插入占位符并编辑好后，在制作幻灯片时可以直接使用编辑好的占位符输入文本、插入图片、添加图表。如果需要在版式中添加占位符，可以从其他幻灯片版式中复制过来使用。

第5步▶ 调整占位符位置。❶选择"标题和内容"幻灯片版式，❷选中上方的标题占位符，❸单击【绘图工具】选项卡下的【上移一层】下拉按钮，❹在弹出的下拉列表中选择【置于顶层】选项，如下图所示。

第6步 ▶ **设置主题字体格式。**❶单击【幻灯片母版】选项卡下的【字体】按钮，❷在弹出的下拉列表中选择合适的字体样式，这里选择【角度】选项，如下图所示，就可以快速统一演示文稿中所有未指定具体字体格式的文字。

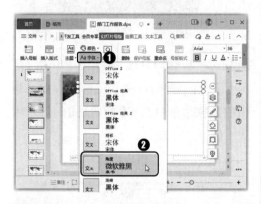

第7步 ▶ **设置标题格式。**❶选中上方的标题占位符，❷在【开始】选项卡中设置字体和字号，如下图所示。

第8步 ▶ **删除多余占位符。**❶选中幻灯片下方多余的占位符，按【Delete】键删除，❷此时便完成了幻灯片母版的版式设计，

单击【幻灯片母版】选项卡下的【关闭】按钮，退出母版编辑状态，如下图所示。

10.1.3 编辑幻灯片内容

利用事先设计好的版式编辑幻灯片，可以提高工作效率。版式已有的内容无须再编辑，只需要添加上每页幻灯片特有的内容即可完成一张幻灯片的制作。

1. 编辑标题页和结束页

幻灯片的标题页和结束页常常共用一张版式，这样可以保证一份演示文稿的统一性。在本例中，标题页和结束页只有文字不同，具体操作步骤如下。

第1步 ▶ **更改幻灯片版式。**❶单击【开始】选项卡下的【版式】按钮，❷在弹出的下拉菜单中选择【母版版式】选项卡，❸在下方选择【标题页】幻灯片版式，如下图所示。

第2步 ▶ **输入标题文字**。在标题页中，单击上方的标题占位符，将文本插入点置于占位符中，输入文字"2022"，如下图所示。

第3步 ▶ **输入演示文稿标题**。❶在下方的副标题占位符中输入文字"运营部工作报告"，❷单击【开始】选项卡下的【增大字号】按钮，适当增大字号，❸选中文本框，按【↑】键向上微移其位置，如下图所示，此时便完成了标题页幻灯片的编辑。

第4步 ▶ **新建幻灯片**。❶单击【开始】选项卡下的【新建幻灯片】下拉按钮，❷在弹出的下拉菜单中选择【标题页】幻灯片版式，如下图所示。

第5步 ▶ **编辑结束页幻灯片**。在结束页幻灯片中，用同样的方法，❶利用幻灯片版式中的占位符输入文字，❷单击【开始】选项卡下的【增大字号】按钮，适当增大字号，完成结束页幻灯片的编辑，如下图所示。

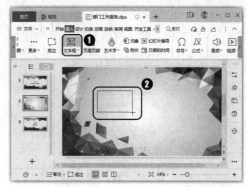

2. 编辑目录页

在目录页幻灯片中，需要将幻灯片的小节标题以目录的形式列出来，为了美观，可以插入一些简单的形状或图标进行美化，具体操作步骤如下。

第1步 ▶ **插入目录页幻灯片。**❶选择第一张幻灯片，❷单击【开始】选项卡下的【新建幻灯片】下拉按钮，❸在弹出的下拉菜单中选择【目录页】幻灯片版式，如下图所示。

第2步 ▶ **绘制文本框。**❶单击【插入】选项卡下的【文本框】按钮，❷此时鼠标指针变成了十字形状，拖动鼠标在第二张幻灯片左侧如图所示的位置绘制一个文本框。

第3步 ▶ **调整文本框对齐方式。**❶释放鼠标左键后，会显示出插入的文本框，在其中输入"目录"，❷使用相同的方法在下方插入一个文本框，输入"CATALOG"，❸选中插入的两个文本框，在显示出的工具栏中单击【左对齐】按钮，如下图所示。

第4步 ▶ **选择图标。**❶单击【插入】选项卡下的【图标】按钮，❷在弹出的下拉菜单

的搜索框中输入搜索关键字"数字"，❸ 单
击【搜索】按钮，❹ 在搜索到的页面中选择
需要的图标，如下图所示。

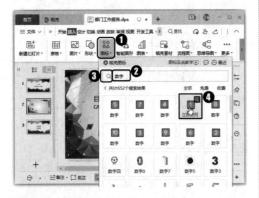

第5步 ▶ **设置图标对齐方式**。❶ 继续在
幻灯片中插入其他数字图标，并移动到合
适的位置，主要是调整好首尾两个图标的
位置（方便后面进行纵向上的平均分布），
其他图标只要大致排布在一条线上即可，
❷ 选中插入的所有图标，在显示出的工具
栏中单击【水平居中】按钮，❸ 单击【纵向
分布】按钮，如下图所示。

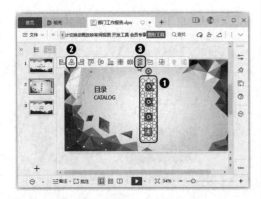

第6步 ▶ **添加文本框**。❶ 在每个图标后面
添加文本框并输入如下图所示的文字，❷ 分

别选择同行的图标和文本框，❸ 在显示出
的工具栏中单击【垂直居中】按钮，便完
成了目录页幻灯片设计。

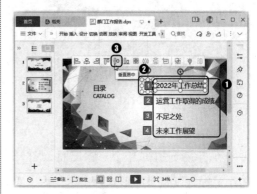

3.编辑标题页

完成目录页编辑后，就可以开始编辑
标题页了。标题页中的内容需要与目录页
中的标题相对应，通常通过复制目录页和
放大标题内容就可以快速完成标题页的制
作了，具体操作步骤如下。

第1步 ▶ **新建第一张标题页**。选择第 2 张
幻灯片，如下图所示，按【Enter】键就可以
在其后创建一张运用相同版式的幻灯片。

第2步 ▶ **复制目录页中的内容**。❶ 选择

第2张幻灯片，❷选中第一组图标和其后的文本框，❸单击【开始】选项卡下的【复制】按钮，如下图所示。

第3步 ▶ **粘贴内容**。❶选择第3张幻灯片，❷按【Ctrl+V】组合键将复制的图标和文本框粘贴到该幻灯片中，并移动到幻灯片的中间位置（可以通过显示的黄色参考线来确定位置），如下图所示。

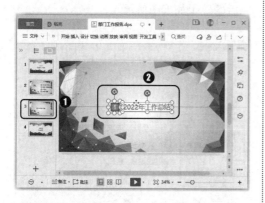

第4步 ▶ **设置文字格式**。❶选择复制的图标，拖动鼠标适当放大，❷选择复制的文本框，❸在【开始】选项卡中增大字号，如下图所示。

第5步 ▶ **复制幻灯片**。❶选择第3张幻灯片，并在其上右击，❷在弹出的快捷菜单中选择【复制幻灯片】命令，如下图所示。

第6步 ▶ **将图标保存为图片**。❶选择第2张幻灯片，❷选择第2个图标，并在其上右击，❸在弹出的快捷菜单中选择【另存为图片】命令，即可将图标保存为图片，如下图所示。

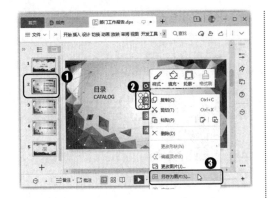

第7步▶ 更改图片。❶选择复制得到的第
4张幻灯片，❷选择需要替换的图标，并
在其上右击，❸在弹出的快捷菜单中选择
【更改图片】命令，如下图所示。

第8步▶ 选择图片。打开【更改图片】对
话框，❶选中刚刚保存的需要替换的图标
图片，❷单击【打开】按钮，如下图所示。

第9步▶ 修改文字内容。❶选择并复制目
录幻灯片中对应的文本标题，❷选择复
制得到的第4张幻灯片中的文本框内容，
❸单击【开始】选项卡下的【粘贴】下拉按
钮，❹在弹出的下拉列表中选择【只粘贴
文本】选项，如下图所示。

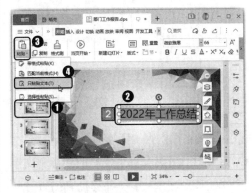

第10步▶ 完成标题页的制作。使用相同的
方法复制制作其他两张标题页幻灯片，完
成后的效果如下图所示。

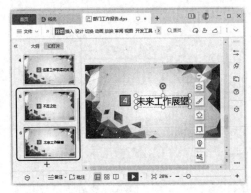

4. 编辑内容页

内容页幻灯片是演示文稿的主体部
分。其制作方法是，在不同的标题页幻灯
片后面添加内容页幻灯片，再在幻灯片页
面添加形状、文字、图片等内容来进行幻

灯片制作。

下面就以其中一张幻灯片为例来讲解内容页幻灯片的制作方法。更多关于幻灯片内容的制作将在本章后面及后续的章节中讲到。

第1步▶ 添加内容页幻灯片。❶单击第3张和第4张幻灯片的中间部分，表示要在这里插入一张幻灯片，❷单击【开始】选项卡下的【新建幻灯片】下拉按钮，❸在弹出的下拉列表中选择【标题和内容】选项，如下图所示。

第2步▶ 插入智能图形。即可在第3张幻灯片后面插入一张内容页版式的幻灯片。❶在标题占位符中输入文本，❷单击【插入】选项卡下的【智能图形】按钮，如下图所示。

第3步▶ 选择图形。打开【智能图形】对话框，❶根据需要插入的图形类型选择选项卡，这里选择【列表】选项卡，❷选择需要插入的图形个数，如单击【4项】按钮，❸选择需要放大查看的图形选项，❹单击【立即使用】按钮，如下图所示。

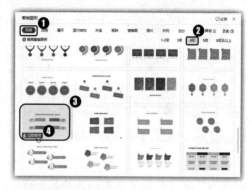

第4步▶ 查看图形。即可放大显示选择的图形，❶如果对所选图形不满意，单击左右两侧的箭头按钮，可以依次向前或向后查看其他图形，直到找到合适的图形，❷单击【立即使用】按钮，如下图所示。

第5步 ▶ **删除多余内容**。即可将图形插入幻灯片中，选择幻灯片中多余的文本框和占位符，按【Delete】键删除，如下图所示。

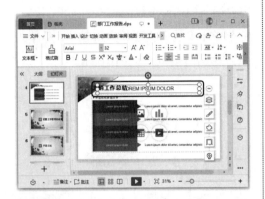

第6步 ▶ **修改文本框内容**。❶依次选中智能图形中原来的文本，修改为需要的文本内容，❷选择要调整格式的文本框，❸在【开始】选项卡中设置合适的字号，如下图所示。

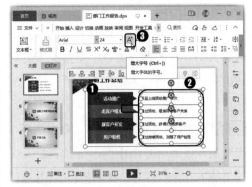

第7步 ▶ **制作其他内容页**。使用相同的方法制作其他内容页幻灯片，完成后的效果如下图所示。

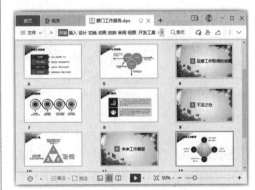

10.2 制作"企业招聘计划"演示文稿

　　企业招聘计划是企业人力资源部门根据用人部门的岗位情况，结合人力资源规划书，明确固定时间段内的招聘岗位、人员数量等招聘因素。在企业招聘计划书中，还需要总结过去时间段内的招聘情况、遇到的困难、存在的问题，以及今后时间段内的招聘计划，并制订详细的招聘执行方案。

　　WPS Office中提供了很多在线模板和素材，在制作演示文稿时特别实用。本例将通过稻壳搜索合适的模板来制作企业招聘计划演示文稿，并通过其他在线素材来快速完善演示文稿内容。制作完成后的效果如下图所示。实例最终效果见"结果文件\第10章\企

业招聘计划 .dps"文件。

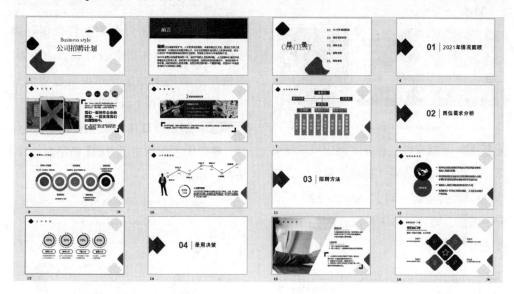

10.2.1 创建演示文稿

通过稻壳中的素材可以快速创建一份符合需求的演示文稿，并进行保存，具体操作步骤如下。

第1步 ▶ **搜索素材**。启动 WPS Office 软件，❶选择【稻壳】选项卡，❷在新界面的搜索框中输入要搜索的关键字，如"招聘计划"，❸单击【搜索】按钮，如下图所示。

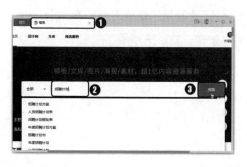

第2步 ▶ **设置精准搜索条件**。即可在下方显示出搜索到的相关素材，在上方还提供了一些搜索精准设置选项，这里只选中【演示】复选框，如下图所示，表示只显示与关键字相关的演示文稿。

第3步 ▶ **预览文件**。在下方浏览文件缩略图，❶将鼠标指针移动到想要查看详细情形的文件缩略图上，❷单击显示的【预览并下载】链接，如下图所示。

第4步 ▶ **下载文件**。在新界面中可以浏览部分文件页面的效果，若满意则可以直接单击右侧的【立即下载】按钮，如下图所示。若不满意，则可以单击页面右上角的 × 按钮关闭当前界面。

第5步 ▶ **保存文件**。稍后即可看到根据下载的模板创建的演示文稿，如下图所示，单击快速访问工具栏中的【保存】按钮，以"企业招聘计划"为名保存该文件。

10.2.2 制作前言页

　　下载的文件不可能完全符合实际需要，还应根据具体需求进行编辑。例如，本例中下载的演示文稿就没有包含前言页，需要单独添加，具体操作步骤如下。

第1步 ▶ **新建幻灯片**。❶选择第1张幻灯片，❷单击左侧窗格下方的【新建幻灯片】按钮，如下图所示。

第2步 ▶ **选择幻灯片类型**。弹出新界面，❶在左侧选择需要创建的幻灯片类型，这里选择【图文】选项卡，❷在中间列中根据页面需求进行设置，本例中需要制作上图下文的版式效果，所以单击【1图】按钮，选择【横向图区】选项，❸在右侧选择需要的幻灯片效果，❹单击显示出的【立即下载】按钮，如下图所示。

第3步 ▶ **下载幻灯片**。此后便会开始下载
选择的幻灯片，完成后的效果如下图所示。

第5步 ▶ **修改文字**。❶在下方的文本框中
输入需要的内容，❷单击【开始】选项下的
启动【段落】对话框按钮，如下图所示。

第4步 ▶ **编辑内容**。下载的幻灯片版式
也可能不是完全符合要求的，需要进行修
改。❶选择中部图片部分的所有对象，拖
动到最上方，并调整到合适大小，❷调整
原下方的文本框，查看整个页面的排版效
果，❸在标题文本框中输入文字，❹单击
【开始】选项卡下的【左对齐】按钮，如下
图所示。

第6步 ▶ **设置段落格式**。打开【段落】对
话框，❶在【常规】栏中设置【对齐方式】
为【左对齐】，❷在【间距】栏中设置【行
距】和【段后】间距，❸单击【确定】按钮，
如下图所示。

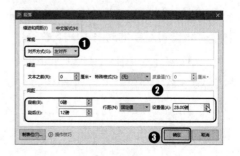

第7步▶ 设置文字格式。 保持文本框的选中状态，❶设置字号为【20】，❷单击【字体颜色】下拉按钮，❸在弹出的下拉列表中选择【黑色，文本1】选项，如下图所示，这样文本框中的文字显示效果就更好了。

第8步▶ 设置局部字体格式。 ❶选中首行最前面的两个文字，❷设置字号为【36】，单击【加粗】按钮，如下图所示，可以使这两个字更突出。

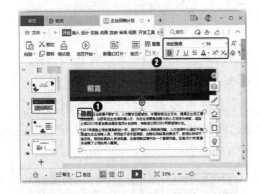

第9步▶ 设置对象的对齐方式。 ❶选中文本框，❷单击【绘图工具】选项卡下的【对齐】按钮，❸在弹出的下拉列表中选择【水平居中】按钮，如下图所示，可以让文本框相对于幻灯片水平居中。

10.2.3 修改目录页

本例中下载的演示文稿中带有目录页，但是只提供了4个目录项，实际需要5个。因此，可以通过复制的方式来进行添加，也可以使用WPS演示中的目录页功能来重新制作。

WPS演示中的目录页功能可以根据需求随时调整目录项的多少，还可以快速变换目录页的版式效果，使用起来更加方便，具体操作步骤如下。

第1步▶ 新建幻灯片。 ❶选择第3张幻灯片，❷单击左侧窗格下方的【新建幻灯片】按钮，如下图所示。

第2步 ▶ **选择幻灯片类型**。弹出新界面，❶在左侧选择需要创建的幻灯片类型，这里选择【目录页】选项卡，❷在中间列中根据页面需求进行设置，本例中需要制作与演示文稿整体设计相匹配的效果，所以选择【简约】选项，❸在右侧选择需要的幻灯片效果，❹单击显示出的【立即下载】按钮，如下图所示。

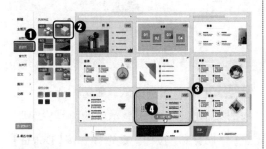

第3步 ▶ **设置目录页效果**。此后会显示预览界面，在其中可根据需要设置目录页的效果。❶例如，需要5个目录项，在【项目个数】栏中单击【5项】按钮，❷单击【立即下载】按钮，如下图所示。

第4步 ▶ **下载幻灯片**。此后便会开始下载设置的幻灯片，同时显示出【智能特性】任务窗格，在其中还可以对幻灯片中的内容进行智能设置，这就是WPS演示中目录

页功能的主要体现。❶例如，在【更改颜色】栏中选择某个选项，即可快速预览幻灯片效果的变化，❷单击【VIP下载】按钮即可应用对应的设置效果，如下图所示。

> **温馨提示** ●
>
> 目前，WPS的付费会员有WPS会员、稻壳会员、WPS超级会员等。成为WPS会员后，可以获取更多WPS Office的使用权益，主要体现在会员功能的使用权上；成为稻壳会员，将拥有更多模板、素材的下载权；WPS超级会员主要为WPS会员与稻壳会员功能的叠加且包括其他权益。

第5步 ▶ **复制内容**。为了让目录页的效果与演示文稿的整体效果更匹配，可以为其换上原本的目录页背景。❶这里选择刚插入的目录页中的目录部分，❷单击【开始】选项卡下的【复制】按钮，如下图所示。

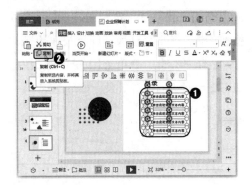

第6步▶ 删除内容。❶选择第3张幻灯片，**❷**选择原来的目录内容，按【Delete】键删除，如下图所示。

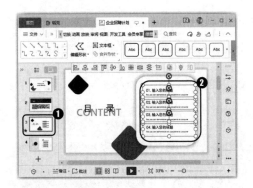

第7步▶ 调整对象的位置。❶将复制的内容粘贴到该处，**❷**移动第一个目录项到目录要显示的最高位置，移动最后一个目录项到目录要显示的最低位置，如下图所示。

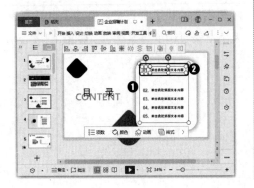

第8步▶ 设置对齐方式。❶选中所有目录项的序号，**❷**在显示出的工具栏中单击【纵向分布】按钮，如下图所示。

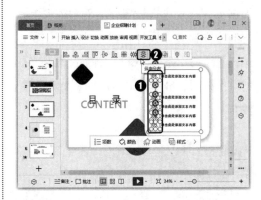

第9步▶ 设置对齐方式。❶选中所有目录项的文本内容，**❷**在显示出的工具栏中单击【纵向分布】按钮，**❸**选择并按【Delete】键删除刚刚插入的目录页幻灯片，如下图所示。

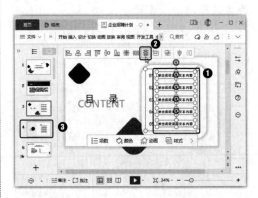

第10步▶ 修改文本。修改目录项中的文本内容，如下图所示，便完成了目录页的制作。

10.2.4 制作标题页

本例中下载的演示文稿中没有标题页，可以通过前面介绍的方法快速创建与演示文稿风格类似的标题页，具体操作步骤如下。

第1步▶ 新建幻灯片。❶选择第3张幻灯片，❷单击左侧窗格下方的【新建幻灯片】按钮，如下图所示。

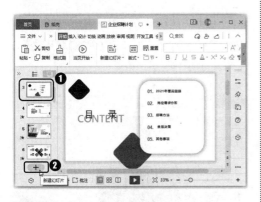

第2步▶ 选择幻灯片类型。弹出新界面，❶在左侧选择【章节页】选项卡，❷在中间列中根据页面需求进行设置，这里选择【简约】选项，❸在右侧选择需要的幻灯片效果，主要可以从幻灯片的页面元素和配

色上来判断是否与演示文稿中的其他幻灯片效果相符，❹单击显示出的【立即下载】按钮，如下图所示。

第3步▶ 设置标题页效果。此后会显示预览界面，在其中可根据需要设置标题页的效果。本例所选幻灯片中主要是动画方面的设置，这里保持默认的无动画即可，直接单击【立即下载】按钮，如下图所示。

第4步▶ 复制幻灯片。此后便会开始下载设置的幻灯片，同时显示出【智能特性】任务窗格，在其中还可以对幻灯片中的内容进行智能设置。❶在插入的标题页幻灯片中输入合适的文本，❷选择第4张幻灯片，并在其上右击，❸在弹出的快捷菜单中选择【复制幻灯片】命令，如下图所示。

第5步 ▶ **制作其他标题页幻灯片**。❶在复制得到的幻灯片中修改文字，❷使用相同的方法继续制作其他标题页幻灯片，完成后的效果如下图所示。

10.2.5 制作内容页

内容页的制作是一个演示文稿的重点所在，通过模板来制作内容页时，可以先规划好要制作的内容，然后预览模板中提供的幻灯片，看看哪些版式可以用于制作哪些内容，再将幻灯片移动到合适的位置进行编辑加工，就可以快速完成各内容页的制作了，最后将不需要的幻灯片删除。

在招聘计划演示文稿中，招聘计划的

执行方案是重点部分，应当包括招聘信息的发布时间和渠道、招聘方式、考核标准、员工录用方法、新员工上岗注意事项等内容。这里只举例讲解部分页面的制作方法，具体操作步骤如下。

第1步 ▶ **预览幻灯片**。根据需要制作的内容，在各幻灯片中仔细浏览，查看符合要求的页面。这里选择第 22 张幻灯片，如下图所示，打算用它制作第一张内容页。

第2步 ▶ **移动幻灯片**。按住鼠标左键不放，并将其移动到第 4 张和第 5 张幻灯片之间，如下图所示。

第3步 ▶ **选择对象**。释放鼠标左键后，该幻灯片便移动到此处了。需要将右下角的

几个图形移动到页面上部，拖动鼠标框选择需要移动的对象所在位置，如下图所示。

第4步 ▶ **编辑内容。**❶拖动鼠标即可将这些对象移动到页面上部位置，❷将之前圆形中的图标删除，并将下部的文本框移动到各圆形中间，修改其中的文本内容，完成后的效果如下图所示。

第5步 ▶ **输入文本。**❶在标题占位符中输入标题内容，❷删除原文本框中的内容，重新输入文本，并进行格式设置，❸在文本框左上侧和右下侧绘制图形，完成后的效果如下图所示。

第6步 ▶ **预览幻灯片。**根据需要制作的内容，在各幻灯片中仔细浏览，查看符合要求的页面。这里选择第16张幻灯片，如下图所示，打算用它制作第二张内容页。

第7步 ▶ **删除多余内容。**❶将该幻灯片移动到第5张幻灯片的后面，❷框选下部的所有对象，按【Delete】键删除，如下图所示。

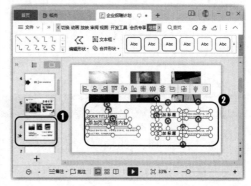

第8步▶ 搜索素材。❶替换原来的图片效果，并根据新图片效果调整图片大小，❷在图片下方插入文本框，并输入文本，完成后的效果如下图所示。

第9步▶ 添加页面统一元素。❶选择并复制第5张幻灯片中的标题文本框和页面装点元素到第6张幻灯片中，❷修改标题文本，就完成了该内容页的制作，如下图所示。

第10步▶ 制作其他内容页。使用相同的方法制作其他内容页幻灯片，完成后的效果如下图所示。

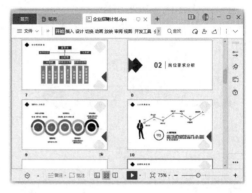

第11步▶ 删除多余内容。❶选择演示文稿中多余的幻灯片，并在其上右击，❷在弹出的快捷菜单中选择【删除幻灯片】命令将其删除，如下图所示，就完成了演示文稿的制作。

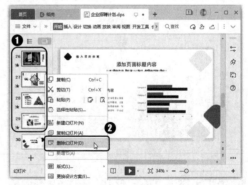

高手支招

通过前面知识点的学习，相信读者已经掌握了WPS演示中的演示文稿创建、幻灯片母版设置和幻灯片编辑的方法。下面结合本章内容，再给读者介绍一些工作中的实际经验与技巧，提高办公效率。

01 智能美化演示文稿

WPS演示中提供了"智能美化"功能，通过该功能可快速更改演示文稿的整体效果，包括排版效果、配色方案、背景效果、字体格式等，具体操作步骤如下。

第1步▶ 选择智能美化方式。❶单击【设计】选项卡下的【智能美化】下拉按钮，❷在弹出的下拉列表中选择需要美化的方式，如选择【全局换肤】选项，如下图所示。

第2步▶ 选择换肤参考模板。❶在打开界面的上方选择需要进行美化的幻灯片，默认选择所有幻灯片，❷在下方选择需要借鉴效果的演示文稿选项，❸单击【预览换肤效果】按钮，如下图所示。

第3步▶ 预览换肤效果并应用。开始换肤，可以在上方看到所有幻灯片换肤后的效果，如下图所示，单击【应用美化】按钮，就可以使用换肤后的幻灯片了。

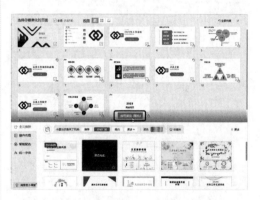

02 快速改变幻灯片排版效果

对于演示文稿新手制作者来说，排版布局并不容易。为了提高制作效率和提升演示文稿的质量，在对演示文稿进行排版布局时，可使用WPS演示中提供的自动排版功能进行布局。不仅可以在一开始新建幻灯片时选择合适的版式，还可以为创建好的幻灯片设置需要套用的版式，具体操作步骤如下。

第1步 ▶ **选择排版效果**。打开"素材文件\第 10 章\执行力培训.dps"文件，❶选择需要排版的第 2 张幻灯片，❷单击【开始】选项卡下的【版式】按钮，❸在弹出的下拉菜单中选择【推荐排版】选项卡，在下方可根据排版内容选择选项，❹这里保持默认的【全部】选项，❺在下方选择需要应用的版式效果，❻单击【应用】按钮，如下图所示。

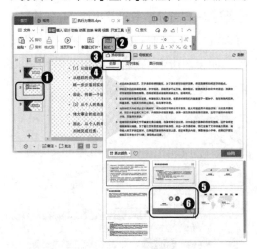

第2步 ▶ **查看应用效果**。随后可以看到所选幻灯片中的内容就根据选择的效果进行了排版布局，如下图所示。

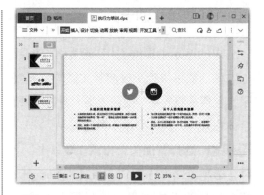

03 使用智能对齐功能快速对齐多个对象

对齐是幻灯片排版布局中非常重要的一个原则。WPS演示中提供了智能对齐功能，通过该功能可使多个对象快速按照一定的方式对齐排列，具体操作步骤如下。

第1步 ▶ **使用智能对齐功能**。❶选择幻灯片中需要设置对齐的多个对象，❷在出现的工具栏中单击【智能对齐】按钮●，如下图所示。

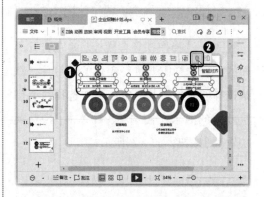

第2步▶ 选择对齐方式。在弹出的列表中选择需要的智能对齐选项，将鼠标指针移动到下方的选项上，同时可以预览到幻灯片中所选对象位置的调整效果，找到需要的效果就可以单击选择该选项，这里选择【横向均匀对齐】选项，效果如下图所示。

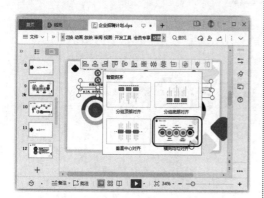

教您一招▶

使用标尺快速排版文字

在排版幻灯片文字时，可以使用标尺来让文字对齐。在【视图】选项卡下选中【标尺】复选框，显示出标尺，将文本插入点定位到要排版的段落中，此时可以看到此标尺的位置，移动标尺的位置，段落中的文字也会跟着移动。

WPS

第11章

演示文稿的内容设计

📙 本章导读

WPS演示有丰富的内容编辑功能，可以将图片以不同的方式进行排版、创建美观的图表，还可以插入音频、视频、超链接，让演示文稿在推广产品、汇报业绩、做企业培训、制作课件时，都能满足不同的可视化需求。

📋 知识要点

- 🔹 设置图片为填充背景
- 🔹 在图片背景上添加遮罩
- 🔹 图片裁剪技巧
- 🔹 图片的排版设计

- 🔹 插入培训视频
- 🔹 添加背景音乐
- 🔹 设置超链接
- 🔹 将视频音频打包防止丢失

11.1 制作"产品推广"演示文稿

研发的新产品在进入市场前，需要进行产品推广。常见的产品推广方式有线下宣讲会、发布会等，在这些会议上会用到产品推广演示文稿。这类演示文稿中详细介绍了这是一款什么样的产品，以及有哪些性能特点、优点等。通过播放演示文稿，配合演讲者的解说，让观众认识产品、接受产品，并产生购买欲。

本例将通过WPS演示的图片添加和设计功能，制作产品推广演示文稿。制作完成后的效果如下图所示。实例最终效果见"结果文件\第11章\产品推广.dps"文件。

11.1.1 图片背景设计技巧

通常情况下，产品推广演示文稿是图片型演示文稿，幻灯片页面中依靠美观的图片吸引观众视线，并添加大量图片进行产品展示介绍。图片在幻灯片中可作为背景使用，一种方法是将图片设置成幻灯片的背景填充，上面添加其他幻灯片内容；另一种方法是在图片上添加少许文字说明，重点在于展示图片效果。

1. 设置图片为填充背景

除了前面介绍的在演示文稿的幻灯片母版中添加图片背景外，还可以在普通视图下将单独一页或所有幻灯片背景设置成图片填充，具体操作步骤如下。

第1步 ▶ **设置图片填充**。打开"素材文件\第11章\产品推广.dps"文件，❶选择第1张幻灯片，❷单击【设计】选项卡下的【背景】按钮，显示出【对象属性】任务窗格，❸选中【图片或纹理填充】单选按钮，❹在下方的【图片填充】下拉列表中选择【本地文件】选项，如下图所示。

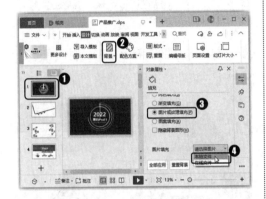

第2步 ▶ **选择图片插入**。打开【选择纹理】对话框，❶选择"\素材文件\第11章\图片1.png"图片，❷单击【打开】按钮，如下图所示。

第3步 ▶ **设置尾页幻灯片背景**。此时第1张幻灯片的背景便被设置图片填充，按照同样的方法，❶切换到第16张幻灯片，❷设置其背景填充格式为【图片或纹理填充】，❸图片填充与第1张幻灯片一致，效果如下图所示。

2. 在图片背景上添加遮罩

在幻灯片页面中插入图片后，在图片上输入文字可能不够清晰，这时可以添加一个透明的遮罩，既保证文字清晰，又不会影响图片内容展示。这是在非背景图片上添加文字最常用的方法，具体操作步骤如下。

第1步 ▶ **选择形状**。❶选择第7张幻灯片，❷单击【插入】选项卡下的【形状】按钮，❸在弹出的下拉菜单中选择【矩形】形状，如下图所示。

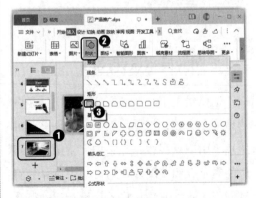

第2步 ▶ **设置矩形轮廓颜色**。❶拖动鼠标在页面右下侧位置绘制一个矩形，调整矩形的大小至如下图所示，❷单击【绘图工

具】选项卡下的【轮廓】下拉按钮，❸在弹出的下拉菜单中选择【无边框颜色】命令。

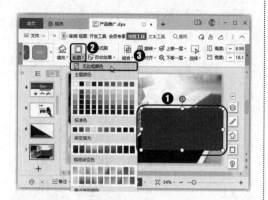

第3步▶ 打开【颜色】对话框。保持矩形的选中状态，❶单击【绘图工具】选项卡下的【填充】下拉按钮，❷在弹出的下拉菜单中选择【其他填充颜色】命令，如下图所示。

第4步▶ 设置自定义颜色的RGB值。打开【颜色】对话框，❶选择【自定义】选项卡，❷在下方的数值框中分别设置颜色参

数值，这里设置的颜色RGB值为【132,60,12】，❸单击【确定】按钮，如下图所示。

第5步▶ 在矩形中输入文字，并设置填充色透明度。❶在矩形文本框中输入文字，并设置文字的字体格式，❷单击右侧工具栏中的【对象属性】按钮，❸在展开的【对象属性】任务窗格中选择【形状选项】选项卡，❹在下方单击【填充与线条】按钮，❺在【填充】栏中拖动透明度的滑块，调整颜色填充的透明度，使文字下方的图片能隐约可见，如下图所示。

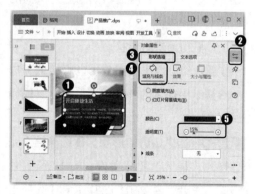

温馨提示●

在设置图片上的遮罩图形时，图片的颜色要与幻灯片整体配色相搭配，也要与图片颜色相搭配。在设置透明度时，要多尝试几个参数，找到效果最好的，以保证既能看见图片内容，又能保证文字显示清晰。

11.1.2 图片裁剪技巧

演示文稿是一种讲究设计美观的演示工具，找到的素材图片可能并不完全符合实际需要，在插入图片时，可以根据需要对其进行裁剪。

最简单也最常用的方法就是裁剪其大小。其方法是，选择图片后，单击【图片工具】选项卡下的【裁剪】按钮，图片即可进入裁剪状态，拖动图片4个边线上出现的黑色短线，就能对图片的4个边进行裁剪。

此外，在WPS演示中还提供了更多图片裁剪的方法，以便增强幻灯片页面的美感。

1. 裁剪为规则形状

插入幻灯片中的图片可以直接裁剪成WPS演示中提供的各种规则形状，具体操作步骤如下。

第1步● **选择裁剪的形状。❶**选择第2张幻灯片，插入"素材文件\第11章\图片1.png"图片，❷单击【图片工具】选项卡下的【裁剪】下拉按钮，❸在弹出的下拉菜单中选择【裁剪】命令，❹在弹出的子

菜单中选择【按形状裁剪】选项卡，❺在下方选择需要将图片裁剪成的形状，如选择【圆角矩形】选项，如下图所示。

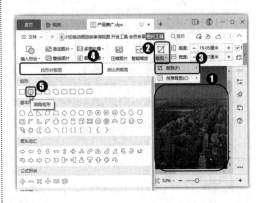

第2步● **进入裁剪状态。**此时图片即可进入裁剪状态，并且会将图片裁剪为圆角矩形，如下图所示。

第3步● **裁剪图片。❶**拖动图片4个边线上出现的黑色短线，就能对图片的4个边进行裁剪，❷裁剪完成后，在图片外任意位置单击，即可退出图片的裁剪状态，如下图所示。

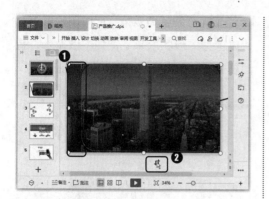

第4步 ▶ 调整圆角矩形的弧度。 ❶重新选择图片，可以看到图片左上角有一个黄色的控制柄，❷拖动控制柄，调整圆角的弧度，这里减少圆角幅度，如下图所示。

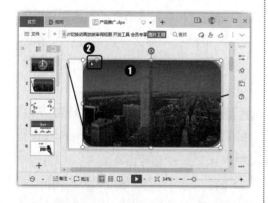

温馨提示 ▶

并不是所有的裁剪形状都会出现黄色的控制柄，如矩形就没有。将图片裁剪为形状后，应当观察一下是否可以再行调整。

第5步 ▶ 设置图片旋转参数。 ❶单击右侧工具栏中的【对象属性】按钮，❷在展开的【对象属性】任务窗格中选择【大小与属性】选项卡，❸在【大小】栏中设置图片的【旋转】为【345°】，如下图所示。

第6步 ▶ 调整图片的层级。 图片旋转后，❶单击【图片工具】选项卡下的【下移一层】下拉按钮，❷在弹出的下拉菜单中选择【置于底层】命令，如下图所示，将图片放置在边框线的下方。

第7步 ▶ 调整图片大小和位置。 ❶移动图片位置，将其左下角与幻灯片中原有的边框线对齐，❷拖动鼠标调整图片的大小到合适，❸调整圆角的弧度，使其与边框线的弧度一致，完成后的效果如下图所示。

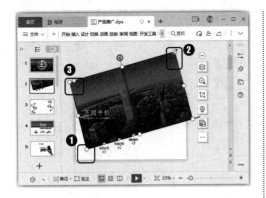

2. 创意裁剪图片

在 WPS 演示中还提供了创意裁剪功能，其中提供了更多样式的形状和效果。通过该功能可将图片裁剪为创意十足的图形，让图片更具设计感，具体操作步骤如下。

第1步 ▶ **选择裁剪的形状。**❶选择第 5 张幻灯片，插入"素材文件\第 11 章\图片 1.png"图片，❷单击【图片工具】选项卡下的【裁剪】下拉按钮，❸在弹出的下拉菜单中选择【创意裁剪】命令，❹ 在弹出的子菜单中选择【几何】选项卡，❺在下方选择提供的一种裁剪效果，如下图所示。

第2步 ▶ **查看裁剪效果。**此时图片就被裁剪成选择的形状效果了，如下图所示，拖动鼠标调整图片的大小和位置到合适即可。

3. 利用形状组合裁剪

如果图片需要裁剪成的形状在 WPS 演示系统中没有，那么可以通过插入形状，让图片剪除形状实现不规则的图片裁剪，具体操作步骤如下。

第1步 ▶ **选择矩形形状并锁定绘制。**❶选择第 3 张幻灯片，插入"素材文件\第 11 章\图片 1.png"图片，❷单击【插入】选项卡下的【形状】按钮，❸在需要使用的【矩形】形状上右击，❹在弹出的快捷菜单中选择【锁定绘图模式】命令，如下图所示。

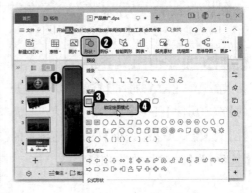

第2步 绘制形状。此时进入锁定绘图模式，拖动鼠标在页面中绘制三个矩形，如下图所示，完成绘制后按【Esc】键退出锁定绘图模式。

第3步 旋转形状。❶选择左上角的矩形，❷将鼠标指针移动到该矩形的旋转控制柄上，单击并拖动鼠标，让矩形旋转一定角度，如下图所示。

第4步 旋转其他形状。使用相同的方法选择其他矩形，并调整矩形的大小和位置，最终将图片遮盖出需要裁剪的效果，如下图所示。

第5步 执行剪除命令。❶按住【Ctrl】键，先选中图片再选中所有形状，❷单击【绘图工具】选项卡下的【合并形状】按钮 ⊘，❸在弹出的下拉列表中选择【剪除】选项，如下图所示。

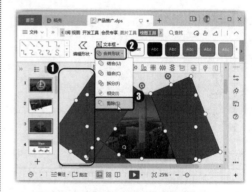

第6步 插入文本框并输入文字。此时图片与其他形状相交的部分就被剪除了。插入一个文本框，输入文字并调整格式，完成后的效果如下图所示。

第7步 ▶ **复制图片和文字。** 按住【Ctrl】键选中图片和文本框，复制到第8张和第12张幻灯片中，并修改文本框中的文字，就完成了本例中几张章节页幻灯片的制作，效果如下图所示。

4. 利用形状填充实现裁剪效果

插入图片后，再选择WPS演示中的形状进行裁剪，其缺点是不能自由控制裁剪掉图片的哪个部位。在WPS演示中，可以先绘制好形状，再设置形状图片填充，来控制图片的显示内容，具体操作步骤如下。

第1步 ▶ **选择形状。** ❶选择第15张幻灯片，❷单击【插入】选项卡下的【形状】按钮，❸在弹出的下拉菜单中选择【椭圆】选

项，如下图所示。

第2步 ▶ **绘制椭圆。** ❶在页面中按住鼠标左键不放绘制一个椭圆，❷用相同的方法在椭圆上方绘制一个椭圆，保证两个椭圆的高度一致，❸按住【Ctrl】键同时选中这两个图形，❹在显示出的工具栏中单击【水平居中】按钮，使两个图形的垂直中线保持一致，如下图所示。

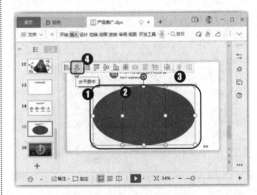

> **教您一招** ●
>
> ### 快速统一多个图形的大小
>
> 在选中多个图形后，在【绘图工具】选项卡下单击【对齐】按钮，在弹出的下拉菜单中选择【等高】或【等宽】命令，即可快速调整所选图形的高度或宽度到一致。

第3步 ▶ **绘制圆形。**❶选择椭圆形状工具后，按住【Shift】键的同时拖动鼠标在椭圆上方绘制一个正圆，保证圆形与小一点的椭圆的宽度一致，❷按住【Ctrl】键同时选中这三个图形，❸在显示出的工具栏中单击【水平居中】和【垂直居中】按钮，使这三个图形居中对齐，如下图所示。

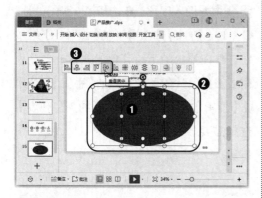

第4步 ▶ **拆分形状。**❶选中所有形状，❷单击【绘图工具】选项卡下的【合并形状】按钮，❸在弹出的下拉列表中选择【拆分】选项，如下图所示。

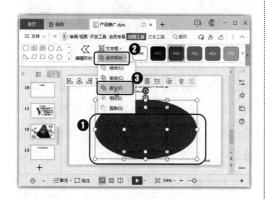

第5步 ▶ **删除多余形状。**此时，所有形状重叠的部分都会被单独拆开。选择上方的月亮形形状，如下图所示，按【Delete】键删除。

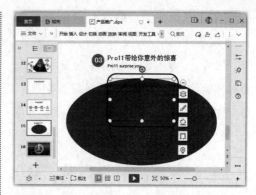

第6步 ▶ **设置图片填充。**❶使用相同的方法删除下方的月亮形形状，❷框选所有图形，❸单击右侧工具栏中的【对象属性】按钮，❹在展开的【对象属性】任务窗格中选择【形状选项】选项卡，❺在下方单击【填充与线条】按钮，❻在【填充】栏中选择【图片或纹理填充】单选按钮，❼在下方的【图片填充】下拉列表中选择【在线文件】选项，如下图所示。

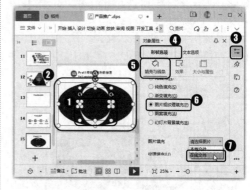

温馨提示 ▶

当需要使用不同的图片来填充形状时，可选择单个形状来使用图片填充，最终得到的效果又会不一样。

第7步 ▶ **选择图片**。❶在打开的对话框的搜索框中输入要搜索图片的关键字，如【风光】，❷单击后面的【搜索】按钮，❸在搜索到的图片列表中选择需要的图片，❹单击下方的【插入图片】按钮，如下图所示。

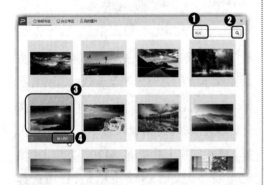

第8步 ▶ **美化效果**。经过上一步操作后，选择的图片将填充到形状中，如下图所示。为了让图片效果更好，❶选中所有形状，❷单击【绘图工具】选项卡下的【轮廓】按钮，设置轮廓为【无边框颜色】。

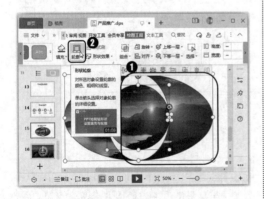

11.1.3 图片的排版设计

在幻灯片中插入图片，有多种排版方式，本小节介绍三种常用且效果美观的排版方法。

1. 图片与图片重叠排版

插入幻灯片中的图片，可以考虑多张图片排列在一起，形成灵活且有趣的排版方式。在多张图片排版时，常常需要注意图片的重叠顺序，具体操作步骤如下。

第1步 ▶ **插入图片**。❶选择第 4 张幻灯片，❷单击【插入】选项卡下的【图片】下拉按钮，❸在弹出的下拉菜单的搜索框中输入需要查找图片的关键字，如【手机】，❹单击【搜索】按钮，❺在搜索到的图片列表中选择需要插入演示文稿中的图片，如下图所示。

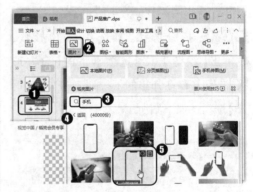

第2步 ▶ **执行设置透明色命令**。即可看到插入幻灯片中的图片，为了让图片与下方的效果融合得更好，保持图片的选中状态，❶单击【图片工具】选项卡下的【抠除背景】下拉按钮，❷在弹出的下拉列表中选择【设置透明色】选项，如下图所示。

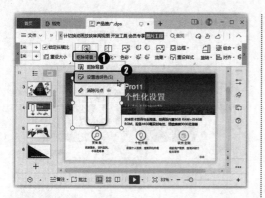

第3步 ▶ **抠除背景**。此时鼠标指针将变为吸管形状，将鼠标指针移动到图片上需要设置为透明色的白色背景部分并单击，如下图所示，即可将选择的白色背景设置为透明色。

第5步 ▶ **选择裁剪图片的形状**。将图片插入幻灯片中后，❶单击【图片工具】选项卡下的【裁剪】下拉按钮，❷在弹出的下拉菜单中选择【裁剪】命令，❸在弹出的子菜单中选择【圆角矩形】选项，如下图所示。

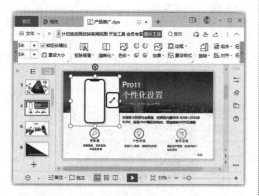

第4步 ▶ **插入图片**。❶单击【插入】选项卡下的【图片】下拉按钮，❷在弹出的下拉菜单中选择需要插入演示文稿中作为手机屏幕显示的图片，如下图所示。

教您一招 ●

按比例裁剪图片

　　选择图片后，在【裁剪】下拉菜单中选择【按比例裁剪】选项卡，在下方可以选择常见的长宽比例选项，以快速裁剪图片。

第6步 ▶ **裁剪图片**。进入图片裁剪状态后，❶拖动鼠标设置需要裁剪的区域，完成后单击图片外侧，退出图片裁剪状态，❷拖

动图片左上角的黄色控制柄，调整圆角的弧度，使其与手机边框的弧度相符，如下图所示。

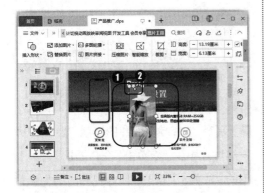

第7步 ▶ **调整图片的层级。**❶将裁剪后的图片移动到手机图片边框内，并调整合适的大小，❷单击【图片工具】选项卡下的【下移一层】下拉按钮，❸在弹出的下拉菜单中选择【下移一层】命令，如下图所示，将图片显示在手机边框图片的下方。

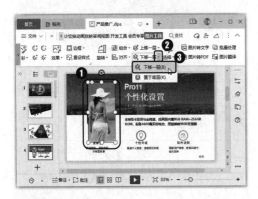

第8步 ▶ **细节调整。**根据手机边框图片，再次调整屏幕显示图片的大小和圆角弧度，使效果更加完美，如下图所示。

第9步 ▶ **制作另一个手机展示图。**❶选择第6张幻灯片，❷使用相同的方法插入一个手机边框图，❸在上方插入一张风景图片，❹单击【图片工具】选项卡下的【增加对比度】和【增加亮度】按钮，来改善图片的效果，如下图所示。

教您一招 ▶

查看图片层次

单击【开始】选项卡下的【选择】按钮，在弹出的下拉菜单中选择【选择窗格】命令，就可以看到该幻灯片中有哪些元素，这些元素的层级是怎样的。在【选择窗格】任务窗格中可以直接选择元素名称，上下调整层级。

2. 利用图片拼贴制作拼图效果

在编辑幻灯片时，若想要将幻灯片中的多张图片按照一定的方式拼在一起，则可以使用图片拼图功能快速实现，具体操作步骤如下。

第1步 ▶ **选择拼图效果**。❶选择第 10 张幻灯片，插入并选择需要制作拼图效果的多张图片，❷单击【图片工具】选项卡下的【图片拼接】按钮，❸在弹出的下拉菜单中根据选择的图片数量选择相应的选项卡，这里选择【更多】选项卡，❹在下方的列表中选择提供的图片拼图效果，如下图所示。

第2步 ▶ **调整拼图效果**。经过上一步操作后，将按照选择的拼图效果将所选图片拼接在一起。❶调整拼图后的组合图片大小，并将多余的图片删除，❷单击拼图右上角显示的【图片拼图】图标 ◉，❸在弹出的下拉列表中拖动滑块调整图片的间距，❹单击【调整顺序】超级链接，如下图所示。

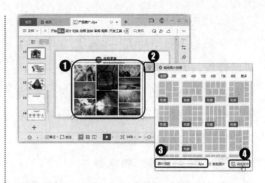

第3步 ▶ **调整拼图顺序**。进入拼图调整顺序状态，❶选择左下角需要调整位置的图片，❷按住鼠标左键不放，并将其拖动到中间栏需要替换位置的图片上，如下图所示。

第4步 ▶ **确认调整拼图顺序**。经过上步操作后，即可调换所选两张图片的位置，单击下方的【确定调整】按钮，即可确认使用当前拼图的顺序效果，如下图所示。

3. 利用表格排版

如果有多张图片需要在幻灯片中进行灵活排版，表格也不失为一种好方法，只需要将单元格设置为图片填充即可。表格填充图片，同样可以灵活地调整图片的显示内容，具体操作步骤如下。

第1步▶ **插入表格。❶**选择第 13 张幻灯片，**❷**单击【插入】选项卡下的【表格】按钮，**❸**在弹出的下拉菜单中拖动鼠标选择【2行*4列表格】，如下图所示。

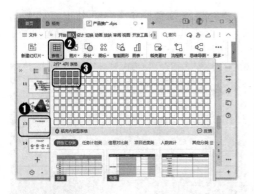

教您一招●

插入更多行列数的表格

单击【插入】选项卡下的【表格】按钮，在弹出的下拉菜单中选择【插入表格】命令，可以在打开的对话框中设置具体的表格行数和列数。

第2步▶ **合并单元格。❶**表格插入后，拖动表格边框，让表格充满幻灯片的下方区域，**❷**选择最右侧的两个单元格，**❸**单击【表格工具】选项卡下的【合并单元格】按钮，如下图所示。

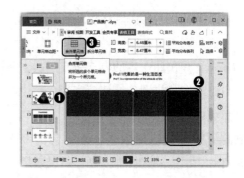

第3步▶ **设置单元格大小。❶**拖动鼠标选择左边的 6 个单元格，**❷**在【表格工具】选项卡下的【高度】和【宽度】数值框中设置单元格的大小参数，如下图所示。

第4步▶ **设置右边单元格的大小。❶**将文本插入点定位在右边合并后的单元格中，**❷**在【表格工具】选项卡下的【宽度】数值框中设置其宽度参数，直到覆盖整个幻灯片的页面，如下图所示。

第5步 ▶ **打开【插入图片】对话框。**❶将文本插入点定位在第一排第二个单元格中，❷单击【表格样式】选项卡下的【填充】下拉按钮，❸在弹出的下拉菜单中选择【图片或纹理】命令，❹在弹出的子菜单中选择【本地图片】命令，如下图所示。

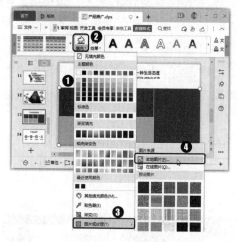

第6步 ▶ **填充图片。**❶在打开的对话框中选择"素材文件\第11章\图片2.png"文件，❷使用相同的方法为表格中的其他几个单元格填充准备好的图片，完成后的效果如下图所示。

第7步 ▶ **颜色填充。**❶将文本插入点定位在左上角单元格中，❷单击【表格样式】选项卡下的【填充】下拉按钮，❸在弹出的下拉菜单中选择需要填充的【橙色】，如下图所示。

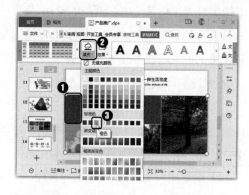

温馨提示 ▶

【合并形状】下拉列表中的【结合】选项是指将所选的各个形状联合为一个整体；【组合】选项是指将所选的各个形状联合为一个整体，若存在重叠的部分，则会显示出对应的边线；【相交】选项是指只保留多个形状的重叠部分。

第8步 ▶ **完成幻灯片制作。**使用同样的方法，为另外两个单元格设置颜色填充，完成设置后的效果如下图所示。

11.2　制作"员工培训"演示文稿

为了保证公司员工的素质，提高员工的能力、工作绩效和工作态度，企业会定期进行不同类型的企业培训。常见的企业培训有礼仪培训、产品培训、销售技能培训等。培训的目标是使员工的知识、技能、工作方法、工作的价值观得到改善和提高，从而发挥出最大潜力，提高个人和部门的业绩。

企业培训有多种形式，其中最常见的是以企业公开课的形式进行培训。参加这种公开课培训的人群涵盖了社会的各个阶层，如刚入职人员的销售知识培训，或者具有资深从业经验的高级总裁培训。在进行企业培训时，就要用到演示文稿这种演示工具。

在制作企业培训演示文稿时，为了吸引学员的注意力，更好地展现培训内容，需要在恰当的地方添加视频进行教学演示，也可以添加音频缓解课堂气氛，还可以设置超链接，让幻灯片之间的内容进行链接跳转。

本例将通过 WPS 演示提供的视频、音频插入功能，以及幻灯片超链接设置功能，制作员工培训演示文稿。制作完成后的效果如下图所示。实例最终效果见"结果文件\第 11章\员工培训.dps"文件。

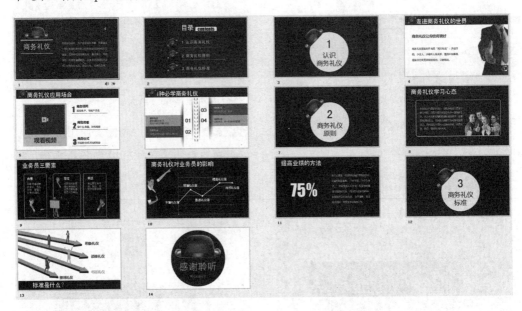

11.2.1 插入培训视频

培训课件中插入视频可以起到教学演示作用。在插入视频时，要考虑视频的美观度。在WPS演示中可以插入本地视频、网络视频、Flash、开场动画视频等。下面以插入网络视频为例进行介绍，具体操作步骤如下。

第1步▶ 复制网络视频的地址。❶打开网页浏览器，搜索并找到需要插入演示文稿中的视频，❷全选地址栏中的网址，并在其上右击，❸在弹出的快捷菜单中选择【复制】命令，如下图所示。

第2步▶ 执行插入视频命令。打开"素材文件\第11章\员工培训.dps"文件，❶选择第5张幻灯片，❷单击【插入】选项卡下的【视频】按钮，❸在弹出的下拉列表中选择【网络视频】选项，如下图所示。

温馨提示 ▶

在【视频】下拉列表中选择其他的视频插入方式，也可以根据提示快速插入相应的视频，操作很简单。

第3步▶ 选择视频。打开【插入网络视频】对话框，❶将刚刚复制的视频网址粘贴到文本框中，❷选中【免责声明】复选框，❸单击【插入】按钮，如下图所示。

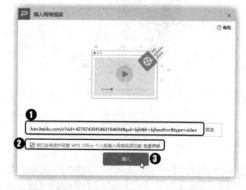

第4步▶ 调整视频的大小。视频插入后，❶按住鼠标左键不放并拖动视频图标，即可移动视频的位置，❷将鼠标指针移动到视频图标的边框线上，拖动鼠标可调整视频的显示面积，使其符合幻灯片中预留的视频播放显示大小，如下图所示。

第5步▶ 播放视频。完成视频的初步设置后，可以播放视频查看是否插入成功。单击状态栏中的【从当前幻灯片开始播放】按钮，如下图所示。

第6步▶ 播放幻灯片。此时将进入幻灯片放映视图，并从当前幻灯片开始播放，单击视频图标，如下图所示。

第7步▶ 播放视频。开始播放视频，如下图所示，说明视频插入成功。

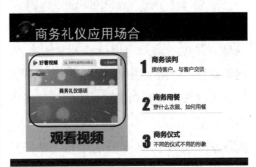

11.2.2 添加背景音乐

为了活跃课堂气氛，可以为培训课件添加背景音乐。音乐添加后，还可进行播放设置，具体操作步骤如下。

第1步▶ 打开【插入音频】对话框。❶选择第1张幻灯片，❷单击【插入】选项卡下的【音频】按钮，❸在弹出的下拉菜单中选择【嵌入背景音乐】命令，如下图所示。

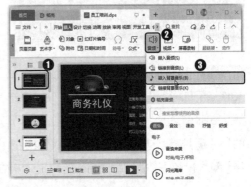

第2步▶ 选择音频文件。打开【从当前页插入背景音乐】对话框，❶选择"素材文件\第11章\背景音乐.mp3"文件，

❷单击【打开】按钮，如下图所示。

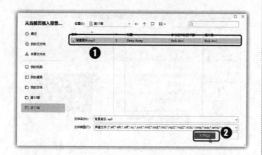

第3步▶ 设置音乐播放效果。 音频插入后，会出现一个喇叭形状的图标。❶拖动鼠标移动音频图标到幻灯片的右上角，❷选中音频图标，❸在【音频工具】选项卡下的【淡入】和【淡出】数值框中设置音频开始和结束时的音量渐变时间参数，如下图所示。

第4步▶ 裁剪音频。 如果插入的音频太长，可以进行裁剪。单击【音频工具】选项卡下的【裁剪音频】按钮，如下图所示。

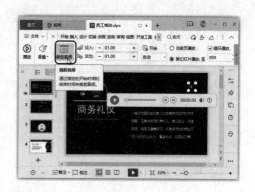

第5步▶ 完成音频裁剪。 打开【裁剪音频】对话框，❶拖动绿色和红色的时间点，进行音频裁剪，❷裁剪完成后，单击【确定】按钮，如下图所示。

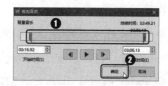

温馨提示▶

在裁剪音频的过程中，可以单击【裁剪音频】对话框中的相关按钮来播放和暂停音频，收听裁剪效果。

第6步▶ 调整音频音量的大小。 ❶单击【音频工具】选项卡下的【音量】按钮，❷在弹出的下拉列表中选择【低】选项，如下图所示。

搜索并插入在线音频文件

WPS演示中提供了在线音乐资源，更方便插入音频了。在【音频】下拉菜单的搜索框中输入搜索关键字，就可以在线搜索音频文件。

11.2.3 设置超链接

在使用幻灯片给企业员工进行培训时，可以将幻灯片页面中的内容链接到其他幻灯片、文件、网页等内容上，方便信息的切换。下面以链接到其他幻灯片为例进行介绍，具体操作步骤如下。

第1步 ▶ **打开【插入超链接】对话框。**❶选择第 13 张幻灯片，❷选中"电话礼仪"文本框，❸单击【插入】选项卡下的【超链接】下拉按钮，❹在弹出的下拉菜单中选择【本文档幻灯片页】命令，如下图所示。

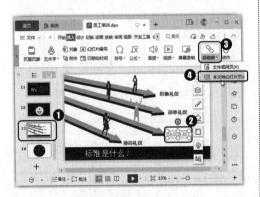

第2步 ▶ **选择链接页面。**打开【插入超链接】对话框，❶在左侧列表框中选择【本文档中的位置】选项，❷在中间列表框中选择需要链接到的幻灯片，❸单击【确定】

按钮，如下图所示。

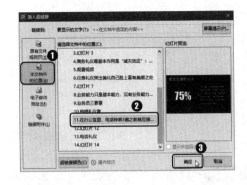

第3步 ▶ **查看设置效果。**完成超链接设置后，进入演示文稿放映视图，将鼠标指针移动到设置了超链接的文字上，鼠标指针将变成手指形状🖑，表明该内容是链接内容，如下图所示。

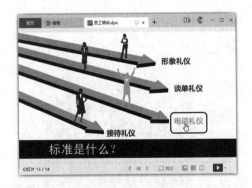

第4步 ▶ **查看跳转效果。**单击设置了链接的"电话礼仪"文本框，就会跳转到第 11 张幻灯片页面，如下图所示。

11.2.4 为幻灯片添加编号

在完成演示文稿制作时，常常需要给幻灯片添加编号。插入常规编号的具体操作步骤如下。

第1步 ▶ **插入编号。** 单击【插入】选项卡下的【幻灯片编号】按钮，如下图所示。

第2步 ▶ **应用编号。** 打开【页眉和页脚】对话框，❶在【幻灯片】选项卡下选中【幻灯片编号】复选框，❷单击【全部应用】按钮，如下图所示。

第3步 ▶ **查看编号效果。** 此时便可看到每张幻灯片的右下角都显示了编号，如下图所示。可以选择编号后进行格式设置，如果编号被页面内容遮挡，可以适当移动位置。

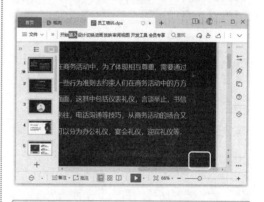

教您一招 ▶

设置幻灯片编号效果

如果需要自定义幻灯片编号的效果，就需要在幻灯片母版中插入编号，并进行字体格式等的设置，这样才能保证整个演示文稿中的幻灯片编号格式一致。

高手支招

通过前面知识点的学习，相信读者已经掌握了WPS演示的图片编辑、音频插入、超链接设置技巧。下面结合本章内容，再给读者介绍一些工作中的实际经验与技巧，提高办公效率。

01 创建相册演示文稿

在制作图片型演示文稿时，有时需要让一张图片占据一整张幻灯片。但是单张单张地插入非常浪费时间，此时就可以运用分页插图功能批量插入，具体操作步骤如下。

第1步 ▶ **执行【分页插图】命令。** 新建一个空白演示文稿，❶单击【插入】选项卡下的【图片】下拉按钮，❷在弹出的下拉列表中选择【分页插图】选项卡，如下图所示。

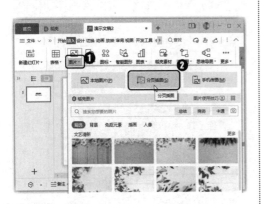

第2步 ▶ **选择图片。** 打开【分页插入图片】对话框，❶选择图片所保存的位置，❷选择需要插入演示文稿中的所有图片，这里按【Ctrl+A】组合键全选"装修风格"文件夹中的图片，❸单击【打开】按钮，如下图所示。

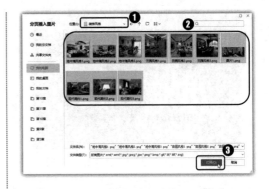

第3步 ▶ **查看相册创建效果。** 此时效果如下图所示，选择的所有图片将全部插入演示文稿中，并且每张图片自动占据一张幻灯片。

02 在演示文稿中插入图表

在演示文稿中可以插入图表，来直观地表达数据，这样更容易发现某些规律。WPS演示中支持直接在演示文稿中创建图表，具体操作步骤如下。

第1步 ▶ **选择图表类型。** 打开"素材文件\第11章\HR工作总结汇报.dps"文件，❶在第5张幻灯片后面新建一张幻灯片，单击【插入】选项卡下的【图表】按钮，

❷在弹出的下拉菜单中选择【在线图表】命令，❸在弹出的子菜单中选择【柱形图】选项，❹在右侧选择需要的柱形图类型，如下图所示。

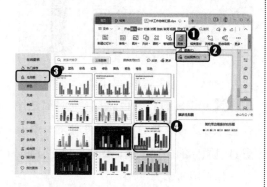

第2步 ▶ **执行【编辑数据】命令。** 此时便会根据选择的图表类型在幻灯片中创建相应的图表，❶选中该图表，❷单击【图表工具】选项卡下的【编辑数据】按钮，如下图所示。

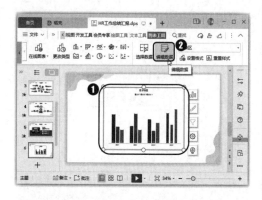

第3步 ▶ **编辑数据。** 此时会自动启动一个WPS工作区，并在其中打开WPS表格，是所选图表的数据表格，❶在左上角的图表引用单元格区域中输入相应的图表数据，❷输入完成后，将鼠标指针移动到原定图

表引用区域右下角处，此时鼠标指针变成双向箭头形状，拖动鼠标调整区域为输入的实际图表数据区域的右下角单元格，如下图所示。

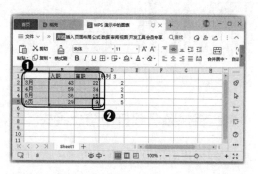

第4步 ▶ **编辑图表效果。** 返回幻灯片编辑区，即可看到修改数据后的图表效果，❶选中图表标题，将其更改为"招聘业绩指标"，❷选择图表中的图例，❸单击图表右侧显示出的【设置图表区域格式】按钮，如下图所示。

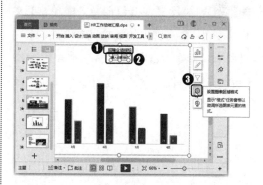

第5步 ▶ **设置图例位置。** 显示出【对象属性】任务窗格，❶选择【图例选项】选项卡，❷单击【图例】按钮，❸在【图例选项】栏中选择【靠下】单选按钮，同时可以看到图表中的图例移动到了图表下方，如下图所示。

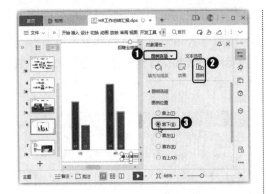

03 将视频音频打包防止丢失

在制作演示文稿时，如果在幻灯片中插入了音频、视频或外部链接文件，当将演示文稿复制到另一台计算机播放时，可能会出现音视频丢失的情况。为了避免这种情况的出现，可以将演示文稿打包，让视频、音频和外部文件打包到一个文件夹中，具体操作步骤如下。

第1步 ▶ **执行文件打包命令。**❶单击【文件】按钮，❷在弹出的下拉菜单中选择【文件打包】命令，❸在弹出的子菜单中选择【将演示文档打包成文件夹】命令，如下图所示。

第2步 ▶ **设置打包参数。**打开【演示文件打包】对话框，❶为打包文件命名，❷设置打包文件的保存位置，❸单击【确定】按钮，如下图所示。

第3步 ▶ **完成打包。**此时系统便自动进行打包，稍等片刻后，打开【已完成打包】对话框，单击【关闭】按钮即可，如下图所示。

WPS

第12章

演示文稿的动画与放映设置

本章导读

　　WPS演示有着动静皆宜的特质，一篇演示文稿制作完成后，为了丰富效果，经常会设置幻灯片切换动画、幻灯片内容元素动画。明白不同的动画应该在什么情况下进行设置，可以提高演示文稿的最终效果。此外，还需要合理设置播放方式，并通过不同的操作来实现完美的演讲放映。

知识要点

- 设置幻灯片切换动画
- 为内容添加进入动画
- 为内容添加强调动画
- 为内容添加路径动画

- 为内容添加退出动画
- 设置放映方式
- 排练计时
- 放映时的操作技巧

12.1 为"个人工作报告"演示文稿设置动画

个人工作报告是下级向上级汇报工作情况的文档。在公司大会、新年晚会上进行工作汇报时，常常会使用演示文稿作为工作汇报的工具。将工作汇报制作成幻灯片，可以让观众更加直观地看到工作中的种种情况。为了增加幻灯片播放时的效果，需要为幻灯片设置动画效果，包括幻灯片的切换效果和幻灯片元素的动画效果。

本例将通过WPS演示的动画设置功能，为个人工作报告演示文稿添加动画效果。制作完成后的效果如下图所示。实例最终效果见"结果文件\第12章\个人工作报告.dps"文件。

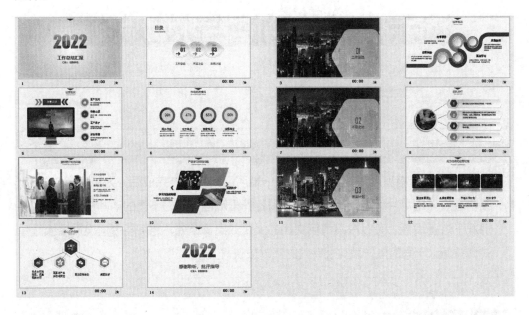

12.1.1 设置幻灯片切换动画

演示文稿在播放时，会由一张幻灯片切换到另一张幻灯片。在切换过程中，为了增加幻灯片的趣味性，可以为幻灯片设置切换效果。

WPS演示为幻灯片的切换提供了更丰富的切换效果。在设置切换效果时，需要注意的是，切换效果不是越多越好。通常情况下，一份演示文稿设置三种切换效果即可，若效果太多，则显得太花哨。在设置时，可以先设置最多的切换效果，让其一键应用到所有幻灯片中，再修改个别幻灯片的切换效果，具体操作步骤如下。

第1步 ▶ **打开切换效果列表**。打开"素材
文件\第12章\个人工作报告.dps"文件，
❶选择第1张幻灯片，❷单击【切换】选项
卡下的列表框中的【其他】按钮 ，如下图
所示。

第2步 ▶ **选择切换效果**。在弹出的切换效
果列表中，选择一种切换效果，如选择【推
出】效果，如下图所示。

第3步 ▶ **添加切换音效**。为幻灯片选择好
切换效果后，会自动播放效果，并会在左
侧窗格中该幻灯片的缩略图旁看到一个星
星标记，表明该幻灯片添加了动画效果。
❶在【切换】选项卡下的【速度】数值框中

设置切换动画的播放时间，从而控制动画
的播放速度，❷在【声音】下拉列表框中选
择需要的切换声音，如选择【风声】选项，
如下图所示。

第4步 ▶ **设置切换效果**。❶单击【效果选
项】按钮，❷在弹出的下拉列表中选择切
换的方向，如选择【向左】选项，则推出
动画将从页面外右侧开始向左侧推出，如
下图所示。

第5步 ▶ **为所有幻灯片应用切换效果**。为
第1张幻灯片设置好切换效果后，单击【应
用到全部】按钮，如下图所示，将该切换
效果应用到所有幻灯片中。

第6步 ▶ **放映幻灯片**。将鼠标指针移动到左侧窗格的幻灯片缩略图上时，会在下方显示出【当页开始】按钮，如下图所示，单击即可从当前页幻灯片开始放映。

第7步 ▶ **查看切换效果**。下图所示为向左【推出】切换效果的换片方式。

第8步 ▶ 为第3张幻灯片设置切换效果。❶选择第3张幻灯片，❷在【切换】选项卡下的切换效果列表中选择【梳理】选项，如下图所示。

第9步 ▶ **设置切换效果**。❶单击【效果选项】按钮，❷在弹出的下拉列表中选择【垂直】选项，梳理动画将变为垂直样式，如下图所示。

第10步 ▶ **单击【预览效果】按钮**。幻灯片的切换效果设置好后可以重复查看，审视此效果是否符合需求。单击【切换】选项卡下的【预览效果】按钮即可，如下图所示。

第11步 预览切换效果。为第 3 张幻灯片
设置的垂直【梳理】切换效果如下图所示。

12.1.2 为内容添加进入动画

为了使演示变得生动形象，并且增加
内容表达的逻辑性，可以为内容元素设置
动画效果。

在不同种类的动画效果中，进入动画
是最常用、也是最重要的一种效果。进入
动画，顾名思义，就是设置不同形式的动
画让内容元素出现在幻灯片中，让观众观
看。进入动画的设置，其要点是掌握好元
素出现的顺序。例如，在课件演示文稿中，
应该设置第 1 点内容先出现，再出现第 2

点、第 3 点……总而言之，内容元素要按
照幻灯片的内容逻辑顺序，循序渐进、由
浅入深地依次出现，具体操作步骤如下。

第1步 打开动画列表。❶选择第 4 张幻
灯片，❷选择幻灯片上方的三角形形状，
❸单击【动画】选项卡下的列表框中的【其
他】按钮，如下图所示。

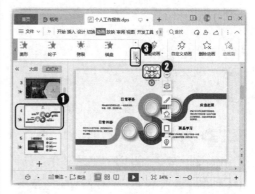

第2步 展开进入动画。在弹出的动画列
表中，单击【进入】栏右侧的【更多选项】
按钮，如下图所示。

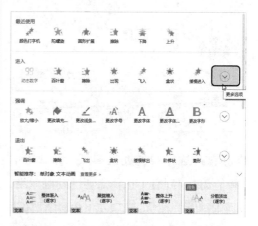

第3步 选择进入动画。在展开的进入动
画列表中选择需要的动画即可，这里选择

【温和型】栏中的【下降】动画，如下图所示，此时选中的三角形就应用了这种动画效果。

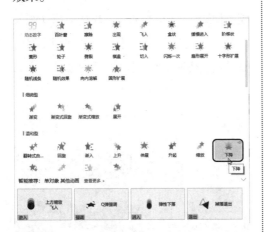

第4步 ▶ **为文本框设置智能动画。**❶拖动鼠标框选三角形下方的两个文本框，❷单击【动画】选项卡下的【智能动画】按钮，如下图所示。

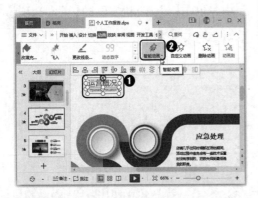

第5步 ▶ **选择智能进入动画。**在弹出的【智能动画】列表中选择需要的动画效果，如下图所示。注意，选项左下角显示了【进入】字样的才是进入动画。

第6步 ▶ **打开【自定义动画】窗格。**单击【动画】选项卡下的【自定义动画】按钮，如下图所示。

第7步 ▶ **设置动画开始方式。**显示出【自定义动画】任务窗格，❶在列表框中选择最早为三角形添加的动画选项，❷在【开始】下拉列表框中选择【之后】选项，如下图所示，让该动画在上一个动画完成之后才开始执行。

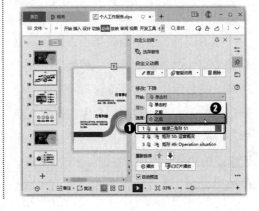

第8步 ▶ **设置动画播放速度**。在【速度】
下拉列表框中选择动画播放的速度，如选
择【中速】选项，如下图所示。

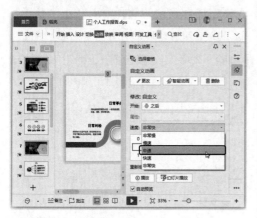

第9步 ▶ **设置矩形的动画效果**。❶在列
表框中选择为矩形添加的动画选项，❷在
【开始】下拉列表框中选择【之后】选项，
❸在【速度】下拉列表框中选择【中速】选
项，如下图所示。

第10步 ▶ **为矩形添加进入动画**。观察幻灯
片中的内容元素，中间有一条绿色的曲线
形状，现在要设置这条绿色的曲线形状为
从右到左渐渐出现的效果。因此，需要对

曲线的分段设置相同的【擦除】动画效果，
依次出现。❶选中曲线最右边的一段矩形，
❷单击【动画】选项卡下的列表框中的【其
他】按钮 ⚏，在弹出的动画列表中的【进
入】栏中选择【擦除】动画，如下图所示。

温馨提示 ●

　　动画列表最下方，系统根据所选的幻灯
片对象智能地提供了一些相关的动画效果，
可以直接选择。

第11步 ▶ **设置动画方向**。❶单击右侧工具
栏中的【自定义动画】按钮 ✿，显示出【自
定义动画】任务窗格，❷在列表框中会自
动选择刚刚添加的动画选项，在【方向】
下拉列表框中选择【自右侧】选项，如下
图所示，让该动画从右到左运动。

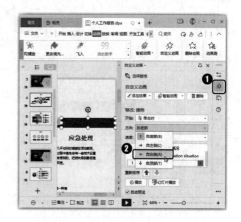

第12步 ▶ **单击【动画刷】。** ❶ 在【开始】下拉列表框中选择【之后】选项，❷在【速度】下拉列表框中选择【快速】选项，❸双击【动画】选项卡下的【动画刷】按钮，锁定动画复制状态，如下图所示。

第13步 ▶ **复制动画。** 进入复制状态后，鼠标指针变成◊ᵥ形状，❶在曲线上从右到左依次单击线段，如下图所示，❷完成曲线线段的动画复制后，再次单击【动画刷】按钮，退出动画复制状态。

第14步 ▶ **删除错误的动画效果。** 在本例复制动画的过程中，由于对象靠得太近，难免出错。❶在【自定义动画】任务窗格的列表框中选择多余的动画效果，并单击其后的下拉按钮，❷在弹出的下拉列表中选择【删除】选项，如下图所示，即可删除该动画效果。

第15步 ▶ **调整动画顺序。** 幻灯片中的曲线线段，从右到左的名称顺序是"Freeform 6、Freeform 7、Freeform 8……"。如果【自定义动画】任务窗格中的顺序不是相同的名称顺序，就表示动画顺序有误。❶选择【Freeform 11】动画选项，❷单击下方【重新排序】栏中的⬆按钮，如下图所示。

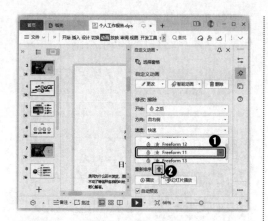

第16步 **播放动画。**即可将选择的【Free form 11】选项向上调整一步，单击【播放】按钮，可以放映该幻灯片中的所有动画，如下图所示。

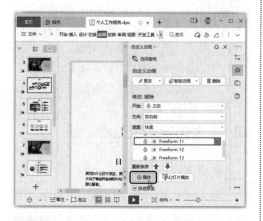

第17步 **修改动画方向。**放映幻灯片动画时发现曲线的部分线段效果有误，需修改动画方向。❶选择如下图所示的线段，❷在【自定义动画】任务窗格中的【方向】下拉列表框中选择【自左侧】选项。

第18步 **添加动画并复制。**❶选中幻灯片右边的第一个圆圈形状，❷为其添加【圆形扩展】进入动画，在【自定义动画】任务窗格中设置【开始】方式为【之后】、【方向】为【内】、【速度】为【中速】，❸双击【动画】选项卡下的【动画刷】按钮，如下图所示。

第19步 **修改动画。**❶复制动画到各圆圈形状上，❷选中最后一个圆圈形状，❸在【动画】选项卡下的列表框中选择【陀螺旋】选项，如下图所示，即可将该圆圈形状的动画修改为【陀螺旋】动画。

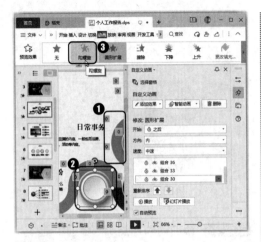

第20步 ▶ **设置动画效果**。在【自定义动画】任务窗格中设置【陀螺旋】动画的【开始】方式为【之后】、【数量】为【360°顺时针】、【速度】为【中速】，如下图所示。

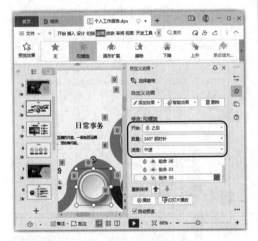

第21步 ▶ **设置动画并复制**。❶选中幻灯片右边的第一个圆圈形状下面的文本框，❷为其添加【颜色打字机】进入动画，在【自定义动画】任务窗格中设置【开始】方式为【之后】、【速度】为【非常快】，❸双击【动画】选项卡下的【动画刷】按钮，依

次复制动画到其他文本框上，如下图所示，便完成了本张幻灯片的动画制作。

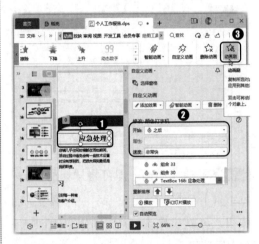

12.1.3 为内容添加强调动画

在设置幻灯片内容元素的动画效果时，为了突出显示某个内容，可以为其添加强调动画效果。但是，强调效果单独添加并不能起到理想作用，通常情况下是先为元素设置进入动画，然后在此基础上添加强调动画，具体操作步骤如下。

第1步 ▶ **打开动画列表**。❶选择第1张幻灯片，❷选中幻灯片上方的三角形形状，为其添加【下降】动画，并设置动画【开始】方式为【之后】，❸选择下方的"2022"

文本框，❹单击【动画】选项卡下的列表框
中的【其他】按钮，如下图所示。

第2步▶ 展开强调动画。 在弹出的动画列
表中，单击【强调】栏右侧的【更多选项】
按钮，如下图所示。

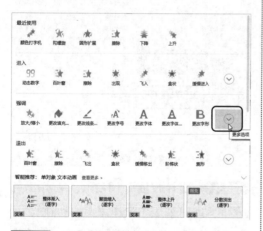

第3步▶ 选择强调动画。 在展开的强调动
画列表中选择需要的动画即可，这里选择
【华丽型】栏中的【波浪型】动画，如下图
所示，此时选中的文本框就应用了这种动
画效果。

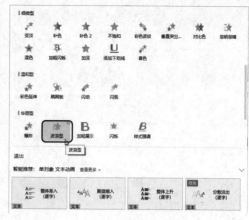

第4步▶ 设置动画效果。 ❶单击【动画】
选项卡下的【自定义动画】按钮，显示出
【自定义动画】任务窗格，❷设置【开始】
方式为【之后】、【速度】为【快速】，如下
图所示。

第5步▶ 添加强调动画。 ❶在【自定义动
画】任务窗格中单击【添加效果】按钮，❷在
弹出的下拉菜单中选择【华丽型】栏中的
【闪烁】动画，如下图所示。

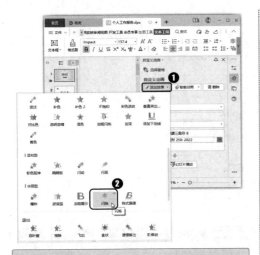

第6步 ▶ **设置动画效果**。此时，在【自定义动画】任务窗格中可以看到为文本框同时设置了两种动画。设置【闪烁】动画的【开始】方式为【之后】、【速度】为【快速】，如下图所示。

第7步 ▶ **添加智能动画**。❶按住【Ctrl】键，选中幻灯片下方的两个文本框，❷单击【动画】选项卡下的【智能动画】按钮，如下图所示。

第8步 ▶ **选择智能强调动画**。在弹出的【智能动画】列表中选择需要的动画效果，如下图所示，注意选项左下角显示了【强调】字样的才是强调动画。

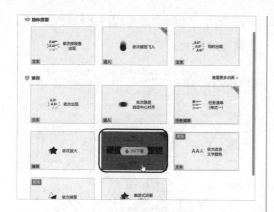

12.1.4 为内容添加路径动画

路径动画的效果是让内容元素按照一定的路径移动。在WPS演示中为幻灯片内容添加路径动画，可以采用系统提供的形状路径、直线或曲线路径，以及一些特殊的图形路径，还可以绘制自定义路径，具体操作步骤如下。

第1步 ▶ **打开动画列表。**❶选择第2张幻灯片，❷拖动鼠标框选第1个形状及其上方的图形和文字，❸单击【动画】选项卡下的列表框中的【其他】按钮，如下图所示。

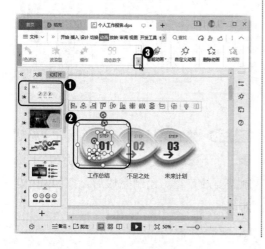

第2步 ▶ **选择路径动画。**在弹出的动画列表中，单击【动作路径】栏右侧的【更多选项】按钮，展开动作路径动画列表，选择【基本】栏中的【新月形】动画，如下图所示。

第3步 ▶ **为第2组内容添加路径动画。**此时选中的内容都应用了这种动画效果，并会显示出路径形状。❶拖动鼠标框选第2个形状及其上方的图形和文字，❷单击【动画】选项卡下的列表框中的【其他】按钮，如下图所示。

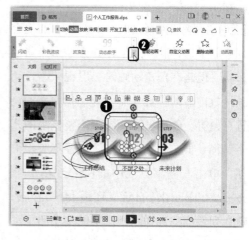

温馨提示 ●

　　添加的路径动画，同样可以在【自定义动画】任务窗格中设置动画的开始方式、速度等属性。

第4步 ▶ 选择路径动画。 在弹出的动画列表中，单击【动作路径】栏右侧的【更多选项】按钮，展开动作路径动画列表，选择【直线和曲线】栏中的【向左弯曲】动画，如下图所示。

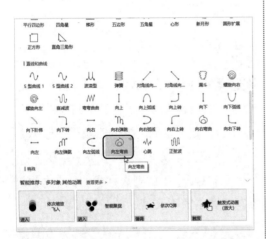

第5步 ▶ 编辑路径动画。 此时选中的内容都应用了这种动画效果，并会显示出路径形状，但是在预览动画时，发现该路径动画播放前后的位置与需要的形状原来的位置有差异。❶这里需要同时调整该组的几个路径，但是直接选择多个路径不是很方便，单击右侧工具栏中的【自定义动画】按钮，显示出【自定义动画】任务窗格，❷在列表框中选择刚刚添加的多个路径动画选项，❸拖动鼠标调整路径的位置，如

下图所示，让该动画完成后形状能显示在正确的位置上。

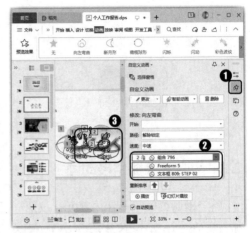

第6步 ▶ 为第3组内容添加路径动画。 ❶拖动鼠标框选第3个形状及其上方的图形和文字，❷单击【动画】选项卡下的列表框中的【其他】按钮，在弹出的动画列表中的【绘制自定义路径】栏中选择【自由曲线】动画，如下图所示。

第7步 ▶ 绘制路径。 此时鼠标指针变成笔形，如下图所示，拖动鼠标在幻灯片上绘制需要的路径。绘制完成后，按【Esc】键即可。

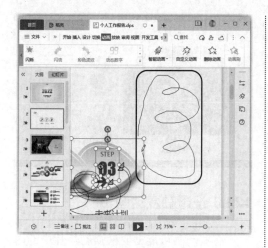

12.1.5 为内容添加退出动画

在幻灯片中添加退出动画的目的是让内容元素退出幻灯片。退出动画通常也不是单独添加的，通常会先设置内容元素的进入动画，然后添加退出动画。在本例中，设置图片进入幻灯片，一定时间后再退出，让图片下面的内容显示出来，具体操作步骤如下。

第1步 ▶ **打开动画列表。** ❶选择第5张幻灯片，❷为幻灯片上面的三角形及文本框等元素设置与前面相同的进入动画，为计算机图片设置【上升】动画，为幻灯片中右侧的图标和文本内容添加合适的进入动画，并为这些动画设置合适的开始方式和速度等参数，❸选择计算机图片上方的图片，❹单击【动画】选项卡下的列表框中的【其他】按钮▾，如下图所示。

第2步 ▶ **选择退出动画。** 在弹出的动画列表中，单击【退出】栏右侧的【更多选项】按钮，在展开的退出动画列表中的【基本型】栏中选择【向外溶解】动画，如下图所示。

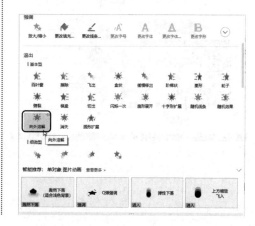

第3步 ▶ **设置动画效果。**❶单击【动画】选项卡下的【自定义动画】按钮，显示出【自定义动画】任务窗格，❷为刚添加的退出动画设置【开始】方式为【之后】、【速度】为【中速】，❸单击【重新排序】栏中的⬆按钮，使其向上移动一个位置，如下图所示。

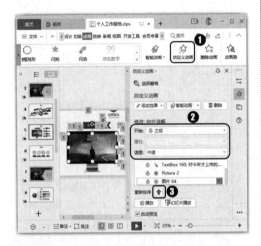

第4步 ▶ **查看动画效果。**预览动画效果，如下面两张图片所示，图片1消失后出现了图片2。

12.1.6 设置触发动画

有些动画可能需要根据幻灯片中的内容的某种操作而出现，这类动画应通过设置触发动画来实现。例如，实现单击页面中的某元素，出现对应元素的动画效果。在本例中，设置的触发动画为：单击"视线位置不对"文本框，出现一张关于商务交谈视线位置示范的图片，具体操作步骤如下。

第1步 ▶ **插入图片。**❶选择第9张幻灯片，单击【插入】选项卡下的【图片】下拉按钮，❷在弹出的下拉菜单中单击【人像】按钮，❸在出现的图片列表中选择需要插入幻灯片中的图片，如下图所示。

第2步 ► **移动图片位置和大小**。将图片插入幻灯片中后，调整图片的位置和大小，如下图所示，这是图片被触发弹出后的位置效果。

第3步 ► **修改触发文本框的名称**。该幻灯片中的多个文本框都是相同的名称，不便于后期的触发动画设置。所以，可以提前修改要设置为触发动画的文本框的名称。❶单击右侧工具栏中的【自定义动画】

按钮 ✿，显示出【自定义动画】任务窗格，❷单击【选择窗格】按钮，显示出【选择窗格】任务窗格，❸在幻灯片中选择需要设置为触发对象的"视线位置不对"文本框，❹可以看到【选择窗格】任务窗格中的对应名称被选中，双击修改该名称，如下图所示。

温馨提示 ►

触发器可以是图片、图形或按钮，甚至可以是一个段落或文本框。

第4步 ► **为图片添加动画**。❶选择刚插入的图片，并为其添加【飞入】动画，❷在【自定义动画】任务窗格中设置【方向】为【自左侧】、【速度】为【快速】，❸在列表框中选择并单击该动画选项后的下拉按钮，❹在弹出的下拉列表中选择【计时】选项，如下图所示。

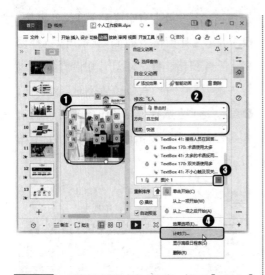

图所示。

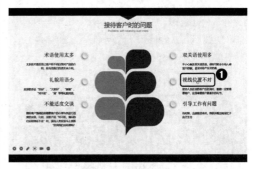

第5步 ▶ **设置图片触发动画**。打开【飞入】对话框，❶选择【计时】选项卡，❷单击【触发器】按钮，❸在展开的部分选择【单击下列对象时启动效果】单选按钮，并在其后的下拉列表框中选择需要作为触发的对象，即"视线位置不对"文本框的名称【TextBox视线】，❹单击【确定】按钮，如下图所示。

第6步 ▶ **查看播放效果**。❶完成触发动画设置后，从当前页面开始播放幻灯片，将鼠标指针移动到"视线位置不对"文本框上，鼠标指针会变成手掌形状👆，❷单击文本框，就会触发图片弹出，如下面两张

12.1.7 设置动画音效

在播放幻灯片动画时，为了增加动画效果，引起观众注意，可以为重点动画设置动画音效。WPS演示提供了多种音效，可自由选择音效类型和设置声音大小。例如，要为触发动画的图片动画添加音效，具体操作步骤如下。

第1步 ▶ **执行【效果选项】命令**。❶在【自定义动画】任务窗格中选择触发动画的图片动画选项，并单击该选项后的下拉按钮，❷在弹出的下拉列表中选择【效果选项】选项，如下图所示。

第2步 **设置音效**。打开【飞入】对话框，❶在【效果】选项卡下的【声音】下拉列表中选择需要添加的动画音效，这里选择【推动】选项，❷在【动画播放后】下拉列表中选择播放动画后的操作，这里为了方便后续查看内容不受影响，选择【下次单击后隐藏】选项，❸单击【确定】按钮，如下图所示。

第3步 **查看播放效果**。预览动画，效果如下图所示，当单击"视线位置不对"文本框后会飞入图片，再次单击"视线位置不对"文本框时，图片便会消失。

12.2 放映"新品发布会"演示文稿

　　当企业要推出新品时，常常会举办新品发布会，在发布会上宣传产品，让客户了解产品，并产生合作或购买欲望。为了让新品得到恰当的宣传，通常会使用幻灯片介绍产品。为了保证发布会的顺利进行，在播放新品发布会演示文稿时，应根据需要设置播放方式，在放映前进行预演，以确保能在正式放映时使用正确的操作方式播放幻灯片。

本例将通过WPS演示的幻灯片播放功能，播放新品发布会演示文稿。幻灯片的排练计时功能完成后效果如下图所示。实例最终效果见"结果文件\第12章\新品发布会.dps"文件。

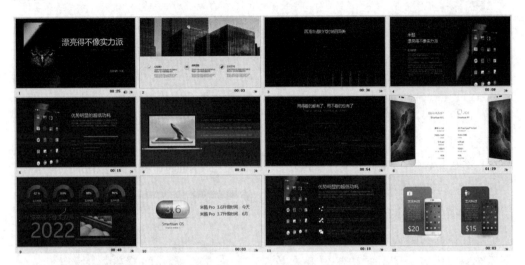

12.2.1 放映准备工作

在放映幻灯片前，需要做好一系列的准备工作，保证幻灯片放映时效果准确无误。准备工作包括嵌入字体、设置备注、演示文稿格式设置等。

1. 嵌入字体

播放幻灯片的计算机和制作幻灯片的计算机常常不是同一台计算机。如果播放幻灯片的计算机中没有安装演示文稿中使用的字体，就会出现显示效果上的问题。此时可以将字体嵌入幻灯片中，避免这种情况发生，具体操作步骤如下。

第1步 执行【在线安装缺失字体】命令。打开"素材文件\第12章\新品发布会.dps"文件，发现有字体缺失提示。❶单击状态栏中的【缺失字体】按钮，❷在弹出的下拉列表中选择【在线安装缺失字体】选项，如下图所示。

第2步 安装字体。打开【在线字库】窗口，在【我的字体】中显示了当前演示文稿中未安装的字体，单击字体选项上的【立即使用】按钮，如下图所示，即可在线安装该字体。

第3步 ▶ **打开【选项】对话框。**❶单击【文件】按钮，❷在弹出的下拉菜单中选择【选项】命令，如下图所示。

第4步 ▶ **嵌入字体。**打开【选项】对话框，❶选择【常规与保存】选项卡，❷选中【将字体嵌入文件】复选框，❸在下方选择嵌入的方式，这里选中【仅嵌入文档中所用的字符（适于减小文件大小）】单选按钮，❹单击【确定】按钮，如下图所示。此时就完成了字体嵌入，换一台计算机播放演示文稿也不会出现字体丢失的情况。

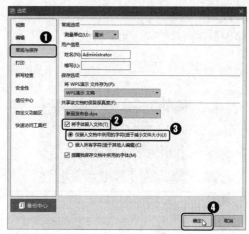

2. 设置备注

幻灯片讲究文字少，只放精练的内容。为了防止遗忘演讲内容，演讲者可以将内容以备注的方式添加到幻灯片中，作为提醒所用。添加备注可以在幻灯片下方备注窗格中添加，还可以进入备注视图添加，具体操作步骤如下。

第1步 ▶ **打开【备注】窗格。**❶选择第3张需要添加备注的幻灯片，❷单击状态栏中的【备注】按钮，显示出备注窗格，如下图所示。

第2步 ▶ **输入备注**。在下方的备注窗格中输入备注内容即可，如下图所示。

第3步 ▶ **进入备注视图**。单击【视图】选项卡下的【备注页】按钮，如下图所示。

第4步 ▶ **在备注页输入备注**。进入备注视图，❶拖动右侧的滑块，向后显示不同幻灯片页面的备注页，这里选择第 6 张幻灯片页面，❷在下方的备注页面中输入备注内容，如下图所示。

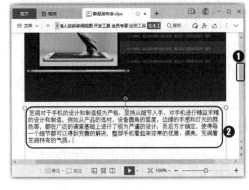

3. 演示文稿格式设置

在完成幻灯片制作后，可以将幻灯片保存为放映文件格式，方便双击文件图标即可打开放映，比较适合做演示的时候使用，具体操作步骤如下。

第1步 ▶ **打开【另存为】对话框**。❶单击【文件】按钮，❷在弹出的下拉菜单中选择【另存为】命令，❸在弹出的子菜单中选择【其他格式】命令，如下图所示。

第2步 ▶ **保存文件**。打开【另存文件】对话框，❶设置文件的保存位置，❷输入文

件名，并选择文件保存类型为【*.ppsx】类型，❸单击【保存】按钮，如下图所示。

第3步▶ 查看保存效果。如下图所示，幻灯片被保存为.ppsx文件后，图标发生了改变，双击此文件图标即可进入播放模式。

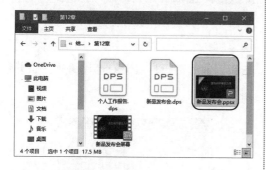

12.2.2 设置放映方式

幻灯片在放映前需要设置放映方式，通过设置放映方式，可以设置放映哪些幻灯片、以什么形式播放。

1. 自定义放映方式

自定义幻灯片的放映方式可以设置需要播放的幻灯片内容，并且可以调整幻灯片的播放顺序。建立好自定义的播放方式后，在播放幻灯片时，可以选择这种播放方式放映幻灯片，具体操作步骤如下。

第1步▶ 打开【自定义放映】对话框。❶单

击状态栏中的【普通视图】按钮，❷单击【备注】按钮，隐藏备注窗格，❸单击【放映】选项卡下的【自定义放映】按钮，如下图所示。

第2步▶ 新建放映方式。打开【自定义放映】对话框，单击【新建】按钮，如下图所示。

第3步▶ 添加要播放的幻灯片。打开【定义自定义放映】对话框，❶在【幻灯片放映名称】文本框中输入该放映方式的名称，❷在【在演示文稿中的幻灯片】列表框中选择要添加到该放映方式中播放的幻灯片，❸单击【添加】按钮，即可将选择的幻灯片添加到【在自定义放映中的幻灯片】列表框中，如下图所示。

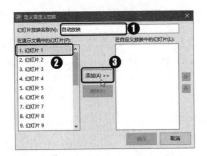

第4步 ▶ **删除多余的幻灯片。**❶在【在自定义放映中的幻灯片】列表框中选择误添加的幻灯片，❷单击【删除】按钮，即可删除此幻灯片，如下图所示。

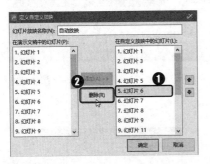

第5步 ▶ **调整幻灯片顺序。**❶在【在自定义放映中的幻灯片】列表框中选择需要调整顺序的幻灯片，❷单击右侧的 或 按钮，可以依次向前或向后移动该幻灯片的顺序，如下图所示。

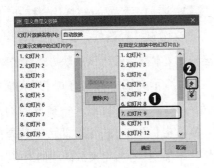

第6步 ▶ **完成自定义幻灯片设置。**完成幻灯片的添加和设置后，单击【确定】按钮完成播放设置，如下图所示。

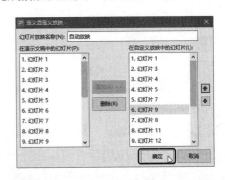

第7步 ▶ **播放自定义幻灯片。**返回【自定义放映】对话框，在列表框中可以看到刚刚添加的自定义放映名称，单击【放映】按钮，即可进行自定义幻灯片播放，如下图所示。

教您一招 ●

以自定义方式放映演示文稿

添加自定义放映方式后，单击【放映】选项卡下的【自定义放映】按钮，在打开的【自定义放映】对话框中就可以看到已经添加的自定义播放方式，选择播放名称，再单击【放映】按钮，即可进行自定义幻灯片播放。

2. 幻灯片放映设置

根据放映场地、情形的不同，可以自由设置幻灯片的放映方式、放映的幻灯片内容、换片方式等，具体操作步骤如下。

第1步 ▶ **打开【设置放映方式】对话框。**
❶单击【放映】选项卡下的【放映设置】下拉按钮，❷在弹出的下拉列表中选择【放映设置】选项，如下图所示。

第2步 ▶ **设置放映方式。** 打开【设置放映方式】对话框，❶选择需要的放映方式及其他选项设置，这里选中【展台自动循环放映（全屏幕）】和【自定义放映】单选按钮，❷单击【确定】按钮，如下图所示。

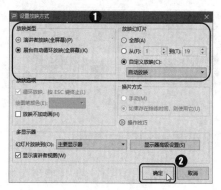

温馨提示 ●

【演讲者放映（全屏幕）】方式是由演讲者操控幻灯片播放；【展台自动循环放映（全屏幕）】方式用于自动播放幻灯片，可提前进行排练计时，播放排练好的效果。

第3步 ▶ **播放幻灯片。** 完成放映方式设置后，就可以开始播放幻灯片了。单击【放映】选项卡下的【从头开始】按钮，进入播放状态，如下图所示。

第4步 ▶ **查看播放状态。** 下图所示为演示文稿的播放状态。在这种放映方式下，左下角不会出现相关的操作按钮，只是对所有幻灯片内容进行放映，不可以进行编辑。

12.2.3 排练计时

在演示文稿需要自动播放时，如果设置为【展台自动循环放映（全屏幕）】的播放方式，就需要精确设置每张幻灯片的播放时间。WPS演示提供了【排练计时】功能，可以方便地进行幻灯片预演排练，在排练过程中WPS演示会自动记录每张幻灯片的放映时间，以及所有幻灯片的播放时间总长。保存排练计时后，就可以按照这样的时间设置播放幻灯片，具体操作步骤如下。

第1步 ▶ **进入排练计时状态。**❶单击【放映】选项卡下的【排练计时】下拉按钮，❷在弹出的下拉列表中选择【排练全部】选项，如下图所示。

第2步 ▶ **播放幻灯片。**开始放映幻灯片，并进入计时状态。如下图所示，在界面的左上角显示了当前幻灯片使用的时长，以及整个演示文稿的播放时间总长。模仿正常放映该演示文稿的状态，放映每张幻灯片即可。在播放幻灯片时，单击鼠标即可开始下一个动画或跳转到下一张幻灯片中。

第3步 ▶ **完成排练计时。**完成演示文稿排练计时播放后，会弹出下图所示的对话框，单击【是】按钮保存排练计时即可。

第4步 ▶ **查看保存的计时。**单击状态栏中的【幻灯片浏览】按钮，浏览幻灯片，效果如下图所示，每张幻灯片下方都显示了排练计时的时长。

12.2.4 录制幻灯片演示

WPS演示中提供了幻灯片播放录制功能，可以在录制过程中，将旁白、计时、激光笔内容信息保存下来，然后导出成视频进行播放。录制的幻灯片演示视频可以用来重复播放课件演讲过程，保护教师的嗓子；也可以用来记录会议演示过程，让没有参会的人员也能查看，具体操作步骤如下。

第1步 执行【屏幕录制】命令。单击【放映】选项卡下的【屏幕录制】按钮，如下图所示。

第2步 设置录制方式。稍等片刻后，会打开【屏幕录制】窗口，根据需要选择录制方式，这里单击【录屏幕】按钮，如下图所示。

温馨提示●

单击【录应用窗口】按钮，会弹出操作提示过程，要求先打开并选择需要录制的应用软件窗口，以锁定应用窗口，然后单击【开始录制】按钮即可。单击【录摄像头】按钮，可以录制摄像头中的内容。

第3步 开始录制。单击窗口中的【开始录制】按钮，开始录制屏幕中显示的一切

内容和操作，如下图所示。

第4步 设置放映方式。由于前面设置了自动放映方式，放映时便会用排练计时的效果来自动放映，不便操作。❶单击【放映】选项卡下的【放映设置】按钮，❷在弹出的下拉列表中选择【手动放映】选项，如下图所示。

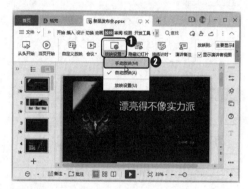

第5步 从头开始放映幻灯片。单击【放映】选项卡下的【从头开始】按钮，从头开始放映幻灯片，如下图所示。

第6步 ● **停止录制**。进入放映模式后，正常放映该演示文稿即可，只是在放映结束后，或者不需要录制视频时，单击【屏幕录制】窗口中的【停止】按钮即可，如下图所示。当然，也可以选择暂停录制，后续再接着录制。

> **温馨提示** ●
>
> 在录制视频时，放映演示文稿没有任何影响，除了普通播放，还可以执行 12.2.5 节中的操作。

第7步 ● **播放录制视频**。停止录制后，系统会自动将录制的视频保存为文件，并在【屏幕录制】窗口下方显示出录制文件列表，单击其中的【播放】按钮，如下图所示。

第8步 ● **查看录制的视频**。打开播放器即可播放该视频，效果如下图所示。

第9步 ● **编辑录制视频文件**。❶在录制文件列表中需要编辑的录制文件选项上右击，❷在弹出的快捷菜单中选择【打开文件夹】命令，如下图所示。

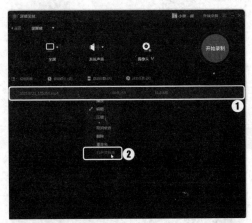

第10步 ● **修改文件名**。即可打开该文件保存的文件夹窗口，在其中可以更改文件的名称，通过剪切操作移动文件的位置，如下图所示。

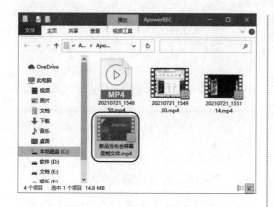

12.2.5 放映时的操作技巧

在放映幻灯片时，可以进行多种操作，如切换幻灯片、使用记号笔、放大局部内容、使用黑白屏，让演讲方式更加灵活。

1. 幻灯片跳转

在播放幻灯片时，如果需要切换幻灯片，可以单击左下方的切换按钮 ⊙ ⊙，切换幻灯片，也可以在屏幕上右击，在弹出的快捷菜单中选择【下一页】或【上一页】命令，在前后两页之间进行切换；或者选择【第一页】或【最后一页】命令，快速切换到第一页或最后一页；选择【定位】命令，可以选择要切换到的具体幻灯片，如下图所示。

> **温馨提示 ●**
>
> 在放映状态下，还可以通过按【Enter】键或单击的方式切换到下一页。如果要返回上一页，可以按方向键中的【↑】键或【←】键。

2. 使用笔进行标记

在播放演示文稿时，可以使用圆珠笔、水彩笔、荧光笔三种类型的记号笔在页面中进行记号标记，具体操作步骤如下。

第1步 ● 选择笔类型。在播放幻灯片时，❶ 单击左下方的 ✎ 按钮，❷ 在弹出的下拉菜单中选择一种笔的类型，如选择【水彩笔】选项，如下图所示。

第2步 ● 设置笔颜色。❶ 再次单击下方的 ✎ 按钮，❷ 在弹出的下拉菜单中选择一种笔的颜色，如下图所示。

第3步 ● 使用笔。此时鼠标指针就变成了黄色的笔形状，在页面中需要标记重点的地方按住鼠标左键进行拖动即可画出标记，如下图所示。

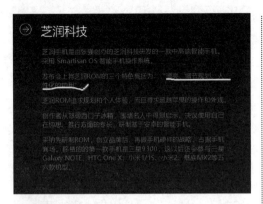

第4步 ▶ **保存墨迹注释。** 继续在幻灯片中标记其他内容，退出放映状态时会弹出如下图所示的对话框，单击【保留】按钮，即可保存添加的各种标记注释。

3. 放大局部内容

在播放幻灯片时，如果有些内容看不清楚，可以使用放大镜放大局部内容。具体操作步骤如下。

第1步 ▶ **单击放大镜按钮。** 进入幻灯片放映状态，❶单击左下方的 🔘 按钮，❷在弹出的下拉菜单中设置放大镜的缩放倍数和放大尺寸，如下图所示。

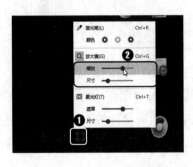

教您一招 ▶

放映时突出幻灯片中的局部内容

单击 🔘 按钮后，在弹出的下拉菜单中设置聚光灯的遮罩透明度和遮罩尺寸，可以在幻灯片中出现手电筒照射局部内容的效果，没有照射到的地方将被不透明黑色遮盖。

第2步 ▶ **使用放大镜放大内容。** 将鼠标指针移动到需要放大的内容上方，此时内容就被放大显示了，如下图所示。

4. 使用黑屏和白屏

幻灯片在放映过程中，如果需要暂停，可以设置屏幕显示为黑屏或白屏。其操作方法是：❶在屏幕上右击，在弹出的快捷菜单中选择【屏幕】命令，❷在弹出的子菜单中选择【黑屏】或【白屏】命令，如下图所示。

放映演示文稿时的快捷键

在放映演示文稿时，可以使用快捷键进行播放时的操作。例如，按【F5】键可以进入播放状态；按【Esc】键可以停止播放；想播放第几张幻灯片，就按【数字几+Enter】组合键；按【B】键就可以进入黑屏状态；按【W】键可以进入白屏状态；按【Ctrl+P】组合键可以激活水彩笔，使用笔在页面进行勾画。

高手支招

通过前面知识点的学习，相信读者已经掌握了WPS演示的动画添加及放映设置功能。下面结合本章内容，再给读者介绍一些工作中的实际经验与技巧，提高办公效率。

01 制作动态数字动画

在制作演示文稿时，如果涉及数字的展示，可以使用WPS演示提供的智能数字动画，让制作的演示文稿效果更炫酷，具体操作步骤如下。

第1步▶ **单击【新建幻灯片】按钮。**❶在左侧的窗格中，将鼠标指针移动到第一张幻灯片上，❷显示出下方的两个按钮，单击【新建幻灯片】按钮，如下图所示。

制作带动画的图表

在【新建】界面中，在左侧选择【正文】选项卡，选择【图表】选项，在右侧可以看到一些显示有【动画】字样的图表模板，通过选择即可为有图表的幻灯片布局，而且这些图表还会自带动画，省去了手动布局和设置动画的麻烦。

第2步▶ **选择数字动画类型。**弹出【新建】界面，❶在左侧的【动画】选项卡下选择【数字】选项，❷在中间栏中选择需要的动画类型，这里选择【倒计时】选项，❸在右侧显示了有数字动画的幻灯片模板，在需要的幻灯片模板上单击【立即下载】按钮，如下图所示。

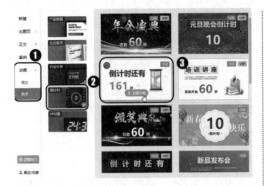

第3步 ▶ **下载模板**。开始下载模板，下载完成后会插入演示文稿中，将该幻灯片移动到第一张幻灯片之前，如下图所示，还会自动显示出【智能特性】任务窗格，在其中可对幻灯片中数字的动画效果进行预览和设置。

02 实现多图轮播效果

制作了有多张图片的幻灯片，若要为这些图片设置多图轮播动画效果，则可以利用WPS演示提供的多图轮播特效来快速实现，具体操作步骤如下。

第1步 ▶ **选择多图轮播效果**。打开"素材文件\第12章\商业计划书模板.dps"文件，

❶选择第2张幻灯片中的图片，❷单击【图片工具】选项卡下的【多图轮播】按钮，❸在弹出的下拉列表中选择需要的多图轮播效果，如下图所示。

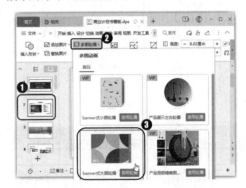

> **教您一招** ▶
>
> ### 使用标尺快速排版文字
>
> 在【新建】界面中，在左侧的【案例】选项卡下选择【特效】选项，在中间选择【多图轮播】选项，在右侧会显示出更多类型的多图轮播动画的幻灯片布局，单击即可下载选择的幻灯片版式。

第2步 ▶ **执行换图命令**。即可将选择的图片设置为相应的多图轮播效果。❶选中多图轮播选择框后，❷单击下方的【换图】按钮，如下图所示。

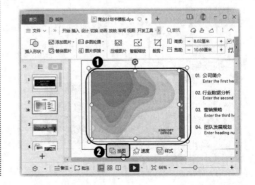

第3步 替换图片。显示出【智能特性】任务窗格，将鼠标指针移动到【更改图片】栏中多图轮播中需要替换的图片上并单击，如下图所示。

第4步 添加图片。❶选择需要替换的图片，使用相同的方法替换轮播中的另一张图片，❷单击下方的【加号】按钮，添加新的图片，如下图所示。

第5步 调整图片顺序。如果对当前图片的摆放顺序不满意，可以通过拖动鼠标的方式来调整。❶选择需要调整的图片，❷拖动鼠标将其移动到要调整到的图片位置上即可，如下图所示。

第6步 设置动画效果。❶在【智能特性】任务窗格中的【动画配置】栏中设置多图轮播动画的速度、切换方式和播放次数，❷单击上方的【点击预览】按钮，即可在左侧预览多图轮播动画效果，如下图所示。

03 将演示文稿导出成视频放映

如果幻灯片需要在会场进行重复播放，或者是担心软件兼容问题无法播放幻灯片，可以将演示文稿导出成视频进行播放，具体操作步骤如下。

第1步 执行【另存为】命令。打开"素材文件\第12章\销售培训课程.dps"文件，❶单击【文件】按钮，❷在弹出的下拉菜单

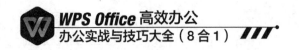
中选择【另存为】命令，❸在弹出的子菜单中选择【输出为视频】命令，如下图所示。

第2步 ▶ **保存视频**。打开【另存文件】对话框，❶选择视频保存的位置，❷输入视频文件名，❸单击【保存】按钮，如下图所示。

第3步 ▶ **安装视频解码器插件**。如果是第一次保存为视频，就会弹出提示对话框，要求安装视频解码器插件，❶选中【我已阅读】复选框，❷单击【下载并安装】按钮，如下图所示。

第4步 ▶ **导出视频**。下载安装视频解码器插件后，开始输出视频，输出完成后，在打开的提示对话框中将提示输出视频完成，单击【打开视频】按钮，如下图所示。

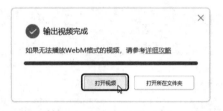

第5步 ▶ **播放视频**。经过上一步操作后，即可使用视频播放器对导出的视频进行播放，如下图所示。

教您一招 ▶

输出为图片演示文稿

在【文件】下拉菜单中选择【另存为】命令后，在弹出的子菜单中选择【转图片格式PPT】命令，会打开【转图片格式PPT】对话框，对输出位置进行设置后，单击【开始输出】按钮，即可将演示文稿输出为图片演示文稿。

第5篇

其他组件篇

　　WPS Office 中除了包含日常办公中最常用的文字、表格、演示三大组件，还新增了金山海报、流程图、脑图、PDF、表单等功能，通过这些功能可以制作出办公中使用频率很高的 PDF 文件、各种流程图、组织结构图等，也可以使用脑图快速进行销售总结、设计思路等，还可以使用金山海报功能制作海报、邀请函、祝福卡等。掌握这些常见文件的制作方法，无疑会让大家的工作更加便利。本篇将列举多个实际案例对 WPS 其他组件的使用方法和技巧进行介绍。

WPS

第13章

WPS Office 其他组件的应用

💡 **本章导读**

　　随着当今市场对每个就职人员综合能力要求的提高，为方便职员制作办公中常用的文档，WPS Office将办公中常用的PDF、流程图、脑图、图片设计、表单制作功能都融入一个软件中了，这样就大大提高了工作效率。

📋 **知识要点**

- ⬥ PDF的基本操作与编辑
- ⬥ 流程图的插入与编辑
- ⬥ 脑图的插入与编辑
- ⬥ 海报的创建与制作
- ⬥ 表单的设计与分享

13.1 制作"品牌推广活动策划方案"PDF

工作中有些内容为了保持页面效果，只用于传递文章内容，不希望接收人再进行编辑，此时可以将文档转换为PDF。它是Adobe公司设计的一种便携式文档格式，其设计目的是支持跨平台上的、多媒体集成的信息出版和发布，尤其是提供对网络信息发布的支持。

本例将通过WPS PDF中提供的PDF创建编辑功能，将在WPS文字中制作好的"品牌推广活动策划方案.wps"文档制作成PDF。制作完成后的效果如下图所示。实例最终效果见"结果文件\第13章\品牌推广活动策划方案.pdf"文件。

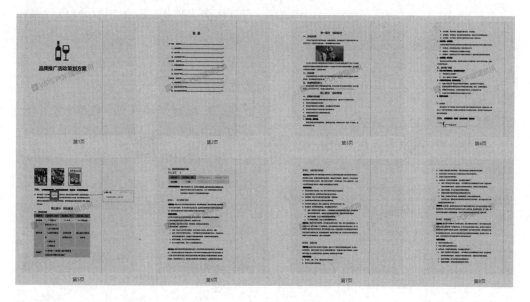

13.1.1 新建PDF文件

PDF文件主要用于传播，一般是由其他文件转换格式得到的，最常见的就是将制作好的文本文件转换为PDF文件，具体操作步骤如下。

第1步 创建PDF文件。❶单击【新建】按钮，❷选择【PDF】选项卡，❸单击【从文件新建PDF】按钮，如下图所示。

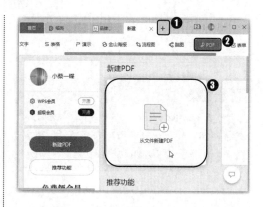

第2步 选择需要创建为PDF的文本文件。打开【打开文件】对话框，❶选择需要创建为PDF文件格式的文件，❷单击【打开】按钮，如下图所示。

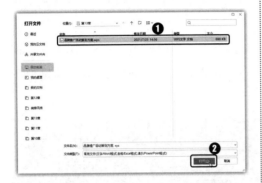

第3步 查看创建的PDF文件。系统将根据所选文件开始新建PDF文件，新建完成后，即可查看到该文件新建为PDF文件的效果，如下图所示。

温馨提示

WPS Office 2019 中的 PDF组件支持多种格式相互转换、编辑PDF文档内容、为文件添加注释等多项实用的办公功能。

13.1.2 查看 PDF 文件

对于大部分人来说，接触到PDF文件，主要是查看其中的内容。对于普通读者而言，用PDF制作的电子文档具有纸版文档的质感和阅读效果，可以逼真地展现原文档面貌，显示大小还可以任意调节，给读者提供了个性化的阅读方式。

在 WPS PDF 中打开一个PDF文件后，有鼠标拖动换页、播放文件、在阅读模式下查看、自动滚动页面进行阅读 4 种常见的查看文件的方法，下面逐一演示，具体操作步骤如下。

第1步 鼠标拖动换页。❶单击【开始】选项卡下的【手型】按钮，❷此时将鼠标指针移动到PDF文件显示界面上，鼠标指针将变为 形状，如下图所示，按下鼠标左键不放并拖动，可以调整窗口中显示的PDF文件内容。

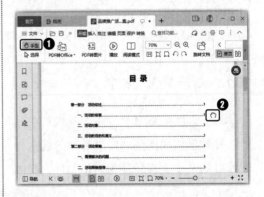

第2步 单击【播放】按钮。单击【开始】选项卡下的【播放】按钮，如下图所示。

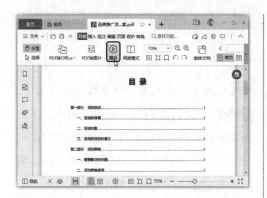

第3步 ▶ 查看播放文件效果。此时将对文件进行全屏放映，背景为黑色，如下图所示。只需要单击即可依次向后翻页，完成查看后，按【Esc】键退出即可。

第4步 ▶ 进入阅读模式。单击【开始】选项卡下的【阅读模式】按钮，如下图所示。

第5步 ▶ 使用注释工具进行注释。此时将进入阅读模式，鼠标指针将变为手型形状，可以通过鼠标快速调整窗口中显示的PDF文件内容。❶单击【注释工具箱】按钮，此时鼠标指针变为⊿I形状，❷在窗口右侧显示出注释工具栏，其中提供了所有的注释工具，单击某个工具按钮，可以打开相应的设置任务窗格，能更便捷地添加各种批注，这里在【高亮】栏中选择颜色为黄色，❸在PDF页面中拖动鼠标选择需要高亮显示的内容，如下图所示。

第6步 ▶ 查看添加的注释效果。释放鼠标后，即可看到选择的内容呈黄色高亮显示状态，单击右上角的【退出阅读模式】按

钮 ，或者按【Esc】键即可退出阅读模式，如下图所示。

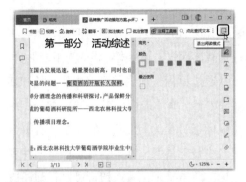

第7步▶ 自动滚动页面进行阅读。❶单击【开始】选项卡下的【自动滚动】下拉按钮，❷在弹出的下拉列表中选择【1倍速度】【2倍速度】选项，将以1倍或2倍的速度自动向下滚动页面；选择【-1倍速度】【-2倍速度】选项，将以1倍或2倍的速度自动向上滚动页面，如下图所示。当要停止自动滚动页面时，按【Esc】键即可退出。

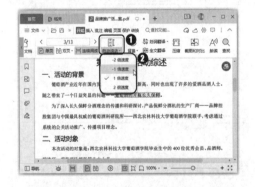

13.1.3 设置 PDF 文件的显示比例和显示方式

PDF 文件格式可以将文字、格式、颜色，以及独立于设备和分辨率的图形、图像等封

装在一个文件中。传递过程中不会对页面效果产生影响，查看时也可以用任意显示比例和显示方式进行查看，完全不用担心页面会出现显示混乱的情况，具体操作步骤如下。

第1步▶ 设置页面显示比例。❶单击【开始】选项卡中【显示比例】下拉列表右侧的下拉按钮，在弹出的下拉列表中选择需要的百分比选项，如选择【100%】选项，即可以相应的显示比例显示文档内容，❷单击【开始】选项卡下的【放大】按钮 ，可以逐步放大页面，如下图所示。单击【缩小】按钮 ，可以逐步缩小页面。

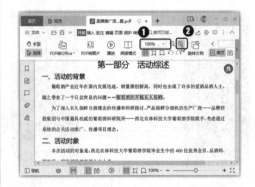

第2步▶ 根据窗口大小调整显示比例。单击【开始】选项卡下的【适合页面】按钮 ，如下图所示。

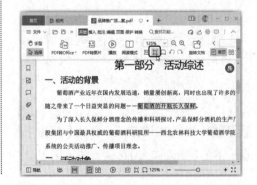

第3步 ▶ **根据窗口宽度调整显示比例**。此时可以缩放比例为适合窗口显示大小，单击【适合宽度】按钮□，如下图所示。

其他设置显示比例的方法

单击状态栏中的【放大】按钮＋，可以逐步放大页面；单击【缩小】按钮－，可以逐步缩小页面；拖动滑块可以快速设置页面显示比例。按住【Ctrl】键的同时，滚动鼠标滚轮，可以快速放大或缩小页面。单击【开始】选项卡下的【实际大小】按钮⊡，以页面实际大小显示。

第4步 ▶ **设置页面显示方式**。此时以缩放比例为页面适合窗口宽度。WPS PDF中默认打开的PDF文件会以单页的形式连续排列，滚动鼠标滚轮即可查看前后页的内容。为了配合纸质图书的阅读习惯，❶单击【开始】选项卡下的【双页】下拉按钮，❷在弹出的下拉列表中选中【独立封面】选项，如下图所示。

第5步 ▶ **取消连续阅读显示**。此时可以使PDF像纸质图书一样分为左右两页，同时让首页独立显示为一页。单击【连续阅读】按钮，使其处于不被选中状态，如下图所示。

第6步 ▶ **设置为单页显示**。此时无论如何缩放页面的显示比例，在界面中都只会显示当前页面的连续两页效果，其他页面都将被隐藏，单击【单页】按钮，如下图所示。

第7步 ▶ **调整页面背景颜色。** 此时又可以使PDF以单页效果显示。❶单击【开始】选项卡下的【背景】按钮，❷在弹出的下拉菜单中选择一种背景颜色，如选择【护眼】选项，如下图所示。

第8步 ▶ **快速跳转到需要的页面。** 此时会根据选择的选项快速调整页面背景的效果。❶单击窗口左侧的【查看文档缩略图】按钮，❷在打开的【缩略图】任务窗格中会显示出各页面的缩略图，拖动右上方的滑块可以调整缩略图的显示比例，❸单击相应的缩略图即可跳转到该页面，如下图所示。

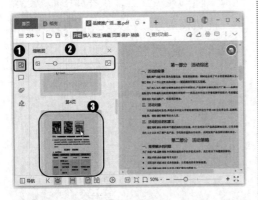

第9步 ▶ **查看页面跳转效果。** 下图为快速跳转到相应PDF页面的效果。

教您一招 ●

通过书签跳转页面

如果文档中的内容设置了标题级别，那么单击窗口左侧的【查看文档书签】按钮，在打开的【书签】任务窗格中会显示出文档结构，单击相应的文字即可跳转到该内容所在的页面。

13.1.4 编辑 PDF 中的文字和图片

虽然PDF文件一般不是从头到尾进行制作的，多是通过格式转换得到的，但简单的编辑操作还是需要掌握的。例如，编辑PDF中的文字、图片等，具体操作步骤如下。

第1步 ▶ **进入编辑模式。** 单击【编辑】选项卡下的【编辑内容】按钮，如下图所示。

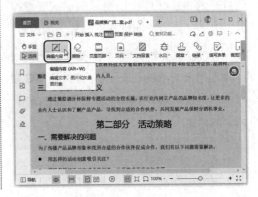

第2步▶ **删除多余内容**。此时会进入编辑模式，所有的内容都以块状显示。拖动鼠标选择多余的"产品"文字，按【Delete】键删除即可，如下图所示。

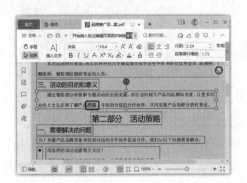

第3步▶ **设置文字颜色**。❶选择需要设置文字格式的部分文字，❷单击【文字编辑】选项卡下的【字体颜色】下拉按钮，❸在弹出的下拉列表中选择需要的字体颜色，如下图所示。

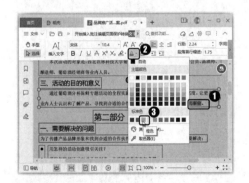

第4步▶ **退出编辑模式**。此时可以看到已经修改的字体颜色效果了。在该选项卡中还可以进行其他字体格式设置，方法与WPS文字中的相关操作相同，这里不再赘述。设置完成后，单击【退出编辑】按钮，即可退出编辑模式，如下图所示。

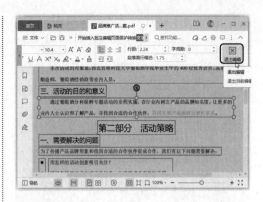

第5步▶ **执行【插入图片】命令**。单击【插入】选项卡下的【插入图片】按钮，如下图所示。

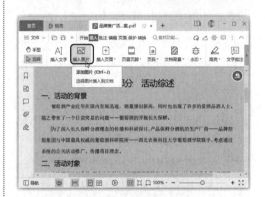

第6步▶ **选择要插入的图片**。打开【打开文件】对话框，❶选择需要插入PDF文件中的图片，❷单击【打开】按钮，如下图所示。

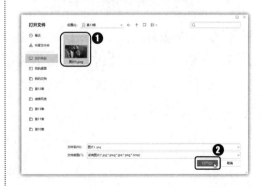

第7步▶ 插入图片。 进入编辑模式，拖动鼠标，可以看到后面跟随的图片。将鼠标指针移动到PDF文件中需要放置图片的位置，单击即可将图片插入此处，如下图所示。

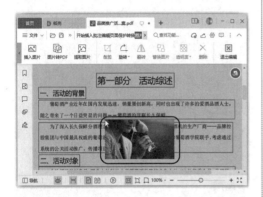

第8步▶ 调整图片的大小。 拖动图片四周的控制点，即可调整图片的显示大小，如下图所示。

第9步▶ 选择段落。 插入PDF文件中的图片是浮在最上方的，会遮挡部分文字，需要手动操作。拖动鼠标框选需要调整的段落块，如下图所示。

第10步▶ 调整段落的位置。❶ 按方向键或拖动鼠标的方式调整段落块的显示位置，**❷** 拖动鼠标调整图片到合适的位置，**❸** 完成调整后，单击【退出编辑】按钮，即可退出编辑模式，如下图所示。

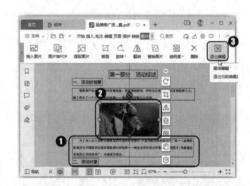

教您一招 ▶

编辑图片

　　在PDF文件中插入图片后，还可以通过选择【图片编辑】选项卡或单击图片右侧显示出的工具栏中的按钮，对图片进行裁剪、旋转、翻转、设置透明度等操作。

13.1.5 在 PDF 中添加批注和审阅标记

　　在查阅PDF文件时，如果发现了某些错误或不合理的内容，想要进行批注或添加标记，也是可以在WPS PDF中实现的，具体操作步骤如下。

第1步 ▶ **进入批注模式**。单击【批注】选项卡下的【批注模式】按钮，即可进入批注模式，如下图所示。

第2步 ▶ **设置注解标志的颜色**。❶单击【注解】下拉按钮，❷在弹出的下拉列表中为注解标志设置颜色，如下图所示。

第3步 ▶ **插入注解**。❶此时鼠标指针将变为注解的形状，在需要添加注解的位置单击，即可在该位置插入注解标志，❷在右侧注释框中输入注释内容即可，如下图所示。

教您一招 ●

回复注释

添加注释后，单击注释框右上角的【展开】按钮 ☰，在弹出的下拉菜单中可以选择【回复】命令，可以回复当前注释内容。

第4步 ▶ **添加下划线**。在PDF中，可以像在纸质稿件中一样，通过符号标记重点内容。❶选择需要添加下划线的文字，❷单击【批注】选项卡下的【下划线】下拉按钮，❸在弹出的下拉菜单中设置下划线的颜色，如下图所示。

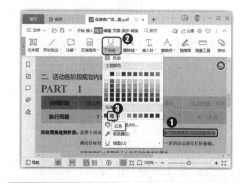

温馨提示 ●

在【下划线】下拉菜单中选择【线型】命令，可以在弹出的子菜单中选择下划线为直线或波浪线，默认为直线。

第5步▶ **添加删除线**。可以看到为所选文字添加下划线的效果。❶选择需要添加删除线的文字，❷单击【删除线】下拉按钮，❸在弹出的下拉菜单中设置删除线颜色，如下图所示。

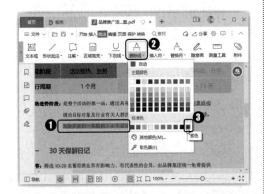

第6步▶ **设置高亮显示**。可以看到为所选文字添加删除线的效果。❶选择需要设置为高亮显示的文字，❷单击【高亮】按钮，如下图所示。

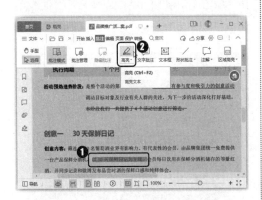

第7步▶ **查看高亮显示效果**。可以看到为所选文字添加默认高亮显示的效果，如下图所示。

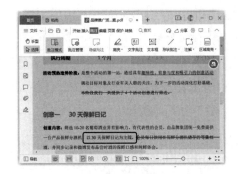

第8步▶ **设置区域高亮显示**。单击【区域高亮】按钮，如下图所示。

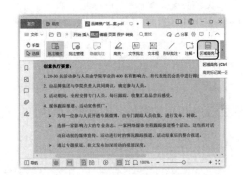

温馨提示▶

在 WPS PDF 中完成下划线、删除线、插入符和替换符的添加后，再次单击相应的按钮或按【Esc】键即可退出添加状态。

第9步▶ **选择高亮显示区域**。拖动鼠标框选需要高亮显示的区域，如下图所示。

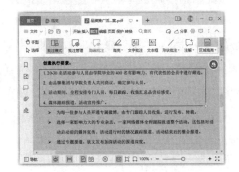

第10步 查看高亮显示效果。释放鼠标左键后，被框选的区域就会以默认的颜色高亮显示，效果如下图所示。再次单击【批注模式】按钮，即可退出批注模式。

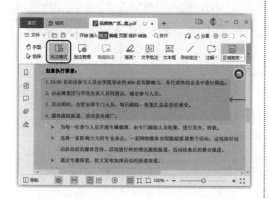

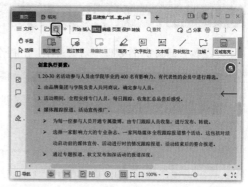

教您一招

在PDF中插入更多编辑符号

单击【批注】选项卡下的【文字批注】按钮，可以添加文本框一样的文字批注；单击【插入符】按钮，可以添加插入符，表示要在此处增加某些内容；单击【替换符】按钮，可以添加替换符，表示要用新的内容替换原有的内容。

13.1.6 保存文件

完成PDF文件的编辑后，可以进行保存。不过非会员保存下来的文件会被添加上WPS的水印，具体操作步骤如下。

第1步 保存文件。单击快速访问工具栏中的【保存】按钮，如下图所示。

第2步 选择保存方式。弹出提示对话框，根据需要选择保存方式，这里单击【另存（试用）】按钮，如下图所示。

第3步 设置保存位置。打开【另存文件】对话框，❶选择文件要保存的位置，❷设置文件名，❸单击【保存】按钮，如下图所示。

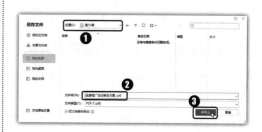

13.2 制作"行政审批流程图"

工作中有时会需要制作流程图，如制作工作流程、组织结构图等。使用WPS Office 2019可以方便地创建流程图。创建的流程图保存在云文档中，可以随时插入WPS的其他组件。本例将通过WPS演示提供的流程图创建编辑功能，制作行政审批流程图。制作完成后的效果如下图所示。实例最终效果见"结果文件\第13章\行政审批流程图.jpg"文件。

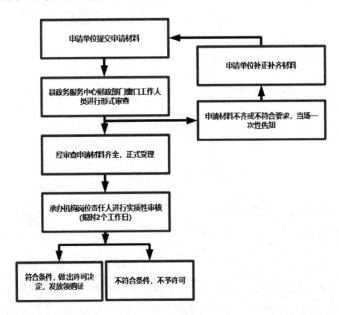

13.2.1 绘制流程图

WPS流程图中提供了许多流程图模板，如果要创建的流程图有类似的模板文件，可以先下载模板文件，再进行修改，这样可以提高制作的效率。使用WPS中的流程图功能需保持联网状态，内容会实时保存至云文档，具体操作步骤如下。

第1步 查找流程图模板。❶单击【新建】按钮，❷在新界面中选择【流程图】选项卡，❸在左下方可以看到根据【图形分类】【品类专区】对流程图模板进行了划分，根

据需要的流程图选择合适的模块进行搜索即可，这里单击【图形分类】下的按钮，❹在弹出的下拉列表中列出了图形的分类，这里选择【流程图】选项，如下图所示。

第2步▶ 选择流程图模板。 在新界面中可以看到所有的流程图模板，根据要创建的流程图效果选择合适的模板，并单击其上的【使用该模板】按钮，如下图所示。

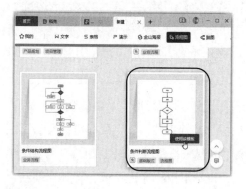

第3步▶ 修改图形。 稍后便根据选择的模板创建了一个新文档。由于这里创建的流程图只需要矩形形状即可，因此需要修改形状样式。❶选择第一个图形，并在其上右击，❷在弹出的快捷菜单中选择【替换图形】命令，如下图所示。

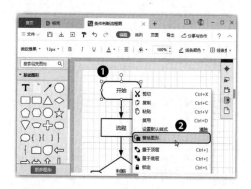

教您一招▶

重命名流程图

由于下载的流程图模板会使用相同的名称，加上流程图的保存也默认保存在云端。

因此在编辑流程图之前可以先重命名，单击【文件】按钮，在弹出的下拉菜单中选择【重命名】命令，然后在打开的对话框中重新输入文件名称即可。

第4步▶ 选择新图形样式。 在弹出的下拉列表中选择需要替换的图形样式，如下图所示。

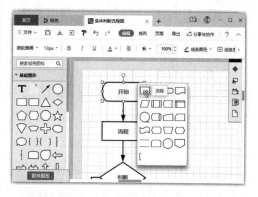

第5步▶ 输入流程图图形中的文字内容。 即可将所选图形修改为矩形，❶选择图形中的文字，并重新输入需要的文字内容，❷输入完成后，在任意空白位置单击即可退出该图形内容的编辑状态，如下图所示。

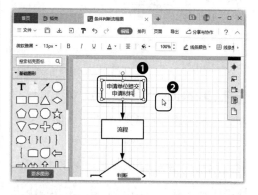

第6步▶ 修改其他内容。 ❶使用相同的方法修改流程图中的其他图形样式，并在图

形中输入合适的内容，❷选择不需要的线条，按【Delete】键删除，如下图所示。

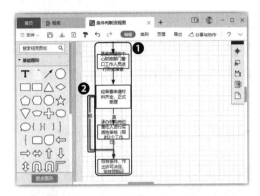

第7步▶ 插入直线。❶继续删除流程图中多余的其他内容，❷将鼠标指针移动到左侧【基础图形】栏中的【直线】图形上，❸按下鼠标左键不放，将其拖动到合适的位置，如下图所示。

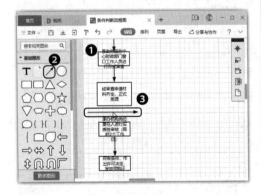

第8步▶ 选择直线的连接点。❶当直线的末端与需要连接的矩形中点重合时，会显示出红色的标记，松开鼠标左键，即可将直线添加到流程图中，并与该形状相连，❷用鼠标拖动直线的箭头端，使其与下方的矩形中点相连，如下图所示。

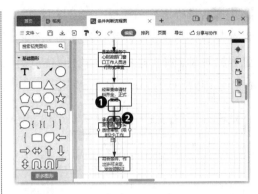

第9步▶ 插入新形状。❶使用相同的方法添加其他直线，❷将鼠标指针移动到左侧【Flowchart流程图】栏中的【流程】图形上，❸按下鼠标左键不放，将其拖动到合适的位置，如下图所示。

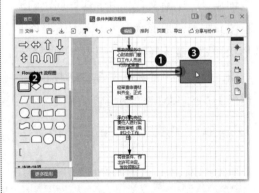

教您一招▶

修改连线样式

　　流程图中提供了三种连接形状的线条类型，分别是折线、弧线和直线，用户可以根据需要来设置连线效果。操作方法为：选择需要修改的连线，单击【编辑】选项卡下的【连线类型】按钮，在弹出的下拉列表中选择需要的选项即可。

第10步 **插入其他形状。** 继续在流程图中添加其他直线和形状，并在各形状中输入合适的内容，完成后的效果如下图所示。

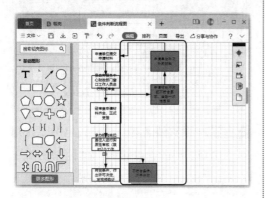

13.2.2 美化流程图

流程图的图形框架绘制完成后，还需要适当地进行美化，如对齐相应的形状、设置文字格式、设置形状效果等，具体操作步骤如下。

第1步 **统一形状的大小。** ❶选择所有绘制的矩形形状，❷在【排列】选项卡下的高度和宽度数值框中输入数值，或者单击调节按钮，设置统一的高度和宽度，如下图所示。

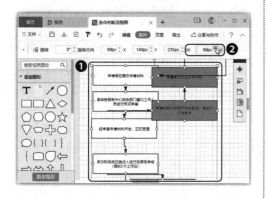

第2步 **垂直分布形状。** ❶按住【Ctrl】键的同时，选择左侧垂直分布的一列矩形，❷单击【排列】选项卡下的【分布】按钮，❸在弹出的下拉列表中选择【垂直平均分布】选项，如下图所示。

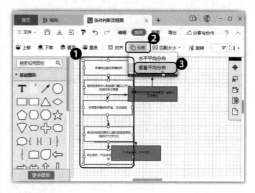

第3步 **设置居中对齐。** 保持这些矩形的选中状态，❶单击【对齐】按钮，❷在弹出的下拉列表中选择【居中对齐】选项，如下图所示。

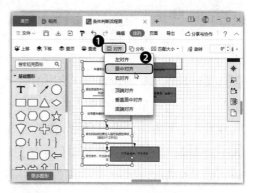

第4步 **调整形状的填充颜色。** ❶选择后面添加的几个粉色矩形，❷单击【编辑】选项卡下的【填充样式】下拉按钮，❸在弹出的下拉列表中选择白色，如下图所示。

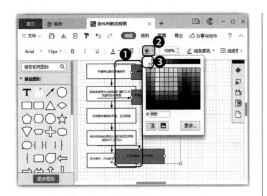

第5步 ▶ **底端对齐形状。**❶选择最下方的两个矩形，❷单击【对齐】按钮，❸在弹出的下拉列表中选择【底端对齐】选项，如下图所示。

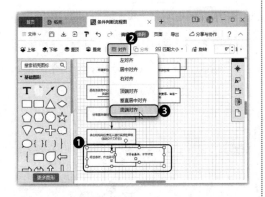

第6步 ▶ **调整形状的位置。**❶使用前面介绍的方法单独调整这两个矩形的宽度，使其放置在最下方的位置也合适，❷选择这两个矩形上方的直线，❸单击【起点】按钮，如下图所示。

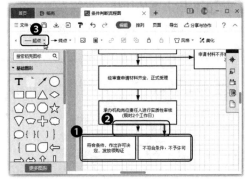

第7步 ▶ **设置线条起点。**在弹出的下拉列表中选择需要的起点样式，如下图所示。

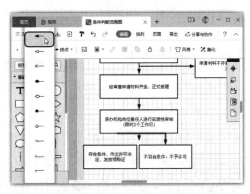

第8步 ▶ **美化流程图。**❶调整起点的位置，使其连接在最后一排左侧的矩形形状的中点，❷单击【编辑】选项卡下的【美化】按钮，系统会自动调整形状的位置，如下图所示。

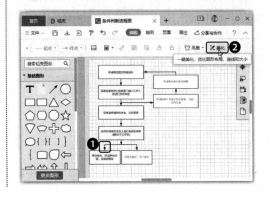

第9步 单击【风格】按钮。❶框选所有的形状和线条，❷单击【编辑】选项卡下的【风格】按钮，如下图所示。

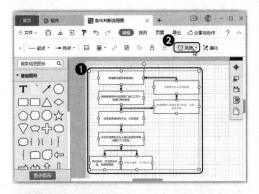

第10步 选择需要的风格。在弹出的下拉列表中选择需要的风格样式，如下图所示。

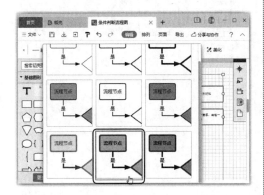

第11步 锁定形状。即可看到为所有形状和线条应用所选风格的效果，至此，该流程图的效果就制作完成了，暂时不需要再更改，为避免误操作，可以对其进行锁定。保持所有图形和线条的选中状态，单击【编辑】选项卡下的【锁定】按钮，如下图所示。

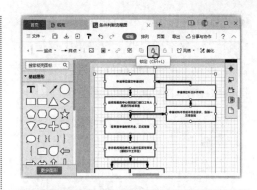

教您一招

解锁流程图

锁定流程图后，其中的所有形状和线条都无法再编辑了，在选择被锁定的形状和线条时，会看到其四周出现的×符号。要想继续编辑被锁定的形状或线条，必须先解锁。首先选择要解锁的形状，然后单击【编辑】选项卡下的【解锁】按钮即可。

13.2.3 导出流程图

完成流程图的制作后，可以进行保存，默认保存在云端。如果需要保存为本地文件，需要导出流程图，具体操作步骤如下。

第1步 保存流程图。单击快速访问工具栏中的【保存】按钮，即可将制作的流程图保存到云端，如下图所示。

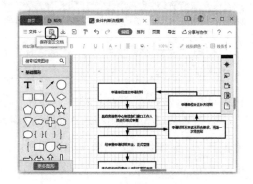

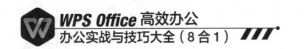
第2步 ▶ **执行【导出】命令。❶**单击【文件】按钮，❷在弹出的下拉菜单中选择【另存为/导出】命令，❸在弹出的子菜单中选择【JPG图片】命令，如下图所示。

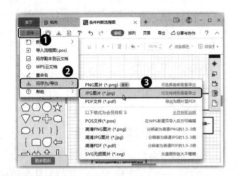

第3步 ▶ **设置导出参数。**弹出【导出为JPG图片】对话框，❶设置导出文件要保存目录的位置和文件名称，❷设置导出品质和水印效果，❸单击【导出】按钮，如下图所示。

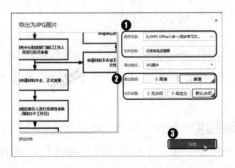

第4步 ▶ **导出成功提示。**稍后便会导出文件，导出成功后会弹出如下图所示的对话框，单击【打开所在文件夹】按钮。

第5步 ▶ **查看导出的文件。**即可打开导出文件所在的文件夹，在其中可以看到导出的文件，效果如下图所示。

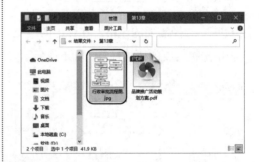

13.3 制作"如何阅读一本书"脑图

　　脑图，又称为思维导图，是表达发散性思维的有效图形思维工具，主要用于辅助和表达发散性思维。它简单、有效，又很高效。目前，脑图主要用于制作读书笔记、做会议记录、辅助决策、展示计划……在日常工作和生活中应用比较广泛。

　　本例将通过WPS脑图中提供的脑图创建编辑功能，制作"如何阅读一本书"的读书笔记脑图。制作完成后的效果如下图所示。实例最终效果见"结果文件\第13章\如何阅读一本书.png"文件。

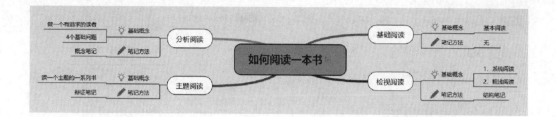

13.3.1 新建并绘制脑图

和流程图一样，WPS Office中提供了很多脑图模板，可以下载并应用。但鉴于脑图的作用是发散思维，本例将以从零新建脑图为例进行介绍。

> **温馨提示●**
>
> 在脑图新建界面的左下方同样根据【图形分类】【品类专区】对脑图模板进行了划分，根据需要的脑图选择合适的模块进行搜索即可。

脑图中通常将中心主题放在最中间，然后由中心向外发散出成千上万的关节点，并把各级主题的关系用相互隶属与相关的层级图表现出来，把主题关键词与图像、颜色等建立记忆链接。具体操作步骤如下。

第1步● **创建空白脑图。**❶单击【新建】按钮，❷在新界面中选择【脑图】选项卡，❸单击【新建空白图】按钮，如下图所示。

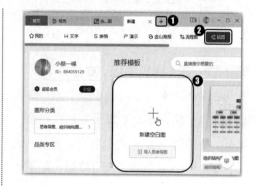

第2步● **输入中心主题。**经过上一步操作，即可创建一个新的空白脑图，进入脑图编辑模式。双击脑图中的节点，在其中输入需要的中心主题文本，如下图所示。

第3步● **插入子主题。**❶选中节点，❷单击【插入】选项卡下的【子主题】按钮，如下图所示。

第4步 ▶ **插入同级主题。**❶在插入的子节点中输入文本，然后选中子节点，❷用同样的方法插入一个下级子节点，并输入文本，❸再选中上一个子节点，单击【插入】选项卡下的【同级主题】按钮，如下图所示。

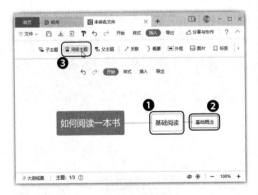

第5步 ▶ **插入其他节点并输入文本。**❶在插入的同级节点中输入文本，❷使用相同的方法创建其他节点，并输入文本，完成后的效果如下图所示。

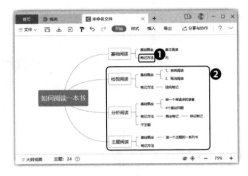

温馨提示 ●

在WPS脑图中制作脑图时，按【Enter】键可以快速插入同级主题，按【Tab】键可以快速插入子主题。

13.3.2 编辑节点

创建脑图后，如果发现脑图中某个节点的位置放置错误，或者需要添加/删除节点时，可以对节点再次进行编辑，具体操作步骤如下。

第1步 ▶ **调整节点位置。**❶选择脑图中需要移动的节点，❷按住鼠标左键不放，将其拖动到需要移动到的位置的上一级节点上方，当出现水平的橘黄色放置提示时释放鼠标左键，如下图所示。

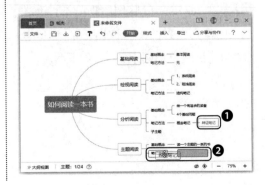

第2步 删除多余节点。即可将所选节点移动到目标节点的后方，形成隶属关系的层级图，如下图所示。选择多余的节点，按【Delete】键即可将其删除。

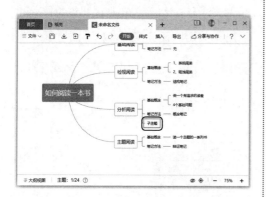

温馨提示

当拖动鼠标移动节点到另一节点上方时，会出现斜上、水平和斜下三种橘黄色的放置提示。斜上或斜下放置提示，代表将所选节点移动到当前节点的上面或下面，与之形成同级关系的层级图。

13.3.3 分层查看脑图中的内容

如果脑图中的内容比较多，而且所分层级较为复杂，可以使用分层查看功能来查看脑图中的内容，暂时屏蔽掉一些无用的内容，具体操作步骤如下。

第1步 收起全部主题。❶单击【开始】选项卡下的【收起】按钮，❷在弹出的下拉列表中选择【收起全部主题】选项，如下图所示。

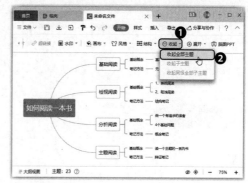

第2步 展开某个节点下的子主题。即可将脑图中的所有主题内容全部收起，仅显示中心主题和一级节点主题。如果节点后面有隐藏节点，就会在子节点形状后方显示带圈的数字，表示隐藏了多少个节点。单击第一个子节点后的④图标，如下图所示。此时可显示出该节点下方隐藏的 4 个子节点。

第3步 收起某个节点下的子主题。单击节点后的【减号】图标，如下图所示。可以隐藏该节点下方的子节点。

第4步▶ 展开全部主题。❶单击【开始】选项卡下的【展开】按钮，❷在弹出的下拉列表中选择【展开全部主题】选项，将显示出脑图中所有的节点内容，如下图所示。

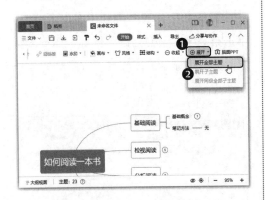

13.3.4 完善脑图的各种细节处理

WPS脑图将制作思维导图时可能出现的各种需求都考虑到了，而且这些操作几乎都能一键实现。例如，可以插入关联符号连接有关联的节点；可以插入概要、图片、标签、任务、备注、图标；还能插入超链接。下面以插入备注和图标为例介绍具体的操作步骤。

第1步▶ 插入备注。❶选择需要添加注释的主节点，❷单击【插入】选项卡下的【备注】按钮，❸此时将在窗口右侧显示出【备注】任务窗格，在其中输入注释内容，❹完成注释输入后，单击右上角的【关闭】按钮×关闭该任务窗格，如下图所示。

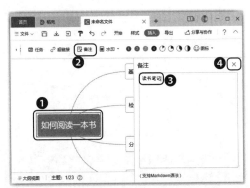

第2步▶ 查看备注。返回脑图中，可以看到主节点中文字的右侧添加了一个 ⬛ 图标，将鼠标指针移动到该图标上方，将弹出注释框，在其中可以看到具体的注释内容，如下图所示。

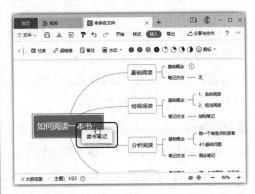

第3步▶ 插入图标。❶选择需要插入图标的节点，❷单击【插入】选项卡下的【图

标】按钮，❸在弹出的下拉列表中选择需要插入的图标样式，如下图所示。

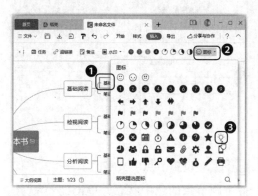

第4步 ▶ **设置图标颜色**。即可在所选节点中文字内容的前方插入图标。❶使用相同的方法在其他节点中插入需要的图标，❷选择并单击第一个插入的图标，❸在弹出的下拉列表中选择颜色，即可改变图标的颜色，如下图所示。

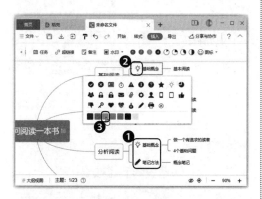

第5步 ▶ **改变其他图标的颜色**。使用相同的方法改变其他图标的颜色，完成后的效果如下图所示。

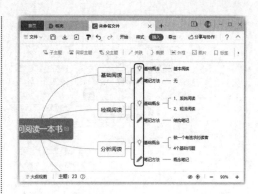

13.3.5 美化脑图

对于制作好的脑图，还可以适当地进行美化，突出重要的节点等。WPS脑图中提供了一些美化脑图的样式，用户也可以为节点效果进行自定义设置，具体操作步骤如下。

第1步 ▶ **设置脑图风格**。❶单击【样式】选项卡下的【风格】按钮，❷在弹出的下拉列表中选择一种主题样式，如下图所示。

第2步 ▶ **设置节点连线颜色**。即可看到脑图应用所选主题风格的效果。❶选择需要设置连线的下级节点，❷单击【样式】选项卡下的【连线颜色】按钮，❸在弹出的下拉列表中选择一种连线颜色，如下图所示。

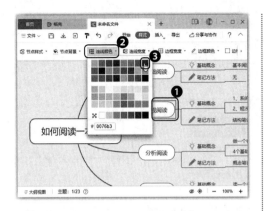

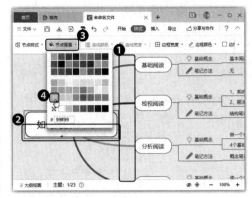

第3步 ▶ **设置连线宽度。** 即可看到所选节点的前端连线变成了设置的颜色。❶保持节点的选中状态，单击【样式】选项卡下的【连线宽度】按钮，❷在弹出的下拉列表中选择需要的连线宽度，即可改变连线的粗细，如下图所示。

第5步 ▶ **设置节点中文字的字体格式。** 保持主题节点的选中状态，单击【开始】选项卡下的【加粗】按钮，如下图所示，可以让节点中的文字加粗显示。

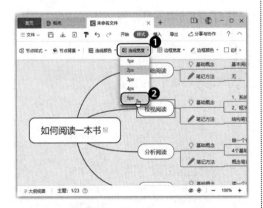

第4步 ▶ **设置节点背景颜色。** ❶使用相同的方法为该级其他节点设置连线的颜色和粗细，❷选择需要设置填充色的中心主题节点，❸单击【样式】选项卡下的【节点背景】按钮，❹在弹出的下拉列表中选择一种背景颜色，如下图所示。

教您一招 ▶

快速复制节点效果

如果要为多个节点设置相同的效果，可以先设置好一个节点效果，然后单击快速访问工具栏中的【格式刷】按钮，依次单击需要应用相同效果的节点，即可快速将效果复制到这些节点上。

第6步 ▶ **设置脑图结构。** ❶单击【样式】选项卡下的【结构】按钮，❷在弹出的下拉列表中选择【左右分布】选项，如下图所示。

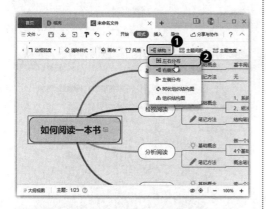

第7步 ▶ **查看新结构的脑图效果**。完成上一步操作即可查看到脑图已更改为左右分布结构，效果如下图所示。

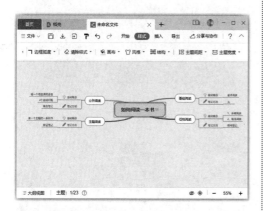

13.3.6 导出脑图

和流程图一样，创建的脑图也保存在云文档中，可以随时插入WPS中的其他组件。如果要保存到本地计算机中，需要导出为其他格式的文件，具体操作步骤如下。

第1步 ▶ **执行【导出】命令**。❶单击【文件】按钮，❷在弹出的下拉菜单中选择【另存为/导出】命令，❸在弹出的子菜单中选择【PNG图片】命令，如下图所示。

第2步 ▶ **设置导出参数**。弹出【导出为PNG图片】对话框，❶设置导出文件要保存目录的位置和文件名称，❷设置导出品质和水印效果，❸单击【导出】按钮，如下图所示。稍后便会导出文件。

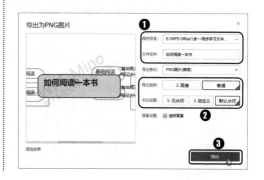

第3步 ▶ **导出成功提示**。导出成功后，会弹出如下图所示的对话框，单击【关闭】按钮即可。

13.4 制作"推广海报"

由于图片的视觉冲击力和感染力比文字好，因此图片很流行。在日常工作和生活中，常常会看到和用到一些图片设计作品。为了方便非专业人员进行图片设计，WPS Office中集成了实用、易上手的"图片设计"功能，该功能可以让所有小白快速制作出海报、邀请函、祝福卡等。

本例将通过WPS金山海报中提供的图片创建和设计功能，制作推广用的海报。制作完成后的效果如下图所示。实例最终效果见"结果文件\第13章\推广海报.png"文件。

13.4.1 创建海报

WPS金山海报中提供了丰富的模板，进行海报设计时可以先找个类似效果的模板进行创建，然后修改具体的内容，也可以从零开始创建空白的海报页面，具体操作步骤如下。

第1步 ▶ **查看海报模板**。❶单击【新建】按钮，❷在新界面中选择【金山海报】选项卡，❸在下方出现了多种模板样式，根据需要的海报类型选择合适的样式即可，这里单击【印刷宣传海报】栏右侧的【更多】

超链接，如下图所示。

第2步 ▶ **下载海报模板**。在新界面中可以看到更多印刷宣传海报，选择合适的海报页面效果，并单击其上的【使用该模板】按钮，如下图所示。

第3步▶ 查看创建的海报效果。此后便会下载选择的模板，并根据模板创建一个新海报，效果如下图所示。

教您一招

新建空白海报

如果要从零原创海报，可以在新建界面中选择【金山海报】选项卡，单击【新建空白画布】按钮，然后根据需要设计海报的尺寸。

13.4.2 设计海报效果

WPS金山海报中还提供了丰富的素材资源，包括背景图形、插图、基础的文字、图形，这些元素都可以通过拖曳鼠标放到编辑页面后直接使用，具体操作步骤如下。

第1步▶ 搜索图片。❶在左侧工具栏中单击【图片】按钮，❷在弹出的界面中的搜索框中输入需要搜索图片的关键字，如【牛排】，❸单击【搜索】按钮，如下图所示。

第2步▶ 下载图片。在搜索到的图片列表中选择需要的图片，即可将其添加到海报中，如下图所示。

第3步▶ 调整图片大小和位置。❶拖动鼠标调整插入图片的大小，使其显示在海报的上方，❷单击【图层】按钮◈，❸在弹出的下拉列表中选择【置底图层】选项，如下图所示。

第4步▶ 删除原有图片。重新选择上方的图片，按【Delete】键删除，如下图所示。

第5步▶ 修改文字内容。❶将图片上方的多余文本框删除，❷将页面右上角的文本框移动到页面左上角，并修改其中的文字，❸单击【特效】按钮，在弹出的界面中选择【高级设置】选项，❹设置填充颜色为黑色，添加描边效果，设置描边颜色为橙色、描边粗细为【27】，如下图所示。

第6步▶ 修改其他文字。根据实际情况修改海报下方的文字内容，如下图所示。

> **温馨提示●**
>
> 在海报中，如果已经有了图片类型的某元素，就可以通过单击【换图】按钮来实现替换。不过，前提是需要将要替换的内容保存在计算机中。

13.4.3 添加二维码

现在，二维码非常流行。在有些图片设计过程中，也会将二维码添加到页面上，方便用户通过扫码了解到更多的信息，具体操作步骤如下。

第1步▶ 选择二维码类型。❶在左侧工具栏中单击【工具】按钮，❷在弹出的界面中单击【二维码】图标，❸在下方选择需要插入的二维码类型，如下图所示。

第2步 ▶ **设置二维码信息。**在打开的界面中，❶单击【微信公众号】按钮，❷在【公众号ID】文本框中输入微信公众号ID，即可生成相应的二维码，❸单击【保存并使用】按钮，如下图所示。

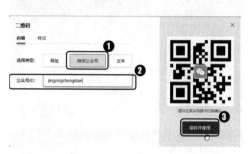

第3步 ▶ **删除多余二维码。**即可添加设置的二维码到海报中，删除原来的二维码图片，然后将新添加的二维码图片拖动到合适的位置，并调整大小，最终效果如下图所示。

13.4.4 导出海报

海报设计完成后，可以根据需要的格式导出海报，方便后续使用，具体操作步骤如下。

第1步 ▶ **选择下载方式。**❶单击右上角的【保存并下载】按钮，❷在弹出的下拉列表中选择【下载到电脑】选项，如下图所示。

第2步 ▶ **下载图片。**❶在展开的界面中设置需要下载的文件类型，❷单击【下载】按钮，如下图所示。

第3步 ▶ **设置保存位置。**图片下载完成后，会打开【另存文件】对话框，❶选择文件要保存的位置，❷设置文件名称，❸单击【保存】按钮，如下图所示。

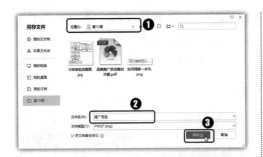

第4步 ● **查看下载提示**。稍后会打开提示对话框，提示已经下载成功，单击【关闭】按钮即可，如下图所示。

温馨提示 ●

通过 WPS 金山海报设计制作的图片会实时保存在云文档中，设计完成后，还可以修改文件的名称，以及复制、删除或下载文件等。

13.5 制作"客户资料登记表"表单

工作中总是有些内容需要分发给许多人填写，等完成填写后再收集上来统计。其实，这就是最常见的数据收集方式，如收集用户问题反馈、组织活动报名、投票统计、销售数据统计，以及学生/员工资料收集等。使用WPS表单可以高效完成这类数据收集和统计的工作。

本例将通过WPS表单提供的表单创建编辑功能，制作"客户资料登记表"。制作完成后的效果如下图所示，实例最终效果见"结果文件\第13章\客户资料登记表.et"文件。

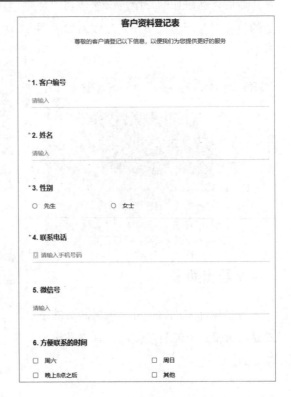

13.5.1 创建表单文件

使用WPS表单收集数据，首先需要拟定要收集的内容及格式，即将要收集的数据问题制作成表单。在WPS表单中可以从零原创表单，也可以根据创建场景和具体内容通过模板快速制作表单，具体操作步骤如下。

第1步 ▶ **搜索并下载表单模板。**❶单击【新建】按钮，❷在新界面中选择【表单】选项卡，❸根据需要创建的表单内容，在下方左侧选择合适的选项，可以更快地找到相应的表单模板，这里选择【信息登记】选项，❹在右侧列出了多种表单模板，选择合适的模板并单击其上的【点击预览】按钮即可，如下图所示。

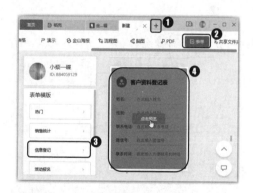

第2步 ▶ **下载表单模板。**在弹出的界面中可以预览表单的整体效果，觉得合适就单击【立即使用】按钮开始下载即可，如下图所示。

第3步 ▶ **查看表单内容。**模板下载成功后，便会创建一个对应的表单，效果如下图所示。

13.5.2 设计表单内容

创建表单后，就需要设计其中的内容了。根据表单中常见的形式，WPS表单中提供了填空题、选择题、图片题、评分题等项目类型，还提供了一些常见的题目模板，方便用户更快地完成表单内容设计，具体操作步骤如下。

第1步 ▶ **添加填空题项目。**❶在表单设计界面中选择第1个题目，❷单击左侧【添加题目】栏中的【填空题】按钮，如下图所示。

第2步 ▶ **设计具体的项目内容。❶**交换第1题和第2题的位置，**❷**选择新添加的填空题项目，输入问题名称，**❸**在问题的下方选中【必填】复选框，如下图所示。

温馨提示 ●

在【添加题目】栏中单击需要的题目类型按钮后，在表单设计界面中输入具体的内容，或者根据提示进行设置即可。

第3步 ▶ **添加选择题项目。**在表单设计界面中选择第7个题目，单击左侧【添加题目】栏中的【选择题】按钮，如下图所示。

第4步 ▶ **设计具体的项目内容。**即可在第7个题目的后面添加一个题目，**❶**输入该题目的标题内容，**❷**在下方选择【单选题】选项，**❸**分别输入各选项的内容，**❹**选中【必填】复选框，如下图所示。

温馨提示 ●

添加选择题类型后，若在下方选择【多选题】选项，则会把该题转换为多选题。

13.5.3 预览表单效果

表单内容制作完成后，可以先查看其在计算机或手机上的显示效果，对有错漏的地方进行适当修改，具体操作步骤如下。

第1步 单击【预览】按钮。❶在表单编辑界面顶部输入表单标题，❷单击右侧的【预览】按钮，如下图所示。

第2步 切换预览方式。在打开的预览窗口中可以查看到计算机显示的效果，❶单击 按钮，查看在手机中的显示效果，❷如果确认无误，单击【完成创建】按钮，如果要返回修改，单击【继续编辑】按钮，如下图所示。

13.5.4 分享表单给其他人

表单制作完成后，就可以发送给相关人员填写内容了，WPS表单支持以同一链接或小程序的形式发送给他人，不再需要逐个发送传统的表格文件。进行相应设置后，当被邀请者填写表单之后，还会反馈到发送者手中，具体操作步骤如下。

第1步 单击【设置】按钮。在表单编辑界面中，单击右侧的【设置】按钮，如下图所示。

第2步 设置表单状态和填写权限。打开【设置】对话框，❶在【表单状态】下拉列表中选择【定时停止】选项，❷单击【设置截止时间】右侧的日历按钮，在展开的日历中设置结束日期和时间，❸设置填写者身份和填写权限的相关项目，❹单击【确定】按钮，如下图所示。

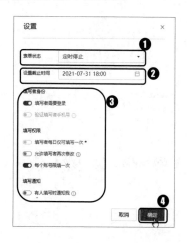

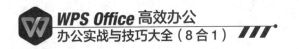

第3步 ▶ **完成创建**。返回表单编辑界面，单击【完成创建】按钮，如下图所示。

教您一招 ●

统计表单结果

将邀请链接发送给填写人，当他人收到邀请链接后，可以在计算机或手机上打开并直接进行填写，完成后单击【提交】按钮即可。同时，在表单创建者再次打开自己创建的表单文件时，会看到表单填写的情况，部分统计项目还可以用图表形式来呈现。

第4步 ▶ **选择邀请方式**。在打开的对话框中，显示创建成功，选择邀请方式，这里选择【微信】选项，如下图所示。

第5步 ▶ **获取分享方式**。在打开的对话框中，显示了小程序码，单击【保存小程序码】按钮，可以在手机上发送给微信好友；如果是在计算机中使用，可以单击【复制链接】超链接，获取邀请链接再发送给好友，如下图所示。

温馨提示 ●

在客户端对WPS表单进行编辑时，小程序码并不能直接保存，需要跳转到金山文档，或者使用提示中的链接跳转后保存。

高手支招

通过前面知识点的学习，相信读者已经掌握了WPS PDF、流程图、脑图、金山海报、表单的使用方法。下面结合本章内容，再给读者介绍一些工作中的实际经验与技巧，提高办公效率。

01 快速打开最近设计的脑图作品

WPS脑图、金山海报、流程图、表单中制作的文件都是实时保存在云端的，即使上次关闭前没有保存文件，也不用担心找不回来了。打开最近使用的脑图、图片、流程图、表单的具体操作方法如下。

选择需要打开的文件。❶单击【首页】按钮，❷在弹出的下拉菜单中选择【文档】选项卡，❸在中间栏中选择【我的云文档】选项，❹在右侧选择需要打开的文件名称，如下图所示，即可快速打开对应的文件。

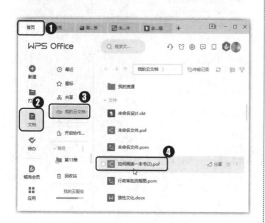

02 设置流程图的页面效果

默认的流程图页面为白色、竖向、A4大小，如果制作的流程图比较小，放在太

空旷的页面中也不太好操作，总是要去调整页面显示位置。更改页面设置的具体操作步骤如下。

第1步 ▶ **设置页面大小。**❶单击【页面】选项卡下的【页面大小】按钮，❷在弹出的下拉列表中选择需要的页面大小，这里选择【A5】选项，如下图所示。

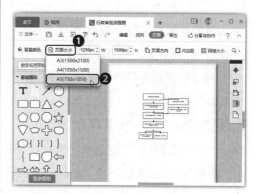

> **温馨提示** ▶
>
> 在【页面】选项卡中的【W】和【H】数值框中输入像素大小，可以自定义修改流程图的页面大小。单击【页面方向】按钮，还可以设置页面的方向。

第2步 ▶ **设置页面背景颜色。**即可将流程图的页面大小修改为设置的A5大小。❶全选整个流程图，并将其拖动到页面的中心位置，❷单击【背景颜色】按钮，❸在弹出的下拉列表中选择一种背景颜色更改页面背景，如下图所示。

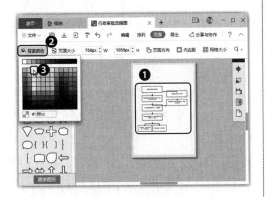

03 通过扫描纸质文件得到 PDF 文件

如果有纸质文件需要获得电子版本，一般会通过扫描获得PDF文件，可以在WPS PDF中直接进行扫描操作。具体操作步骤如下。

第1步 ▶ 单击【从扫描仪新建】按钮。❶单击【新建】按钮，❷选择【PDF】选项卡，❸单击【从扫描仪新建】按钮，如下图所示。

第2步 ▶ 单击【扫描】按钮。❶在打开的对话框中选择需要使用的扫描仪，并根据要扫描的对象进行设置，❷单击【预览】按钮，预览扫描效果，确认扫描效果后，单击【扫描】按钮开始扫描，如下图所示。完成扫描后，将根据扫描内容直接创建PDF文件。

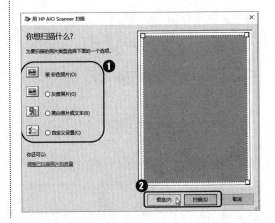

第 6 篇

组件协同办公篇

　　WPS Office 发展到现在支持文字文档、电子表格、演示文稿、PDF文件等多种办公文档处理，前面已经分别介绍了常用组件的使用方法，实际上很多工作并不是单一的，常常需要多种文件的相互调用。为了适应新时代办公需要，WPS Office 集成了大量的云服务。这些内部无缝集成的 WPS 云文档服务，可以帮助用户随时随地访问办公文档，并在各组件间调用内容，实现协同办公。

WPS

第14章

WPS Office 组件的协同办公应用

本章导读

　　WPS表格、WPS文字、WPS演示、WPS PDF、WPS 流程图、WPS 脑图等都属于WPS Office组件，有较高的协调性。在制作文件时，可以根据需要将多种类型的文档自由地调用，从而提高工作效率。学会组件间的协同操作，将实现更丰富的文档编辑效果。

知识要点

- 在WPS文字中调用WPS表格数据
- 在WPS文字中调用演示文稿内容
- 在WPS文字文档中插入脑图
- 在WPS表格中插入文档
- 在WPS表格中插入流程图
- 将文字文档转换成演示文稿
- 在WPS演示中调用表格
- 将演示文稿转换成文字文档

14.1 WPS 文字与其他组件的协同办公应用

WPS文字是常用的文字排版处理软件，但在工作中，不仅需要用WPS文字处理文字，还需要处理表格、图片等内容。在制作文字文档时，如果需要调用表格数据，不用打开WPS表格，对照着手动输入数据，直接调用表格中的数据即可。同样地，还可以在WPS文字中调用演示文稿，让WPS文字不仅具有文字处理功能，还能方便编辑、展示演示文稿。

本例将通过WPS文字与WPS表格、WPS演示、WPS脑图的协作功能，来展现WPS Office软件的协作编辑。制作完成后的效果如下图所示。实例最终效果见"结果文件\第14章\企业宣传册.docx、培训课件.wps、阅读.wps"文件。

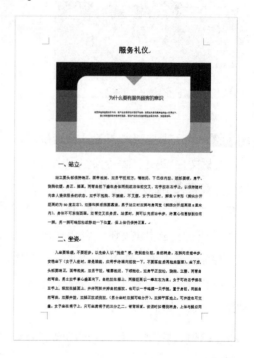

14.1.1 WPS 文字与表格协同办公

在编排文档时，可以将外部的表格数据直接调用到文档中，还可以嵌入WPS表格。嵌入表格的好处是，可以调出WPS表格界面编辑数据。

1. 在 WPS 文字中调用 WPS 表格数据

WPS表格中可以方便地输入很多数据，当数据输入完成后，可以直接调用到文字文档中，并且保留数据在WPS表格中的格式。调用最简单的方式是使用"选择性粘贴"功能进行复制，具体操作步骤如下。

第1步▶ 复制表格数据。 打开"素材文件\第14章\企业成就表.et"文件，❶选择表格中包含数据的单元格区域，❷单击【开始】选项卡下的【复制】按钮复制数据，如下图所示。

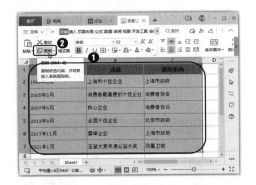

第2步▶ 打开【选择性粘贴】对话框。 打开"素材文件\第14章\企业宣传册.docx"文件，❶将文本插入点定位到"第二节"的最后，新建一个空白段落，❷单击【开始】选项卡下的【居中】按钮，表示在居中的位置粘贴表格数据，❸单击【粘贴】下拉按钮，❹在弹出的下拉菜单中选择【选择性粘贴】命令，如下图所示。

第3步▶ 设置选择粘贴方式。 打开【选择性粘贴】对话框，❶在列表框中选择【WPS表格 对象】选项，❷单击【确定】按钮，如下图所示。

第4步▶ 查看粘贴效果。 如下图所示，表格中的数据包括原格式就被粘贴到文档中了。

第5步▶ 进入编辑状态。 如果需要修改粘贴的表格数据，双击文档中的表格，如下图所示，此时便可在打开的WPS表格中编辑数据了。

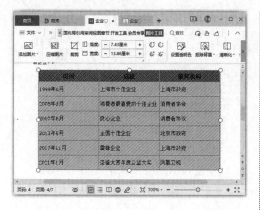

2. 在WPS文字中嵌入WPS表格

除了以复制粘贴的方式调用WPS表格中的数据，还可以使用插入对象的方式调用表格中的数据，具体操作步骤如下。

第1步 打开【插入对象】对话框。❶将文本插入点定位到"四、企业人物"这段文字的上面，新建一个空白段落，并设置居中显示，❷单击【插入】选项卡下的【对象】下拉按钮，❸在弹出的下拉菜单中选择【对象】命令，如下图所示。

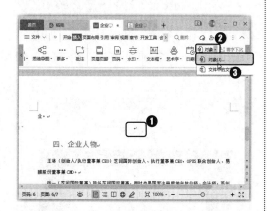

第2步 选择要调用的文件。打开【插入对象】对话框，❶选中【由文件创建】单选按钮，❷单击【浏览】按钮，并在打开的对

话框中选择"素材文件\第14章\合作伙伴名单.et"文件，❸单击【确定】按钮，表示确定调用此文件，如下图所示。

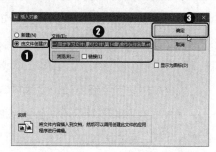

在WPS文字中创建对象

在【插入对象】对话框中，选中【新建】单选按钮，在右侧的列表框中可以选择要创建的文件类型，然后创建出对应的文件内容。

第3步 查看效果。此时表格中的数据就被成功嵌入文字文档中了，如下图所示。双击表格文件，同样可以进入WPS表格环境下编辑数据。

14.1.2 WPS文字与演示协同办公

在制作文字文档时，也会有需要用到

幻灯片内容的时候。例如，文档的封面页需要美观漂亮，但是WPS文字中又没有模板可以快速排版出美观的图文版式，此时可以创建WPS演示文稿，实现封面页设计。又如，在文字文档中，在必要的地方需要播放演示文稿，此时也可以插入一个WPS演示文稿。

1. 在 WPS 文字中调用演示文稿内容

在WPS文字中以图片的方式调用WPS演示文稿内容，通过简单地复制粘贴就可以完成了，具体操作步骤如下。

第1步 ▶ **复制幻灯片内容**。打开"素材文件\第14章\服务礼仪培训.dps"文件，❶选择需要复制的第3张幻灯片，并在其上右击，❷在弹出的快捷菜单中选择【复制】命令，如下图所示。

第2步 ▶ **打开【选择性粘贴】对话框**。打开"素材文件\第14章\企业宣传册.docx"文件，❶将文本插入点定位到标题下方，新建一个空白段落，❷单击【开始】选项卡下的【居中】按钮，❸单击【粘贴】下拉按钮，❹在弹出的下拉菜单中选择【选择性粘贴】命令，如下图所示。

第3步 ▶ **设置选择性粘贴方式**。打开【选择性粘贴】对话框，❶在列表框中选择【图片（位图）】选项，❷单击【确定】按钮，如下图所示。

第4步 ▶ **查看效果**。此时复制的幻灯片效果就以图片的方式插入文字文档中了，如下图所示。

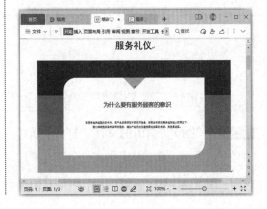

复制幻灯片后，在【选择性粘贴】对话框中选择【WPS演示对象】选项，嵌入文档中后，双击图片会进入演示文稿放映状态。

2. 在WPS文字中嵌入演示文稿

在编辑文字文档时，可以嵌入外部做好的演示文稿，通过WPS文字进行幻灯片播放，具体操作步骤如下。

第1步 **打开【插入对象】对话框**。❶将文本插入点定位到文档的最后，居中位置，❷单击【插入】选项卡下的【对象】下拉按钮，❸在弹出的下拉菜单中选择【对象】命令，如下图所示。

第2步 **选择要调用的文件**。打开【插入对象】对话框，❶选中【由文件创建】单选按钮，❷单击【浏览】按钮，并在打开的对话框中选择"素材文件\第14章\服务礼仪培训.dps"文件，❸单击【确定】按钮，表示确定调用此文件，如下图所示。

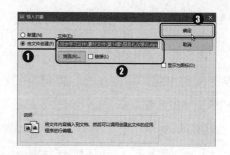

第3步 **查看效果**。如下图所示，幻灯片便被成功嵌入WPS文字文档中了，显示为演示文稿的封面效果。

第4步 **进入编辑状态**。双击嵌入的演示文稿封面图片，即可进入播放状态，如下图所示。

14.1.3 WPS 文字与脑图协同办公

在文字文档中还可能需要插入脑图，丰富文档内容。其方法是，可以直接在 WPS 文字中创建脑图，也可以插入已经在线编辑好的脑图。

1. 在 WPS 文字文档中创建脑图

如果要在文档中创建脑图，只需要在 WPS 文字中单击【插入】选项卡下的【思维导图】按钮，打开如下图所示的对话框，在上方列出了一些在线思维导图模板。选择一个需要插入的思维导图，然后进行修改，或者直接单击【新建空白】按钮开始创建即可。思维导图的具体创建和编辑方法与第 13 章中介绍的方法相同，这里不再赘述。

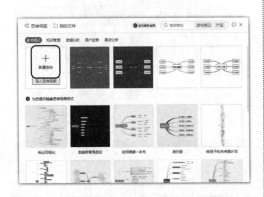

2. 在 WPS 文字文档中插入脑图

一般情况下，可以先在 WPS 脑图中创建好脑图效果，再在 WPS 文字中调用脑图将其插入文档中，具体操作步骤如下。

第1步 选择命令。打开"素材文件\第 14 章\阅读 .wps"文件，❶将文本插入点定位到文档的最后，居中位置，❷单击【插入】选项卡下的【思维导图】下拉按钮，❸在弹出的下拉菜单中选择【插入已有思维导图】命令，如下图所示。

第2步 选择需要插入的脑图。打开如下图所示的对话框，❶选择【我的文件】选项卡，❷在下方列出了曾经制作并保存在云文档中的所有脑图，选择需要插入该文档中的脑图，❸单击其上的【插入】按钮。

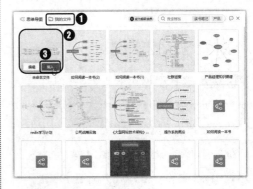

第3步 查看效果。如下图所示，脑图图片便被成功插入文档中了。

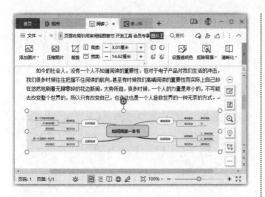
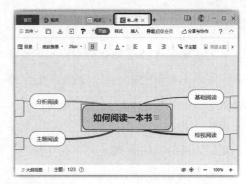

第4步 ▶ **编辑脑图**。双击插入的脑图图片，即可打开对应的WPS脑图文件，可以对脑图内容进行编辑，如下图所示。

温馨提示 ▶

插入脑图的文档文件格式若为.wps，则在保存文档后将不能再对脑图图片中的内容进行编辑，需要另存为.docx格式，才能在后期进行编辑。

14.2 WPS 表格与其他组件的协同办公应用

WPS表格是WPS Office办公软件中的一个重要组件，它可以进行各种数据的处理、统计分析和辅助决策操作，广泛地应用于管理、统计财经、金融等众多领域。WPS表格可以与WPS文字、WPS演示、WPS流程图和WPS脑图等组件进行协作，能更灵活地完成表格制作。

本例将通过WPS表格与WPS文字、WPS流程图的协作功能，实现表格的灵活编辑。制作完成后的效果如下图所示。实例最终效果见"结果文件\第14章\组织架构和薪酬体系.et"文件。

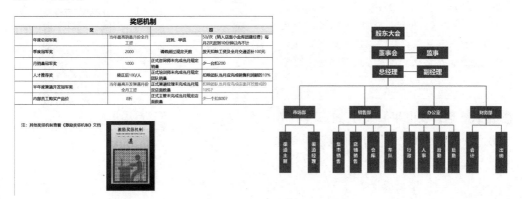

14.2.1 在 WPS 表格中插入文档

为了增加WPS表格数据内容的丰富程度，可以在表格中插入与数据相关的文档说明，这类文档一般以图片的粘贴方式插入表格中即可，复制方法与在WPS文字中复制表格的方法类似，这里不再赘述。

如果需要在WPS表格中调用WPS文字中的文档内容，可以通过插入对象的方式来实现，具体操作步骤如下。

第1步▶ 打开【插入对象】对话框。打开"素材文件\第14章\组织架构和薪酬体系.et"文件，单击【插入】选项卡下的【对象】按钮，如下图所示。

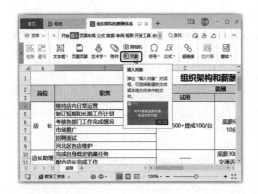

温馨提示●

因为WPS表格中的".et"格式文件不支持再次修改扩展数据，所以建议使用".xlsx"格式保存表格文件，或者在遇到相关问题时先另存为".xlsx"格式。

第2步▶ 选择要调用的文件。打开【插入对象】对话框，❶选中【由文件创建】单选

按钮，❷单击【浏览】按钮，并在打开的对话框中选择"素材文件\第14章\激励奖惩机制.wps"文件，❸单击【确定】按钮，如下图所示。

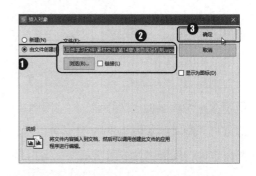

温馨提示●

WPS表格、WPS演示中都可以通过复制粘贴和插入对象的方式来调用其他文件内容，操作都相似。

第3步▶ 调整图片大小。文档首页便以图片的形式被成功插入文档中了。❶拖动鼠标调整图片的大小和位置到合适，❷合并A34：B34单元格区域，并输入注释性文字，如下图所示。

14.2.2 在 WPS 表格中插入流程图

在 WPS 表格中也可能需要插入流程图，这时可以先在 WPS 流程图中先创建好流程图再插入表格中，也可以在 WPS 表格中创建新的流程图，还可以插入本地计算机中的 POS 文件。例如，要将事先准备好的组织结构图插入工作表中，具体操作步骤如下。

第1步 ▶ **新建工作表**。❶单击【新建工作表】按钮 ＋，新建一个空白工作表，❷修改工作表名称为"组织结构"，❸单击【全选】图标，选择所有单元格，❹单击【开始】选项卡下的【填充颜色】下拉按钮，❺在弹出的下拉列表中选择【白色，背景1】选项，如下图所示。

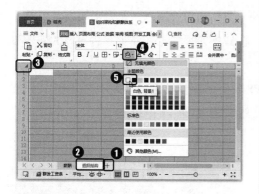

第2步 ▶ **选择命令**。❶单击【插入】选项卡下的【流程图】下拉按钮，❷在弹出的下拉菜单中选择【插入已有流程图】命令，如下图所示。

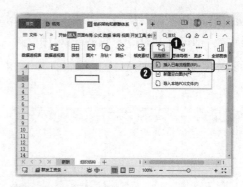

第3步 ▶ **选择需要插入的流程图**。打开如下图所示的对话框，自动切换到【我的文件】选项卡中，在下方列出了曾经制作并保存在云文档中的所有流程图，❶选择需要插入该文档中的流程图，❷单击其上的【插入】按钮。

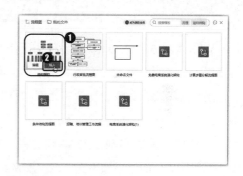

第4步 ▶ **查看效果**。如下图所示，流程图便被成功插入工作表中了。

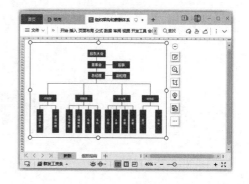

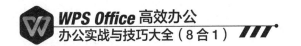

第5步 ▶ **编辑流程图**。双击插入的流程图图片，即可打开对应的 WPS 流程图文件，可以对流程图的内容进行编辑，如下图所示。

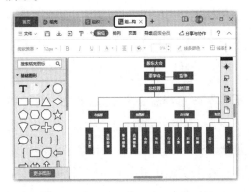

> **温馨提示 ●**
>
> 　在 WPS 表格中也可以插入脑图，方法相同，这里不再赘述。
>
> 　在 WPS 表单中收集的数据，最后也可以在数据统计页面中单击【查看数据汇总表】按钮，打开该表单的汇总表格，在其中可以看到具体的每条数据。

14.3　WPS 演示与其他组件的协同办公应用

　　WPS演示是 WPS Office 中专门用于制作和播放演示文稿的组件，广泛地应用于培训、会场展示等场所。为了让演示文稿中的内容更丰富，更符合需求，常常需要在其中添加各种图片、图表、音频、视频等元素。所以，在WPS演示中必须掌握各种对象的插入和编辑操作，包括对外部文件的调用。

　　本例将通过WPS演示与WPS文字、WPS表格的协作功能，实现高效编辑演示文稿。制作完成后的效果如下图所示。实例最终效果见"结果文件\第 14 章\产品介绍 .dps"文件。

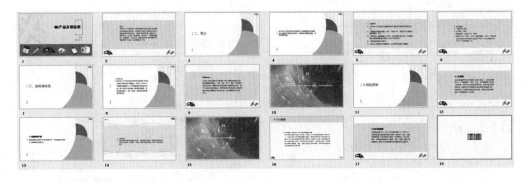

14.3.1 将文字文档转换成演示文稿

如果需要根据文字文档中的内容来制作幻灯片，可以先将文字文档转换成演示文稿，再在幻灯片页面中进行编辑，提高幻灯片制作效率。其方法是将文档中的内容复制到演示文稿大纲中，具体操作步骤如下。

第1步 ▶ **复制文档内容**。打开"素材文件\第14章\产品介绍.wps"文件，❶选择文档中除标题之外的所有文字，❷单击【开始】选项卡下的【复制】按钮进行复制，如下图所示。

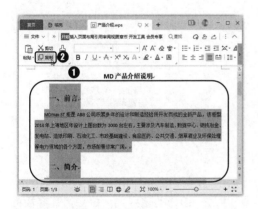

第2步 ▶ **进入大纲窗格**。❶新建一个空白的WPS演示文稿，命名并保存，❷单击左侧窗格上方的▤按钮，显示出大纲窗格，❸选择并删除原本的幻灯片文字内容，❹单击【开始】选项卡下的【粘贴】按钮，将刚刚复制的内容粘贴到该幻灯片中，如下图所示。

第3步 ▶ **增加页面**。粘贴的内容都在一张幻灯片页面中，将文本插入点定位到需要分页的内容后面，如下图所示。

第4步 ▶ **查看增加的页面效果**。按【Enter】键让内容换行，同时增加页面，效果如下图所示。

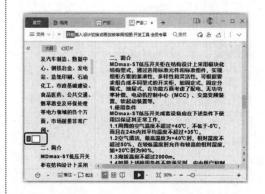

第5步 ▶ **完成页面增加。**按照同样的方法，对内容进行换行，换行的同时就会增加页面，如下图所示。

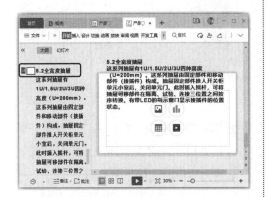

第6步 ▶ **删除多余的内容。**文字文档中的文字内容往往比较多，此时可以选中大纲窗格中多余的文字，按【Delete】键进行删除，如下图所示。

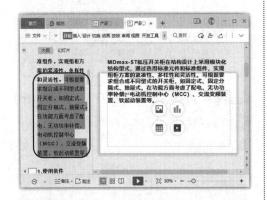

第7步 ▶ **返回普通视图。**完成文字删减后，就可以进入普通视图中对内容进行具体的版式和格式设置了。单击左侧窗格上方的 ▭ 按钮即可，如下图所示。

第8步 ▶ **单击【智能美化】按钮。**在普通视图中可以单独对每张幻灯片进行美化。这里单击【设计】选项卡下的【智能美化】按钮，快速进行美化，如下图所示。

第9步 ▶ **选择美化样式。**❶在打开界面的下方选择需要借鉴效果的演示文稿选项，❷选中【整齐布局】复选框，❸单击【预览换肤效果】按钮，如下图所示。

第10步 应用美化效果。开始换肤，可以在上方看到所有幻灯片换肤后的效果，如下图所示，单击【应用美化（限免）】按钮，就可以使用换肤后的幻灯片了。

教您一招 ●

将文字文档转换成演示文稿的其他方法

在WPS文字中打开文字文档后，在【文件】下拉菜单中选择【输出为PPTX】命令，可以快速将文字文档转换成演示文稿。

14.3.2 在WPS演示中调用表格

在制作WPS演示文稿时，可能需要展示数据明细，此时可以将外部的WPS表格

调用到幻灯片中，具体操作步骤如下。

第1步 打开【插入对象】对话框。❶在最后一张幻灯片的后面新建一张幻灯片，❷单击【插入】选项卡下的【对象】按钮，如下图所示。

第2步 选择要调用的文件。打开【插入对象】对话框，❶选中【由文件创建】单选按钮，❷单击【浏览】按钮，并在打开的对话框中选择"素材文件\第14章\不同型号产品报价.et"文件，❸单击【确定】按钮，如下图所示。

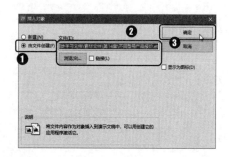

第3步 调整表格位置。此时表格数据包括格式一同嵌入幻灯片中，可以移动表格到恰当的位置，如下图所示。双击表格，即可进入WPS表格环境中编辑数据。

14.4　WPS PDF 与其他组件的协同办公应用

　　PDF作为最常用的便携式文档格式，与其他文件格式有更好的协同性，几乎支持大部分文件的格式转换，方便在各种平台上传播和使用。

　　本例将通过WPS PDF与WPS文字、WPS演示的协作功能，实现PDF的灵活编辑。制作完成后的效果如下图所示。实例最终效果见"结果文件\第14章\劳动合同.docx"文件。

14.4.1 WPS PDF 与文字协同办公

　　在日常使用中，经常将制作好的文档转换为PDF文件，前面在介绍PDF的创建时已经讲过将文档转换为PDF的方法了。

毕竟PDF更利于传播，文字文档更便于编辑，因此收到PDF文件后，想要修改时可以先将PDF转换成文字文档，这也可以在WPS PDF中实现，具体操作步骤如下。

第1步 ▶ **执行转换命令**。❶在新建界面中选择【PDF】选项卡，❷单击【推荐功能】栏中的【PDF转Word】按钮，如下图所示。

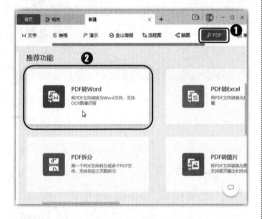

第2步 ▶ **单击【添加文件】按钮**。此后系统便会开始加载相关插件，加载完成后会打开【金山PDF转换】对话框，单击【添加文件】按钮，如下图所示。

第3步 ▶ **添加文件**。打开【打开】对话框，❶选择要转换的"素材文件\第14章\劳动

合同.pdf"文件，❷单击【打开】按钮，如下图所示。

第4步 ▶ **设置转换参数**。返回【金山PDF转换】对话框，可以看到已经添加的文件，❶在文件名称后设置要转换的页数、输出范围、转换模式等，❷在【输出目录】下拉列表中选择【自定义目录】选项，并设置需要将转换后的文件保存的位置，❸单击【开始转换】按钮，如下图所示。

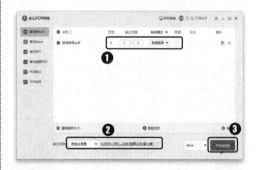

第5步 ▶ **查看转换后的文件**。稍等片刻后，即可将选择的PDF文件转换为文字文档。转换完成后，会自动在WPS文字中查看到文件效果，如下图所示。

14.4.2 WPS PDF 与演示协同办公

在制作演示文稿时，如果需要使用的内容已经制作成 PDF，可以先将 PDF 转换为演示文稿，再进行编辑加工，这样可以更快完成演示文稿的制作，具体操作步骤如下。

第1步 ▶ **下载PDF文件**。这里在稻壳中找到一个调查报告PDF文件，单击【免费下载】按钮，下载该文件到本地计算机中，如下图所示。

第2步 ▶ **选择导出为PPT**。文件下载完成后，打开对应的 PDF 文件，❶单击【文件】按钮，❷在弹出的下拉菜单中选择【导出PDF为】命令，❸在弹出的子菜单中选择【PPT】命令，如下图所示，表示要将文档

转换为PPT。

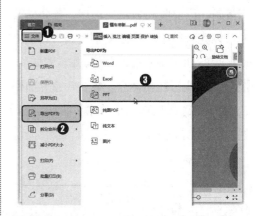

第3步 ▶ **设置转换参数**。打开【金山PDF转换】对话框，可以看到已经将当前的PDF文件添加到转换列表中了，❶在文件名称后设置要转换的页数、输出范围、转换模式等，❷在【输出目录】下拉列表中选择【自定义目录】选项，并设置转换后文件的保存位置，❸单击【开始转换】按钮，如下图所示。

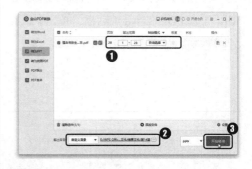

第4步 ▶ **选择转换方式**。打开提示对话框，这里单击【只转5页】按钮，如下图所示。

温馨提示 ●▶

　　WPS只能免费转换5页PDF内容，要想使用完整的PDF转换功能，需要开通WPS会员。开通会员以后，还可以实现更多的操作。

第5步 ●▶ 查看转换后的文件。稍等片刻，转换后的演示文稿即可自动在WPS演示中打开，效果如下图所示。

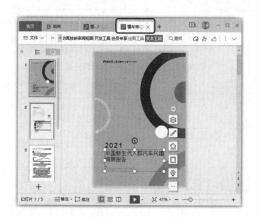

教您一招 ●▶

将PDF转换为其他文件

　　在PDF新建界面中，提供了一些有关PDF的推荐功能，在此处进行选择，可以快速将PDF转换为文档、表格、演示文稿和图片。

　　此外，在打开的PDF文件编辑界面右上角会看到⬛图标，单击该图标，可以在界面右侧显示出【转为Word】【转为Excel】【转为PPT】【转为CAD】等按钮，单击也可以打开【金山PDF转换】对话框。

高手支招

　　通过前面知识点的学习，相信读者已经掌握了WPS文字、WPS表格、WPS演示、WPS PDF组件的协同操作。下面结合本章内容，再给读者介绍一些工作中的实际经验与技巧，提高办公效率。

01 批量将文字表格中的内容提取到WPS表格中

　　在进行一些问卷调查时，为了收集数据，一般会先制作文字表格方便大家填写信息，然后需要将这些文字表格中填写的数据整理汇总到WPS表格中进行数据分析。

　　WPS提供了"批量汇总表格"功能，可以根据模板表的表格格式将内容表的表格内容批量提取到WPS表格中，具体操作步骤如下。

第1步 ●▶ 选择【批量汇总表格】命令。打开"素材文件\第14章\社团招新报名表.docx"文件，❶单击【开始】选项卡下的【文字排版】按钮，❷在弹出的下拉菜单中选择【批量汇总表格】命令，如下图所示。

第2步 单击【添加文件】按钮。打开【批量汇总表格】对话框，单击右侧的【添加文件】图标，如下图所示。

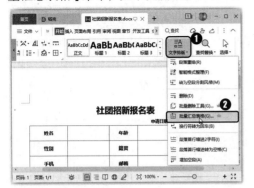

第3步 选择要导入的表格。❶在打开的文件夹中选择要导入的内容表，❷单击【导出汇总表格】按钮，如下图所示。

第4步 查看汇总效果。在新建的工作簿的"报告"工作表中对此次汇总操作进行了说明，如下图所示，选择"提取结果"工作表，就可以看到将文字中的表格内容提取到WPS表格中的效果了。

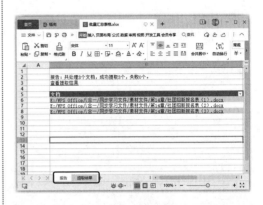

温馨提示

想要完全正确地将文字表格中的内容批量提取到WPS表格中，可以准备一份空白模板表，将所有需要提取的内容的单元格文本清除，它的作用是用来对比参照文档。如果默认选择的模板表错误，可以在【批量汇总表格】对话框中选择导入的文件名称，并单击其后出现的【选为模板文档】按钮，重新设置模板表格。

02 将演示文稿转换成文字文档

WPS演示文稿可以导出为文字文档，方便文字文档的快速编辑，具体操作步骤如下。

第1步 执行另存操作。打开"素材文件\第14章\产品介绍.dps"文件，❶单击【文件】按钮，❷在弹出的下拉菜单中选择【另

存为】命令，❸在弹出的子菜单中选择【转
为WPS文字文档】命令，如下图所示。

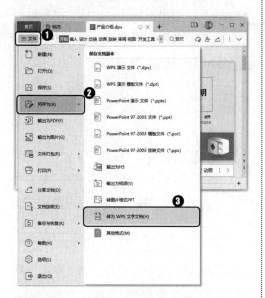

第2步▶ 设置转换内容和格式。打开【转
为WPS文字文档】对话框，❶选择需要转
换的幻灯片和转换后的版式，❷在【转换
内容包括】栏中设置需要转换的内容，这
里取消选中【图片】复选框，❸单击【确
定】按钮，如下图所示。

第3步▶ 设置文件保存。打开【保存】对话
框，❶选择文件保存的位置，❷输入文件保

存的名称，❸单击【保存】按钮，如下图所示。

第4步▶ 转换文件。此后便开始转换文件，
转换完成后会打开如下图所示的对话框，
单击【打开文件】按钮。

第5步▶ 查看导出的文件。此时WPS演
示中的文字内容便被成功导出为文字文档
了，效果如下图所示。在这些文档的内
容基础上编辑文档，可以提高文档的编辑
效率。

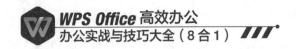
03 将 PDF 文件导出为图片

制作好的 PDF 传送到其他人手中依然可以再次进行编辑，为了保证内容的安全，可以将 PDF 文件导出为图片。

第1步 ▶ **执行导出操作**。打开"素材文件\第 14 章\品牌推广活动策划方案.pdf"文件，❶单击【文件】按钮，❷在弹出的下拉菜单中选择【导出 PDF 为】命令，❸在弹出的子菜单中选择【图片】命令，如下图所示。

第2步 ▶ **设置导出参数**。打开【输出为图片】对话框，❶设置要输出的图片方式、水印效果、输出页数、输出格式和输出尺寸等，❷选择文件输出保存的位置，❸单击【输出】按钮，如下图所示。

第3步 ▶ **导出成功**。稍等片刻，即可看到如下图所示的提示框，表示已经将 PDF 文件导出为图片了，单击【关闭】按钮即可。